高等职业教育“十二五”规划教材

AutoCAD 辅助设计

AutoCAD Fuzhu Sheji

沈　凌　主　编
倪江忠　肖心远　陈连云　副主编
阮　锋［华南理工大学］　主　审

人民交通出版社

内 容 提 要

本书以 AutoCAD 2008 版本为例,并结合国家标准关于《CAD 工程制图规则》(GB/T 18229—2000)的相关规定,介绍了绘制符合我国国标的机械工程图、建筑施工图和三维产品建模的常用方法和技巧。本书采用了项目化的教程方式,分为九个项目,每个项目又分为若干个具体的模块,更易于读者接受。

本书各项目和练习题配有源文件,以及各项目的具体操作视频,可以在人民交通出版社的网站 www.ccpress.com.cn 上下载,可以作为读者学习时的参考和向导。

本书内容详实丰富,可作为高职高专及成人院校机械类、建筑类 CAD 辅助设计课程的教材,也可用于机械 CAD、建筑 CAD 中(高)级绘图职业技能证书的培训教材,还可供有关的工程技术人员参考使用。

图书在版编目(CIP)数据

AutoCAD 辅助设计 / 沈凌主编. —北京:人民交通出版社,2011.4

ISBN 978-7-114-08939-8

Ⅰ.①A… Ⅱ.①沈… Ⅲ.①计算机辅助设计—应用软件,AutoCAD—高等职业教育—教材 Ⅳ.①TP391.72

中国版本图书馆 CIP 数据核字(2011)第 035610 号

高等职业教育"十二五"规划教材

书　　名:**AutoCAD 辅助设计**
著 作 者:沈　凌
责任编辑:翁志新　杨　川
出版发行:人民交通出版社
地　　址:(100011)北京市朝阳区安定门外外馆斜街 3 号
网　　址:http://www.ccpress.com.cn
销售电话:(010)59757969,59757973
总 经 销:人民交通出版社发行部
经　　销:各地新华书店
印　　刷:北京市凯鑫彩色印刷有限公司
开　　本:787×1092　1/16
印　　张:10.25
字　　数:251 千
版　　次:2011 年 4 月　第 1 版
印　　次:2018 年 6 月　第 2 次印刷
书　　号:ISBN 978-7-114-08939-8
定　　价:25.00 元

前 言 Qianyan

高等职业教育“以服务为宗旨,以就业为导向”的办学理念,旨在培养生产、建设、管理、服务第一线岗位需要的高级技术应用型人才。实行“工学结合”的人才培养模式,使高职院校培养的学生可以更好地与企业需求相一致。在这种形式下,编写AutoCAD辅助设计方面的“工学结合”教材,将目前课堂传授知识为主的学校教育与直接获取实际经验和能力为主的生产现场教育有机结合,将最大限度地实现学生就业的高质量以及与企业人才需求的无缝对接。

AutoCAD软件是美国Autodesk公司于1982年开发的著名的计算机辅助设计软件,是图学界最流行、最普及的计算机绘图软件之一。它具有使用方便、易于掌握、应用范围广的特点,特别是在平面图板方面的优势,使得其在机械、航空、汽车、造船、摩托车、工业设计、模具等行业被广泛应用。本书以AutoCAD 2008(中文版)为例,以项目的形式介绍它的功能和应用。

相比较其他同类型的教材,本书主要有以下几个特点:

1. 本书采用项目化的教学方式。全书分为九个项目,每个项目又分解为若干个具体的模块。每个项目的内容既相对独立,又相互联系。项目按照由易到难的方式编排,软件的操作由浅入深“螺旋式”地提高,前后内容既有部分重叠,又有相应的提高。

2. 针对AutoCAD软件超强的平面图板功能,本书详细地介绍了它在二维工程图方面的使用技巧;利用AutoCAD 2008版本在三维技术方面有较大改善的优势,介绍了三维建模和渲染技巧的相关知识。

3. 采用更符合认知规律的叙述方式,分别以九个项目为中心,将命令的讲解融入项目实施之中。

4. 本书选用的项目注重与实际的结合,内容丰富、实用,涉及面广,不仅包括机械图样的绘制,还包括建筑图样的绘制。

5. 为适应软件操作的特点,书中设有“小贴士”栏目作为要点提示。

本书项目一主要讲解机械和建筑行业图样的CAD绘制规范;项目二至项目六主要讲解机械图样的绘制与标注;项目七主要讲解建筑平面图样的绘制与标注;项目八、项目九主要讲解产品的三维建模和渲染。

本书可作为高职高专及成人院校机械类、建筑类CAD辅助设计课程的教材,也可用作机械 CAD、建筑 CAD 中(高)级绘图职业技能证书的培训教材,还可供有关的工程技术人员参考使用。

本书由广东交通职业技术学院沈凌担任主编,广东交通职业技术学院倪江忠、肖心远、陈连云担任副主编。项目一、项目二的模块三、项目七由沈凌编写,项目二的模块一由广东交通职业技术学院吕其惠编写,项目二的模块二由广东交通职业技术学院王刚编写,项目三、项目四由陈连云编写,项目五、项目六由肖心远编写,项目八的模块一由广东交通职业技术学院王娜编写,项目八的模块二、项目九由倪江忠编写。

本书由华南理工大学博士生导师阮锋教授担任主审。阮教授对本书编写提出了许多宝贵的意见和建议。在此向他表示衷心的感谢。

由于作者的水平和经验有限,本书难免存在不足,敬请广大读者批评指正!

编　者

2011 年 2 月于广州

目 录 *Mulu*

项目一　绘制工程图的 A3 样板图

学习目标

1. 学习 AutoCAD 软件界面、主要功能分区和基本操作规则;

2. 学习设置样板图的绘图环境,包括设置图层、图线、文字样式和标注样式,使之符合国标的有关规定;

3. 学习绘制 A3 样板图图框,重点掌握常见的绘图、编辑命令及对象捕捉、正交、极轴与对象追踪等辅助绘图工具、夹点操作;

4. 学习录入文字并填写样板图标题栏,重点掌握单行文字和多行文字的录入方法;

5. 学习样板图和一般文件的保存、调用方法。

模块一　AutoCAD 的基本操作

AutoCAD 软件是美国 Autodesk 公司于 1982 年开发的著名的计算机辅助设计软件,为图学界最流行、最普及的计算机绘图软件之一。它具有使用方便、易于掌握、应用范围广的特点,特别是在平面图板方面的优势,使得其在机械、航空、汽车、造船、摩托车、工业设计、模具等行业被广泛应用。本书将以 AutoCAD 2008(中文版)为例,以项目的形式介绍它的功能和应用。

一、AutoCAD 2008 中文版的工作空间

AutoCAD 2008 中文版的界面图 1-1 所示,它为用户提供了“二维草图与注释”、“三维建模”和“AutoCAD 经典”三种工作空间。在“工作空间”工具栏(图 1-2)中可以方便地进行切换,其中“AutoCAD 经典”与 AutoCAD 传统界面最为接近。该界面主要由顶部的标题栏和菜单栏,底部的状态栏和命令行,以及工具栏、工具选项栏和绘图区等组成。

二、AutoCAD 的命令输入方式

在绘图状态进行任何一项操作,都必须输入或选择 AutoCAD 的命令方可进行,可以采用键盘输入、工具栏、下拉菜单、快捷菜单等方式进行命令输入。

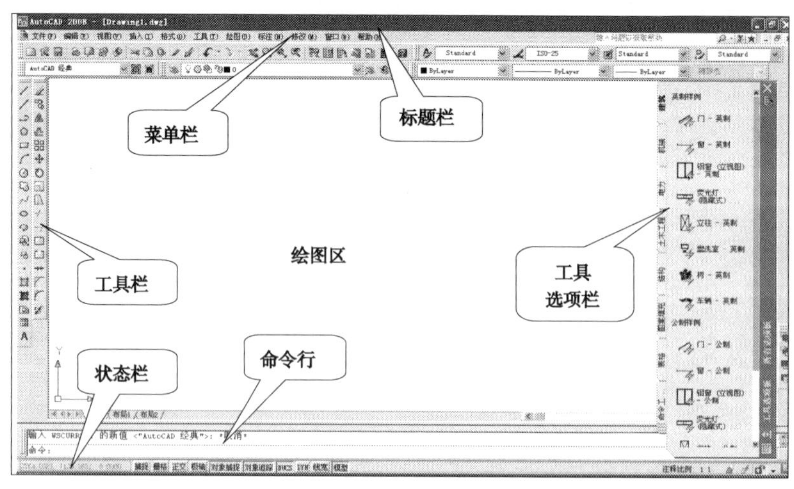

图 1-1　AutoCAD 2008 中文版经典界面

1. 键盘输入

在键盘上直接输入命令词，然后按“回车”键或“空格”键响应。例如在命令行区域出现“命令:”提示时，输入“line”命令，表示执行画直线命令。

2. 工具栏

单击工具栏上的图标按钮可直接选择命令，AutoCAD 2008 有 20 多个工具栏，默认状态下只打开几个常用的，用户可根据需要随时打开或关闭某工具栏。由于这种方式比较直观，适于初学者使用。

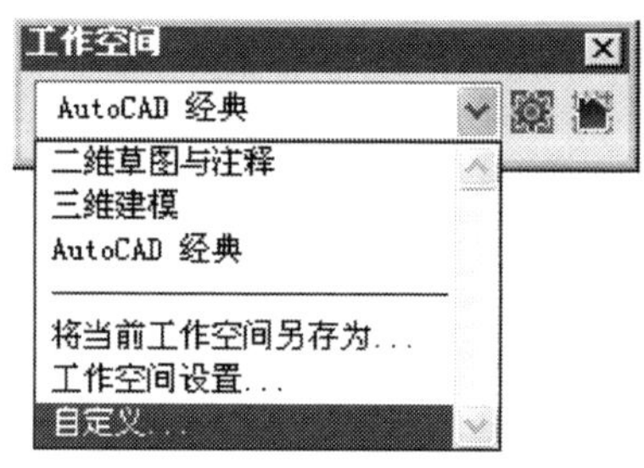

图 1-2　三种工作空间的切换

3. 下拉菜单

下拉菜单位于屏幕上方，由多个菜单组成。当菜单项的右边有一个实心的小三角“▸”标记时，表示该菜单有下一级子菜单；当菜单项的右边有“…”标记时，表示选中后将弹出一个对话框。

4. 快捷菜单

快捷菜单又称上下文相关菜单，在屏幕上不同区域点击鼠标右键时，会实时弹出不同的、与当前状态相关的菜单，它可以在不启动菜单的情况下快速高效地完成某些操作。

三、命令的输入技巧

1. 选取或结束命令

在选取了菜单或工具栏中命令后，AutoCAD 会自动终止正在执行的命令；若从键盘输入新命令，则要先按“ESC”键终止正在执行的命令才可以继续执行。

2. 透明命令

在 AutoCAD 中，一些命令可以插入其他命令的执行过程中进行操作，而不影响其他命令的正常执行，这种命令叫透明命令，最常用的有“pan（实时平移）”命令和“zoom（实时缩放）”命令等。

3. 重复命令

若用户想重复执行同一命令，无须重新键入命令词或点击按钮，只需按“回车”键即可重复上一条命令。

模块二　设置绘图环境

在 AutoCAD 中,样板就是一些绘图文件,其默认的样板图在子目录 Template 中,包括 ISO、ANSI、DIN、JIS、GB 等绘图格式的样板。通常将一些规定的标准样板文件设定为.dwt 格式文件,用户可根据需要直接使用系统自带的标准样板图形;如果用户需要的样板图无法在 AutoCAD 自带的标准样板图形中找到,也可以自己创建所需要的样板图形。

国家标准《CAD 工程制图规则》是指导 CAD 制图开发与应用的操作性标准,机械行业具体的规定如表 1-1 所示,国标规定了粗线、中粗线、细线的宽度比率一般为 4:2:1。

机械行业图层的名称、颜色、线型、线宽和内容　　表 1-1

图层名称	颜色(色号)	线型	线宽	用途
01	绿 (3)	CONTINUOUS	0.50mm	粗实线,可见轮廓线
02	白 (7)	CONTINUOUS	0.25mm	细实线,剖面线、波浪线
04	黄 (2)	ACAD_ISO02W100	0.25mm	虚线,不可见轮廓线
05	红 (1)	ACAD_ISO04W100	0.25mm	中心线,轴线、对称中心线
07	洋红 (6)	ACAD_ISO05W100	0.25mm	细双点画线,假想投影轮廓线

表 1-2 是建筑行业图层的名称、颜色、线型、线宽的规定。建筑行业定义的粗线宽度一般为 0.6mm,中实线宽度为 0.3mm,细线宽度为 0.15mm;一些建筑平面图的门、建筑平面图、剖面图的门窗用中粗线,青色(4 号色)。

建筑行业图层的名称、颜色、线型、线宽和内容　　表 1-2

图层名称	颜色(色号)	线型	线宽	用途
0	白 (7)	CONTINUOUS	0.60mm	粗实线,可见轮廓线
01	红 (1)	CONTINUOUS	0.15mm	细实线,剖面符号、标注尺寸
02	青 (4)	CONTINUOUS	0.30mm	中实线,门窗柱
03	绿 (3)	ACAD_ISO04W100	0.15mm	中心线,轴线、对称线
04	黄 (2)	ACAD_ISO02W100	0.15mm	虚线

一、设置图层、图线

1. 设置绘图界限

单击下拉菜单“格式”→“图形界限”或输入“LIMITS”均可执行该命令,具体操作如下:

命令:limits

重新设置模型空间界限:

指定左下角点或[开(ON)/关(OFF)] <0.0000,0.0000>:0,0

指定右上角点 <420.0000,297.0000>:420,297

缩放视窗即可把左下角到右上角的绘图范围全部显示出来,具体有以下三种方法:

(1)单击下拉菜单“视图”→“缩放” →“全部”;

(2)输入“zoom”命令,再输入“a”;

(3)“缩放”工具栏中的“全部缩放( )”按钮。

2. 按照表 1-1 设置机械绘图的图层

图层可以想象为没有厚度的透明薄片,可将相同属性(颜色、线型等)的实体放在同一图层上,一幅图可以分解为若干个不同的图层。将所有图层叠放在一起,即显示出完整的图形。具体操作步骤如下:

步骤一:单击下拉菜单“格式”→“图层”或“对象特征”工具栏中的“ ”按钮,打出“图层特性管理器”对话框,如图 1-3 所示。点击“图层特性管理器”对话框中的“新建图层( )”按钮,将新建图层名改为“01”。

步骤二:点击颜色“白”的位置,打开“选择颜色”对话框,在标准色板位置选择“绿色(索引颜色号为 3 号)”,如图 1-4 所示。

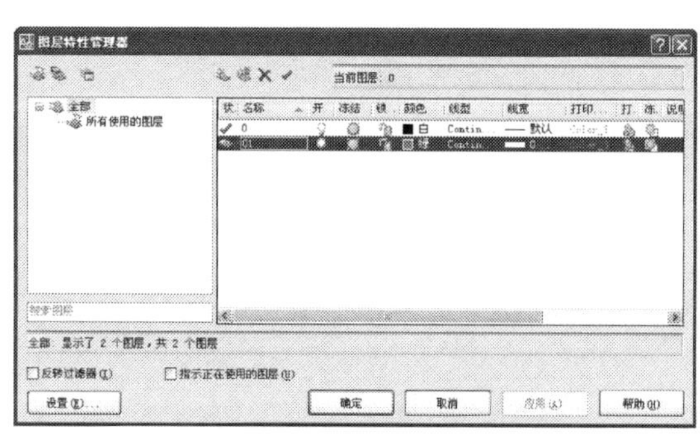

图 1-3 “图层特性管理器”的设置

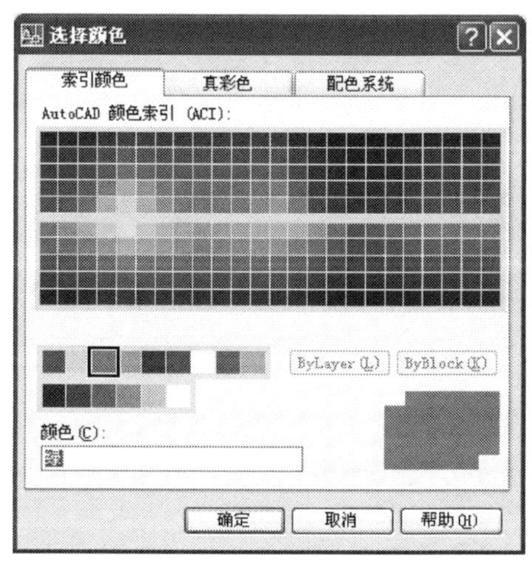

图 1-4 “选择颜色”对话框

步骤三:点击线型“continuous”,打开“选择线型”对话框(图 1-5),再单击“加载”按钮,在“加载或重载线型”对话框中,同时按“CTRL”键,分别点击“acad_iso02w100(虚线)、acad_iso04w100(单点画线)、acad_iso05w100(双点画线)”,完成线型的选择(图 1-6)。

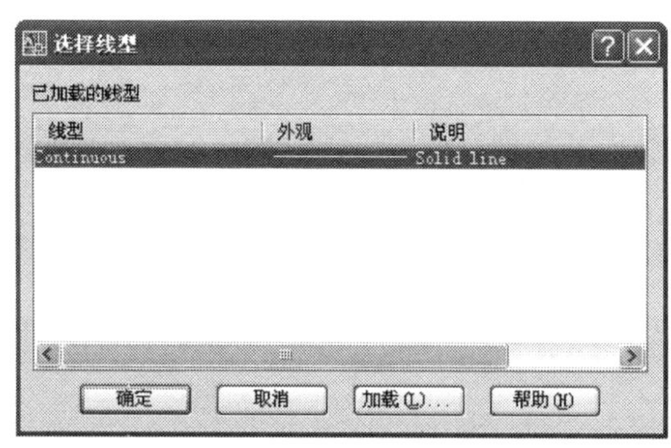

图 1-5 “选择线型”对话框

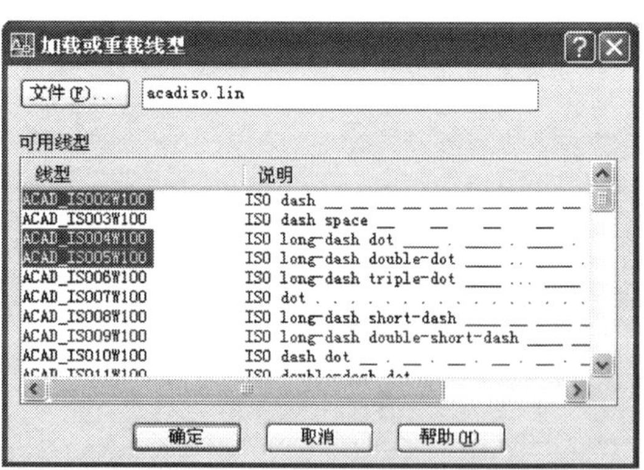

图 1-6 “加载或重载线型”对话框

小贴士

点击所需线型时,同时按住“CTRL”键,可将需要用到的线型一次性加载。

步骤四:点击线宽“默认”的位置,在弹出的“线宽”对话框的右侧拖动滑条并选择0.5mm(图1-7)。

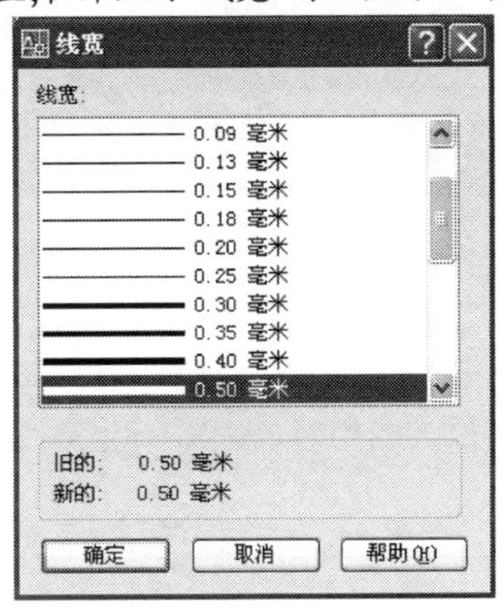

图1-7 “线宽”对话框

其他图层的设定方法类似,在此不再赘述。

小贴士

(1)图层的打开( )/关闭( ):若灯泡颜色是黄色,表示图层是打开的;若灯泡颜色是灰色,表示图层是关闭的,这会使该图层上的图形对象全部不可见。如果对已关闭的图层进行绘图或编辑仍有效,但不显示在屏幕上,也不能被打印或绘图仪输出。

(2)图层的解冻( )/冻结( ):“太阳”图标表示图层处于解冻状态;“雪花”图标表示图层处于冻结状态,此时该图层的图形对象不能显示,也不能打印输出和编辑。

(3)图层的解锁( )/锁定( ):当处于“锁”图标时,该图层的图形对象可见但不能被编辑修改。

(4)用户可以关闭或锁定当前层,但不能冻结当前层,也不能将冻结层改为当前层。

步骤五:非连续线型比例的调整。单击下拉菜单“格式”→“线型”,在弹出的“线型管理器”对话框(图1-8)中单击“显示细节”按钮,将“全局比例因子”的值修改为0.4。

小贴士

“全局比例因子”和“当前对象缩放比例”两个选项是用于控制当前图形中非连续线型的长短缩放的,而对于连续线型是无效的。“全局比例因子”是对已生成或将生成的非连续线进行长短的缩放,原比例因子为1。若输入值大于1,则放大线型的长短显示,反之亦然。“全局比例因子”设为“0.4”,是机械图样所采用的经验数据。“当前对象缩放比例”是对当前将要生成的某种非连续线进行长短的缩放。

二、设置文字样式与标注样式

1. 设置文字样式

文字是工程图中如标题栏、尺寸标注、技术要求等处的重要信息，在使用 AutoCAD 绘制工程图时，所用到的文字必须遵守工程制图规范中对字体和字高的有关规定，即设置绘制 A3 样板图中任务的文字样式。具体做法如下：

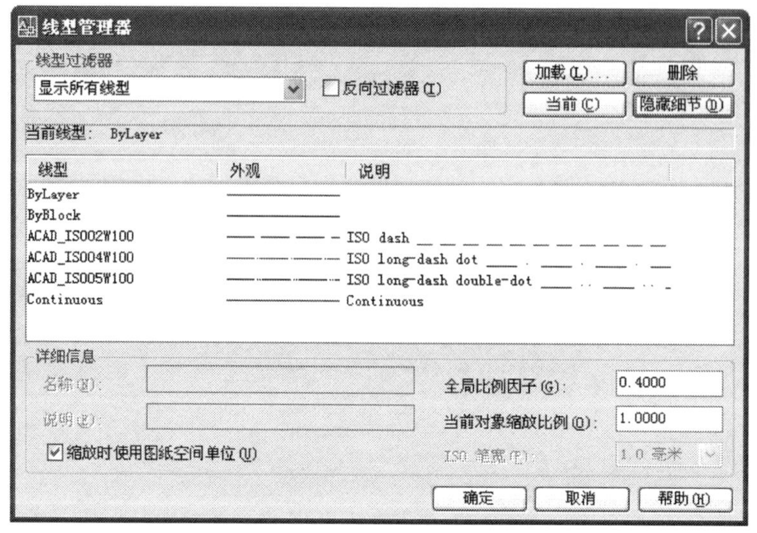

图 1-8 “线型管理器”对话框

步骤一：单击下拉菜单“格式”→“文字样式” 或单击“文字”工具栏中的“ ”，弹出“文字样式”对话框，如图 1-9 所示。

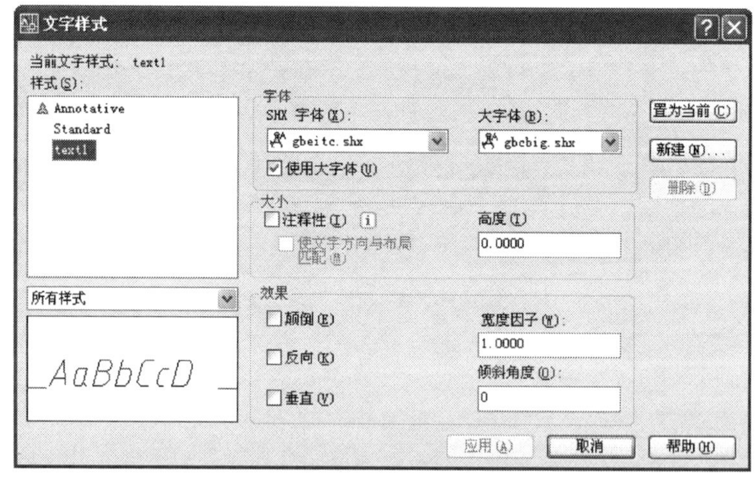

图 1-9 “文字样式”对话框

步骤二：单击“新建”按钮，弹出“新建文字样式”对话框，命名新的文字样式为“text1”，如图 1-10 所示。同时，在图 1-9 中，单击“SHX 字体”右边的“ ”下拉列表，拖动滑动条选择“gbeitc. shx”；勾选“使用大字体”；大字体选择“gbcbig. shx”。

“gbeitc. shx”字体的优点是既可以显示中文，又可以显示字母和数字，而且字母和数字自动与垂直方向倾斜 15°。“isocp. shx”字体，应将“倾斜角度”设为“15”，才能使字母和数字倾斜，但此时写出的汉字也是倾斜的;若采用“仿宋_GB2312”,汉字、字母和数字全部没有倾斜,而且相同字高情况下比以上两种字体大一些。上述相同高度下三种字体的比较如图 1-11 所示。

图 1-10 “新建文字样式”对话框

字体 isocp.shx

字体 gbeitc.shx

字体 仿宋_GB2312

图 1-11 gbeitc、isocp 和仿宋_GB2312 三种字体的效果比较

设置文字样式时,字体的“高度”可保持“0.000”不修改,待输入文字时再根据需要进行修改。“gbeitc. shx”字体和“isocp. shx”字体的“宽度因子”为 1 时,高宽比自动为 3∶2,符合工程图对字体的要求,因此这两种字体的“宽度因子”不用修改。而“仿宋_GB2312”字体不能自动设定高宽比,要将“宽度因子”设定为 0.7。在图 1-9 中还可根据需要设定“颠倒、反向、垂直”等不同的字体效果。

2. 设置标注样式

在完成 A3 样板图任务时,除设置文字样式外,还要设置尺寸标注样式。AutoCAD 软件为用户提供了“标注样式管理器”,通过它可以定制多种符合不同行业规范要求的尺寸标注样式。下面以机械行业规范要求为例来设置尺寸标注样式:

步骤一:单击下拉菜单“格式”→“标注样式”或输入“DIMSTYLE”命令或单击“标注”工具栏中的“ ”按钮,弹出“标注样式管理器”对话框,如图 1-12 所示。

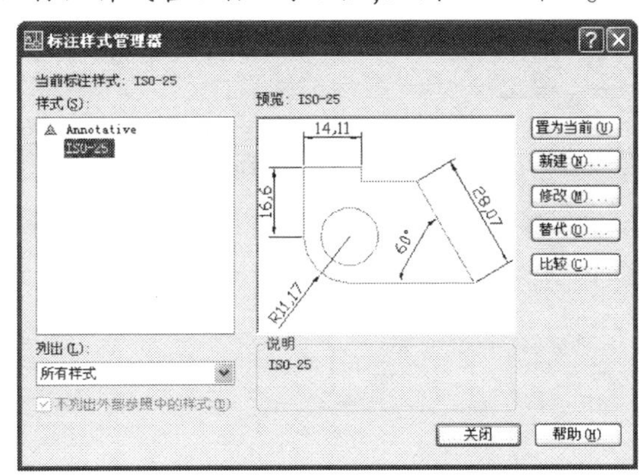

图 1-12 “标注样式管理器”对话框

步骤二:单击“新建”按钮,打开“创建新标注样式”对话框(图 1-13),将新样式名改为“dim1”,单击“继续”按钮。

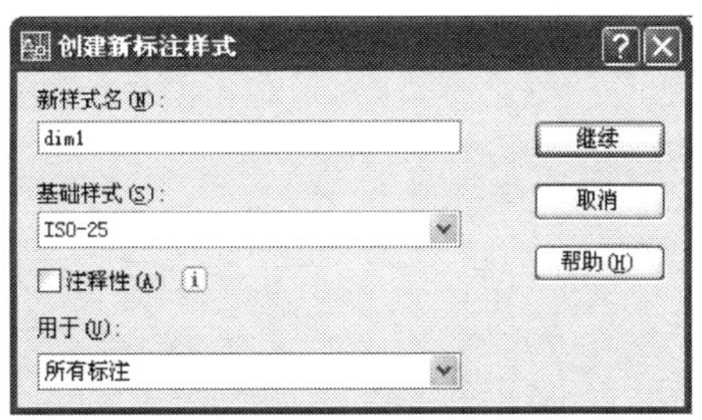

图 1-13 “创建新标注样式”对话框

步骤三:打开“新建标注样式:dim1”对话框(图 1-14),在首先打开的“线”选项卡,将“基线间距”的值改为“7”,将“超出尺寸线”的值改为“2.5”,将“起点偏移量”的值改为“0”。

步骤四：再打开“符号和箭头”选项卡（图 1-15），将“箭头大小”的值改为“3”，将“圆心标记”的值改为“1.5”。

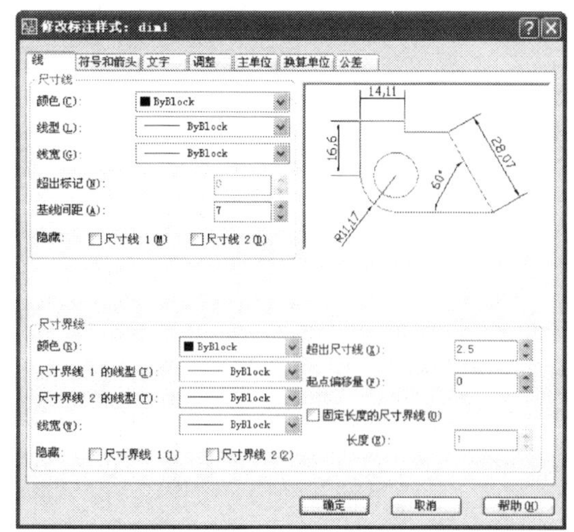

图 1-14 “新建标注样式：dim1”对话框的“线”选项卡

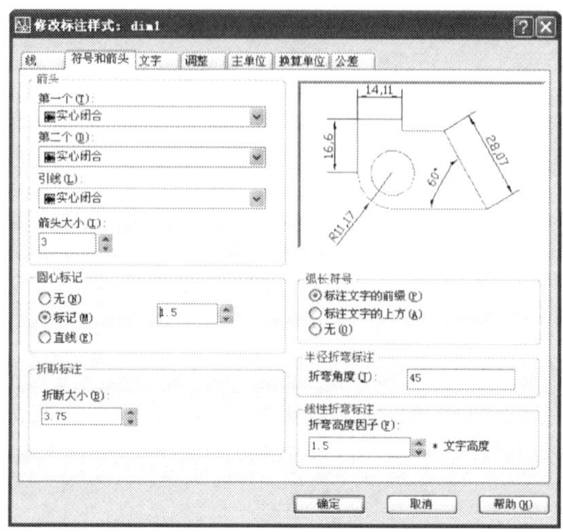

图 1-15 “符号和箭头”选项卡

步骤五：打开“文字”选项卡（图 1-16），“文字样式”选用“text1”，将“文字高度”的值改为“3.5”，将“从尺寸线偏移”的值改为“1”。

步骤六：打开“主单位”选项卡（图 1-17），将“精度”选为“0”，将“小数分隔符”的值改为“.（句点）”，“单位格式”改为“度/分/秒”。

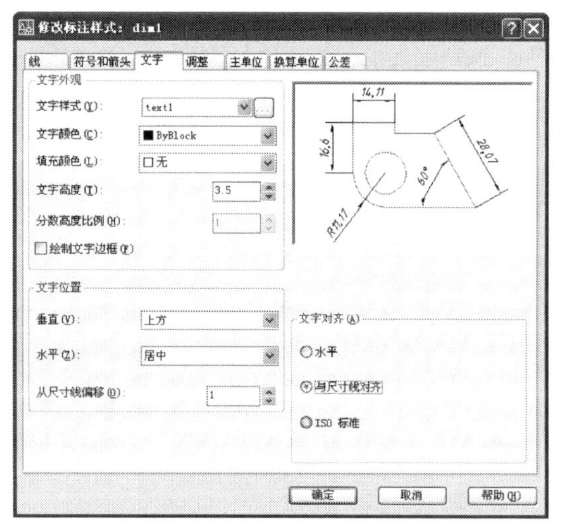

图 1-16 “文字”选项卡

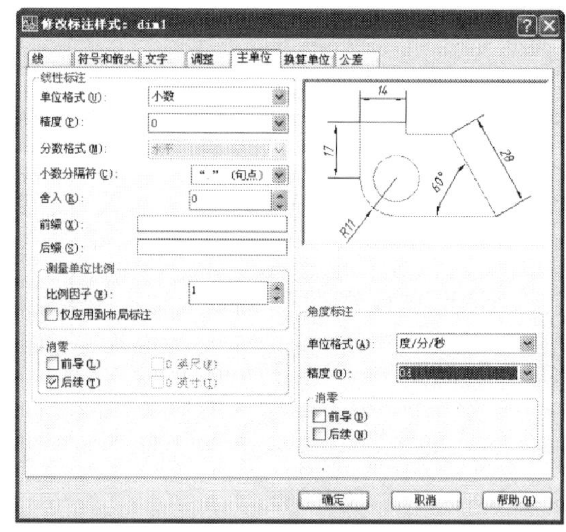

图 1-17 “主单位”选项卡

步骤七：单击“确定”后，选择“dim1”样式，再单击“置为当前”按钮。

小贴士

建筑样板图中标注样式的设置中，“符号和箭头”选项卡中“箭头”类型选用“建筑标记”，其他数据值相同。

“标注样式管理器”对话框(图 1-12)中“新建”、“修改”、“替代”三个按钮的任务不同,但下一级对话框的内容完全相同。“替代”是对现有的标注样式作一个临时性的替换,适用于一些极个别、需要临时替换的特殊标注,如某图样中仅有一处尺寸公差或一处特殊的直径标注,它不会影响到前面已应用的标注样式。当完成特殊标注后,单击右键可删除替代样式,如图 1-18 所示。

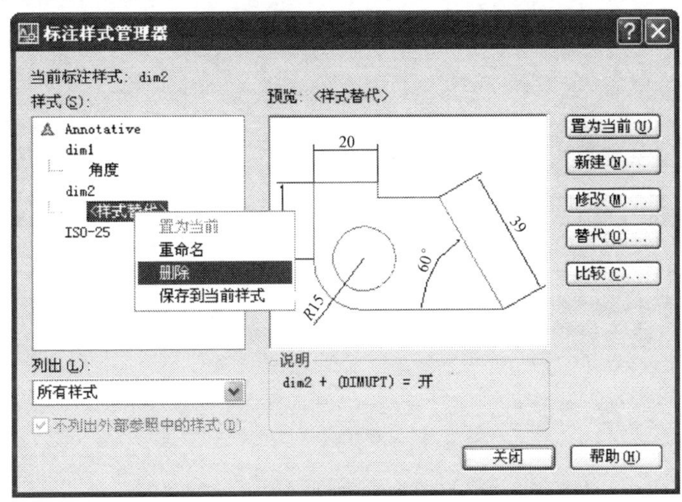

图 1-18　替代样式的删除

(1)在“线”选项卡中:

①由于标注的尺寸是一个复合体,它是以图块的形式储存在图形中,因此各尺寸线的“颜色”与“线型”一般均取缺省值“ByBlock”。

②“超出标记”只有在使用建筑标记、斜线、积分和无箭头时有效;“基线间距”是控制基线型尺寸标注相邻尺寸线间的距离,国标规定为 6 ~ 10mm,可取 7mm,效果如图 1-19 b)所示。

③“隐藏尺寸线”和“隐藏尺寸界线”主要用于一些半剖视图的尺寸标注,效果如图 1-19 a)、c)所示。

④尺寸界线“超出尺寸线”的一般为 2 ~ 3mm,取 2.5mm,效果如图 1-19 d)所示。

⑤“起点偏移”是指尺寸界线与图形之间的距离,一般取 0,效果如图 1-19e)所示。

(2)在“符号和箭头”选项卡中。

箭头的类型要按照行业规范去选择,如机械图样用实心闭合箭头,建筑图样用 45°斜线或圆点;“箭头大小”为 3 ~ 5mm,取 3mm,如图 1-20a)所示;“圆心标记”取 1.5mm,效果如图1-20b)所示;“折断标注”的“折断大小”是指圆或圆弧折断标注时的大小,效果如图 1-20c)所示;“线性折弯标注”的“折弯高度因子”是专门针对已有的线性尺寸、需要添加折弯特性的标注参数,效果如图 1-20d)所示。

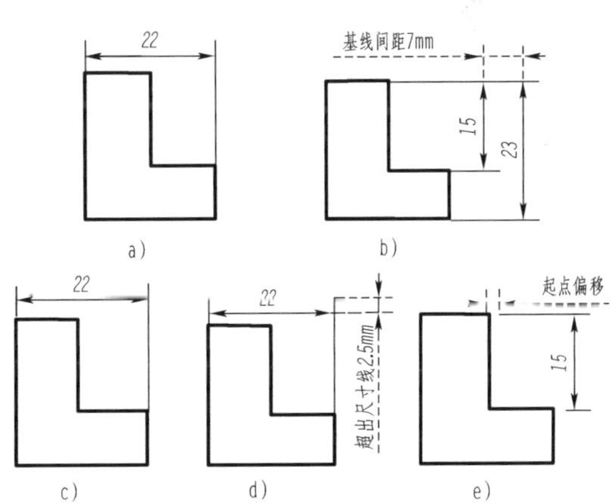

图 1-19　“线”选项卡中各参数的效果

a)隐藏尺寸线 1;b)基线间距;c)隐藏尺寸界线 1;d)超出尺寸线; e)起点偏移

(3)在“文字”选项卡中。

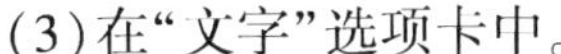

“文字样式”缺省为 standard,可以选择前文已定义“text1”样式。

(4)在“调整” 选项卡(图1-21)中:

①“调整选项”在创建标注时,如果可能,AutoCAD将自动把它们放置在尺寸界线之内;当空间不足时,将根据各单选按钮的设定自动选择最佳放置位置。

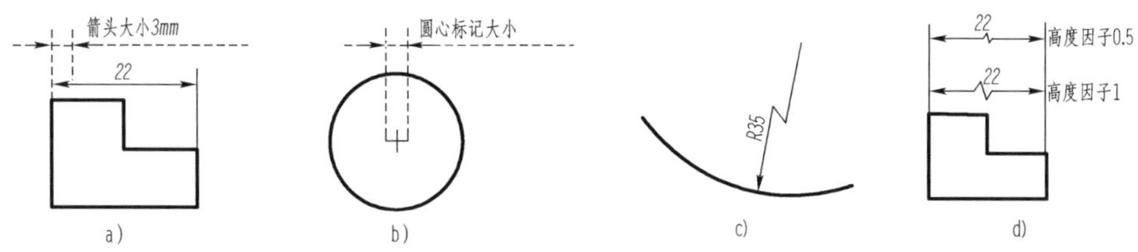

图1-20 “符号和箭头”选项卡中各参数的效果

a)箭头大小;b)圆心标记大小;c)折断标注的大小;d)折断高度因子

②“文字位置”有三种选择方式:“尺寸线旁边”是只要移动标注文字,尺寸线就会随之移动;“尺寸线上方,带引线”是移动文字时尺寸线不会移动,如果将文字从尺寸线上移开,将创建一条连接文字和尺寸线的引线,当文字非常靠近尺寸线时,将省略引线;“尺寸线上方,不带引线”是移动文字时尺寸线不会移动,远离尺寸线的文字不带引线相连。

③在“标注特征比例”中,“将标注缩放到布局” 是根据当前模型空间视口和图纸空间之间的比例确定比例因子。“使用全局比例”是为所有标注样式设置一个比例,这些设置指定了文字和箭头的大小、距离或间距。“使用全局比例”不能更改标注的自动测量值。例如在建筑图样中最常见的绘图比例为1:100,“使用全局比例”就应设定为100,否则原来设定的文字和箭头大小就显得过小。而机械图样中,此项一般不用修改。

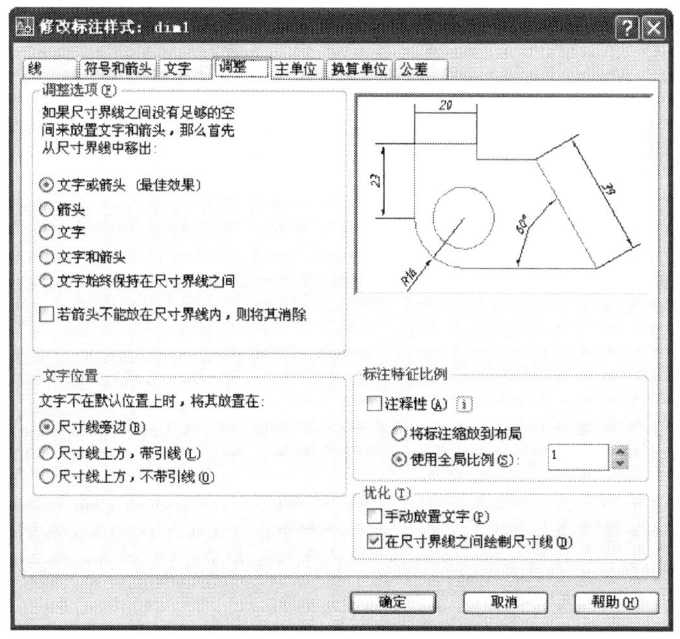

图1-21 “调整”选项卡

④“优化”中勾选“手动放置文字”,可以方便地移动文字的位置。“在尺寸界线之间绘制尺寸线”是即使箭头放在测量点之外,也可以在测量点之间绘制尺寸线。

采用系统默认的“调整”选项卡的设定值不一定能满足实际的需要,有诸多因素会影响AutoCAD中标注文字和箭头的位置:如图样中待标注位置的大小,标注时是否选中“手动放置文字”,“文字位置”单选按钮的选择等。选择不同参数的组合,往往会产生不同的标注效果,要根据不同图纸的实际情况来搭配“调整”选项卡各项的设定。

以上只是完成了机械行业要求的 A3 样板图总体标注样式的一般设置。图样中还存在各种类型尺寸(如角度型、引线型等)的标注要求,还要针对这些尺寸再设置相应的子样式。例如在总体样式下新建一个“角度标注”子样式:在“创建新标注样式”对话框(图 1-13)中,将“用于”改为“角度标注”。再将“文字”选项卡(图 1-16)中“文字位置”中的“垂直”改为“外部”,将“文字对齐”选为“水平”即可。此时“角度标注”即是前文所建“dim1”样式的子目录,在使用“dim1”样式时,当有角度的标注时即会自动按这个子样式来完成。

还有一些标注,如英制螺纹需要建立一个带分数形式的标注样式。步骤与前文基本相同,只是“主单位”选项卡(图 1-17)中,将“单位格式”选为“分数”,再根据要求选择不同的“精度”和“分数格式”。例如,图 1-22 a)中的精度为“0 1/2”,“分数格式”为“水平”。“分数格式”除“水平”之外还有“对角”和“非堆叠”两种效果,如图 1-22b)、c)所示。

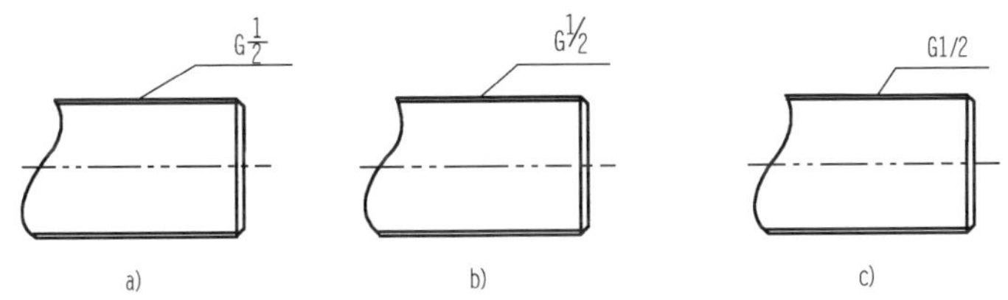

图 1-22 “分数格式”的水平、对角、非堆叠效果

a)“水平”效果;b)“对角”效果;c)“非堆叠”效果

(5)在“主单位”选项卡(图 1-17)中:

①“前缀和后缀”输入文字或使用控制代码显示特殊符号,前缀在自动标注结果之前,后缀在自动标注结果之后。例如可标注螺纹的代号、螺距和公差配合等特殊标注,具体前、后缀的标注效果如图 1-23 所示。

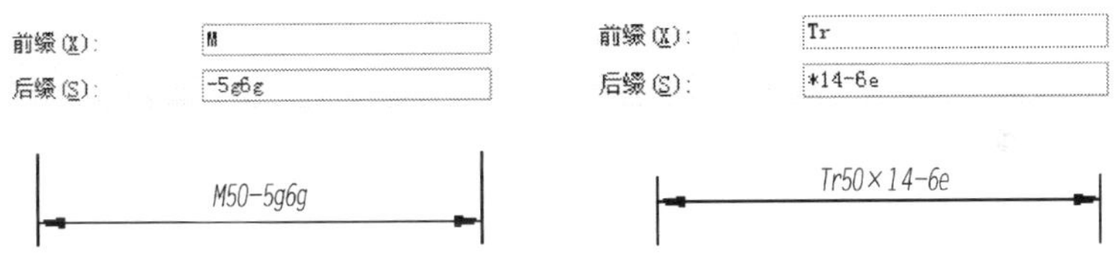

图 1-23 不同前缀和后缀的效果

②“测量单位比例因子”代表尺寸数字与真实长度之比。为了绘图方便,一般都是先按 1:1的比例绘制图样,再用“修改”工具栏中的“缩放( )”命令根据实际需要进行缩放,最后改变“测量单位比例因子”的数值。例如,绘图的比例为 1:2,如果想使输入的尺寸数字与原尺寸相符,则应将“测量单位比例因子”设定为 2,表示图上自动量得的 1 mm 线性尺寸将显示为 2mm,这样恰好与原图样相符。

如果待标注的尺寸中有公差,则需要建立一个标注公差的样式。应将“主单位”选项卡(图 1-17)的“单位格式”选为“小数”。再打开“公差”选项卡(图 1-24),将公差格式的“方式”选为“极限偏差”,将“精度”选为“0.000”,将“上偏差”、“下偏差”分别改为所需要的值,将“高度比例”改为“0.7”。

(6)在“公差”选项卡中:

AutoCAD 软件为用户提供了五种公差标注的类型,较常用的是“对称”和“极限偏差”两种。

①当处于“极限偏差”方式时,“上偏差”项和“下偏差”项均可用,但系统默认上偏差为正值,下偏差为负值。若上、下偏差均为负值(或正值),则应将上偏差的数值前加“ - ”号(或下偏差的数值前加“ - ”号),图1-25所示。

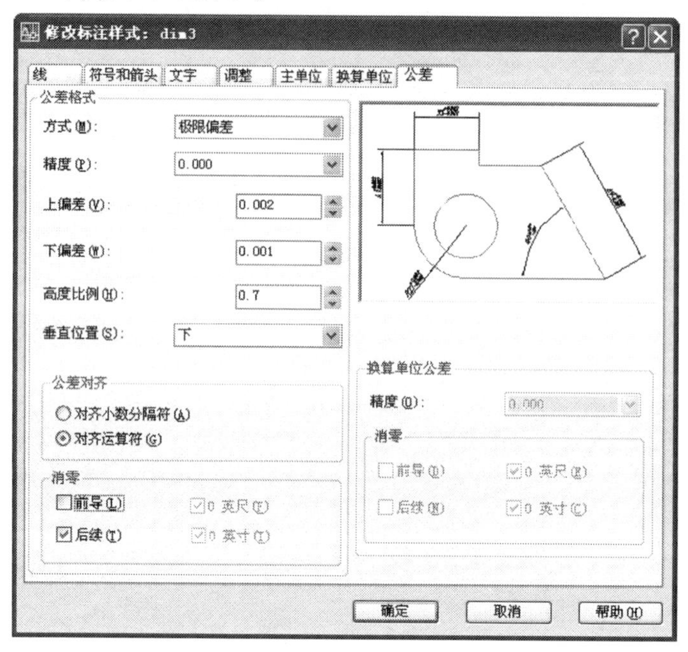

图1-24 “公差”选项卡

②当处于“对称”方式(图1-26)时,只有“上偏差”项可用,输入的上偏差值可用,此时软件的“ ± ”是自带的而不用另加。

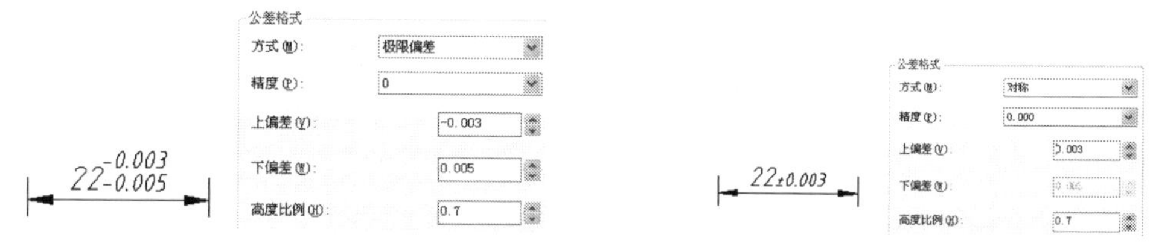

图1-25 上、下偏差均为负值的样式设置及效果

图1-26 对称偏差均为正值的设置及效果

建立一个专门标注公差的样式,必然会使图样中所有带公差的标注为同一公差值。而对于一张图样来说,所有带公差的标注中,上、下偏差值均相等几乎是不可能的。因而,当尺寸公差标注完成后,当上、下偏差数值与实际不符时,要修正其“特征”的参数值。另外,将公差“高度比例”设置为“0.7”只是一个经验数值,并不是国标的规定,目的是能够使标注的公差值大小与已有的文字高度较谐调、美观。

模块三　绘制A3样板图图框

一、用基本绘图操作画出图框

A3样板图图框的绘制可以用“基本绘图”工具中的“直线”或“矩形”命令来完成。下面以机械样板图为例,首先介绍用“直线” + “正交”模式 + “橡皮筋导向,直接输入距离”的绘制方

法,具体操作步骤如下:

步骤一:设置“02”图层(白色)为当前图层。

步骤二:画外框。单击屏幕下方的“正交”功能按钮(图1-27),此时命令行中会显示“正交 开”的提示。

图 1-27 辅助绘图工具功能按钮

步骤三:单击下拉菜单“绘图”→“直线”或“绘图”工具栏中的“直线( )”按钮,将绘图的橡皮筋导向处于向上的方向,直接输入待画的直线的长度(A3图纸外框的高度)“297”, 再将所绘直线的橡皮筋导向处于向右的方向,输入待画的直线的长度(A3 图纸外框的长度)“420”,然后再将所绘直线的橡皮筋导向处于向左的方向,输入待画的直线的长度(A3 图纸外框的高度)“297”,最后输入“c”将这个矩形框闭合。具体执行过程如下:

命令:_line 指定第一点:0,0　　　//在英文状态下,输入原点坐标“0,0”

指定下一点或 [放弃(U)]:297

指定下一点或 [放弃(U)]:420

指定下一点或 [闭合(C)/放弃(U)]:297

指定下一点或 [闭合(C)/放弃(U)]:c　　　//将绘制的矩形框闭合

步骤四:设置“01”图层(绿色)为当前图层。用与“步骤三”类似的方法画出内框。完成的内、外框效果如图 1-28 所示。

图 1-28 内、外框绘制效果

命令:_line 指定第一点:25,5　　　//在英文状态下,输入内框第一点坐标“25,5”

指定下一点或 [放弃(U)]:287

指定下一点或 [放弃(U)]:390

指定下一点或 [闭合(C)/放弃(U)]:287

指定下一点或 [闭合(C)/放弃(U)]:c　　　//闭合内框

点的坐标输入方式有绝对坐标和相对坐标两种,如表 1-3 所示。绝对坐标和相对坐标又分别有直角坐标和极坐标两种表示方式。

点的坐标输入方法　　　　表 1-3

坐标表示方式		输入格式	说明
绝对坐标	直角坐标	x,y	通过键盘输入点的坐标,数值间用英文的“,”隔开
	极坐标	1 < α	1 表示该点与原点的距离;α 表示该点与原点连线同 X 轴夹角
相对坐标	直角坐标	@x,y	@指当前点相对于前一作图点的坐标增量
	极坐标	@1 < α	

前文中的内、外框的第一点坐标用的都是绝对直角坐标表示方法，外框第二点、第三点也可用相对直角坐标表示为："@297,0"和"@0,420"。内框的表示方法与此类似。

相对极坐标在画一些角度明确、长度不明确的直线时特别有用。例如，画一条与水平方向成12°的直线：

命令：_line 指定第一点： //用鼠标在屏幕上点选直线的第一个点

指定下一点或［放弃(U)］：@100 <12//用相对极坐标确定与水平成12°的直线的第二点

指定下一点或［放弃(U)］： //回车，画线结束

小贴士

上文中内、外框的绘制没有用相对坐标的表示方法，而是采用了"正交"模式＋"橡皮筋导向"的方法，这种方法比相对坐标更简洁，只要直接输入待画直线的长度即可。但这种方法也有局限性，只能画出垂直或水平的直线。

除了用"直线"来绘制图框外，还可以用"矩形"来绘制。具体步骤如下：

步骤一：设置"02 图层(白色)"为当前图层。画外框。单击下拉菜单"绘图"→"矩形"或"绘图"工具栏中的"矩形( )"按钮，屏幕下方的命令行弹出如下文字：

命令：rectang

指定第一个角点或［倒角(C)/标高(E)/圆角(F)/厚度(T)/宽度(W)］：0,0

指定另一个角点或［面积(A)/尺寸(D)/旋转(R)］：420,297

步骤二：设置"01 图层(绿色)"为当前图层。画内框。单击"绘图"工具栏中的"矩形"按钮。完成的内、外框效果与图1-28相同。

命令：rectang

指定第一个角点或［倒角(C)/标高(E)/圆角(F)/厚度(T)/宽度(W)］：25,5

指定另一个角点或［面积(A)/尺寸(D)/旋转(R)］：415,292

小贴士

用"矩形"来绘制样板图的内、外框，在没有错误操作时，比"直线"绘制更简便，但初学者往往容易出现一些误操作。由于"矩形"绘制出的四根直线组成的图框是一个整体，编辑修改时就需要学会先将它们"分解"。具体操作步骤如下：

单击下拉菜单"修改"→"分解"或"修改"工具栏中的"分解( )"按钮。

命令：_explode

选择对象：找到1个 //光标变成一个小方块，直接在图中单击要分解的对象

选择对象： //回车

同理，A3建筑样板图的图框绘制与机械样板图类似，只是用到了不同的行业标准，主要是图层的颜色与名称有所不同(表1-2)。建筑样板图中外框用01图层、红色、0.15mm宽的细实线，内框用0图层、白色、0.6mm宽的粗实线。而标题栏及装订边尺寸与机械样板图完全相同。

二、使用对象捕捉、正交、极轴与对象追踪

在绘图过程中,有一些辅助工具也是经常用到的,比如前文中提到的“正交”工具。经常使用的还有“极轴”、“对象捕捉”、“对象追踪”等几种常用辅助工具,见图 1-27。下面就以 A3 样板图的“标题栏的绘制”为例来介绍这几种常用辅助工具的使用,国标规定的标准标题栏如图 1-29 所示。具体操作步骤如下:

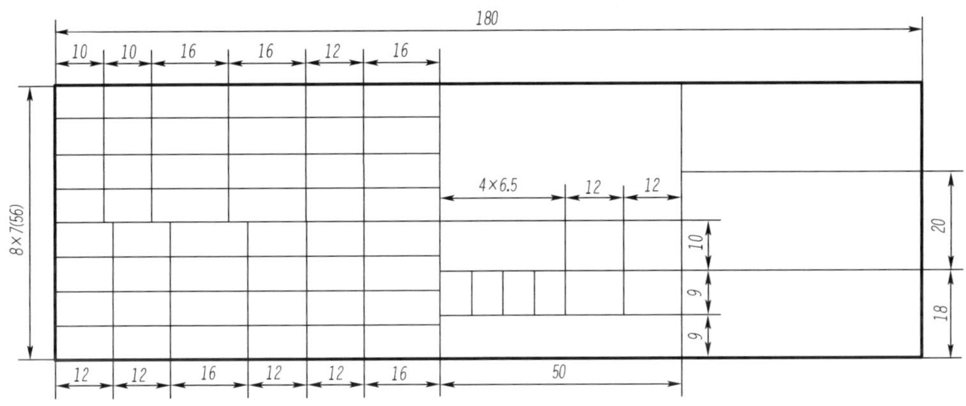

图 1-29 国标规定的标准标题栏

步骤一:右键屏幕下方的“对象捕捉”功能按钮,点选“设置”项,弹出如图 1-30 所示的选项卡,并勾选“端点”和“交点”两项,注意“对象捕捉”处于“开”的状态。

步骤二:设置“01”图层(绿色)为当前图层。画标题栏外框。单击“绘图”工具栏中的“直线”按钮。移动鼠标至绿色内框的右下角附近,当内框右下角出现一个黄色的正方形亮块、并提示为“端点”时(图 1-31),不要急于点击鼠标。而是点击打开屏幕下方的“对象追踪”功能按钮,使之处于“开”的状态,再沿着对象捕捉的黄色的“端点”轻轻拖动鼠标,此时会出现一条虚线,便是“对象追踪”作用的结果(图 1-32),用键盘输入标题栏的长度“180”,便能精确地确定标题栏的左下方端点。

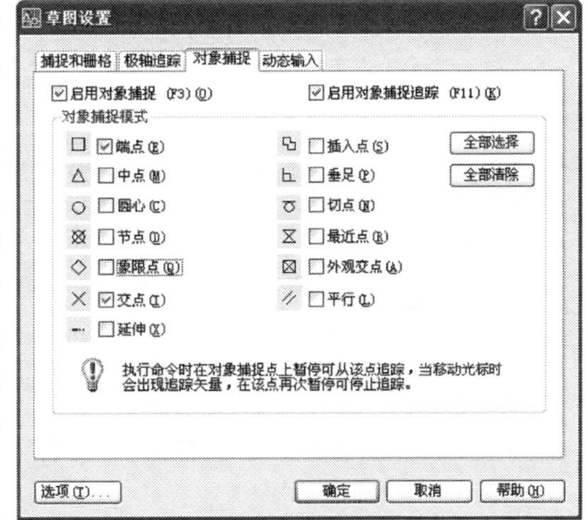

图 1-30 “对象捕捉”选项卡

步骤三:再将所绘直线的橡皮筋导向处于向上的方向,输入待画的标题栏的高度“56”,再将所绘直线的橡皮筋导向处于向右的方向,输入待画的标题栏的长度“180”。最后水平拖动鼠

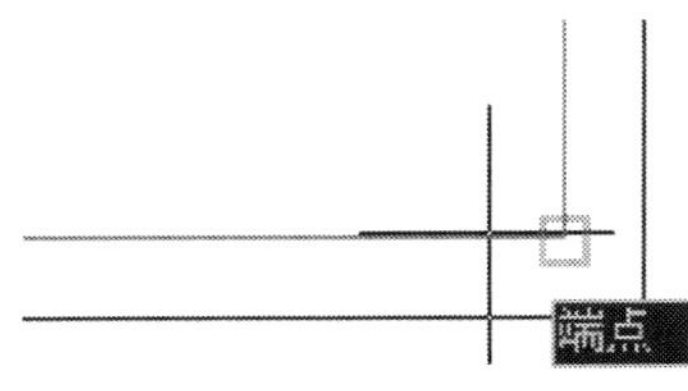

图 1-31 “端点”对象捕捉的显示效果

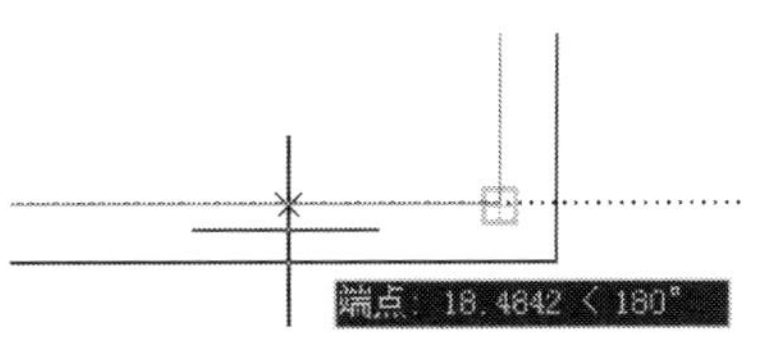

图 1-32 “端点”对象追踪的显示效果

标,再移动至标题栏右下角的对象捕捉"端点"出现,继而"对象追踪"的虚线出现,再将鼠标上拖,此时会在距右下角端点高 56 处出现一个小叉(图 1-33),再单击鼠标左键完成标题栏外框的绘制。

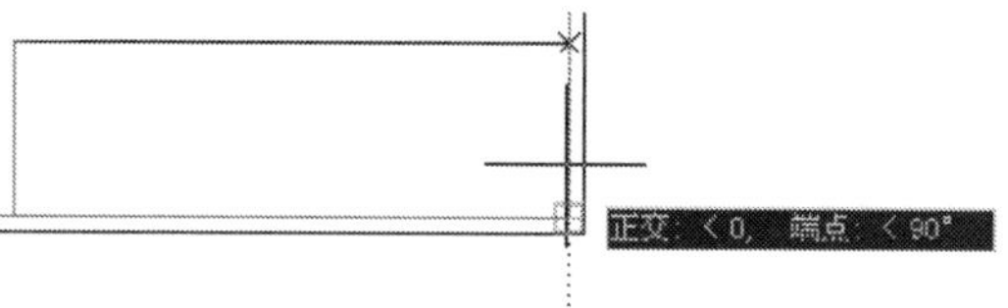

图 1-33 "对象追踪"与水平线相交的显示效果

步骤四:设置"02"图层(白色)为当前图层。画标题栏内部线。用"正交"模式画直线,直接输入直线长度 +"对象捕捉" +"对象追踪",直至完成如图 1-29 所示的标准标题栏。

命令:_line 指定第一点:10

//"对象捕捉"标题栏左上端点,将其向右"对象追踪"距离为"10"

指定下一点或[放弃(U)]:28 //橡皮筋向下导向,由键盘给出这条直线的长度"28"

指定下一点或[放弃(U)]: // 回车,完成第一条直线,如图 1-34 所示

命令:_line 指定第一点: //"对象追踪"第一条直线的下端点与标题栏左上端点的交点

指定下一点或[放弃(U)]:80 //橡皮筋向右导向,由键盘给出这条直线的长度"80"

指定下一点或[放弃(U)]: // 回车,完成第二条直线,如图 1-35 所示

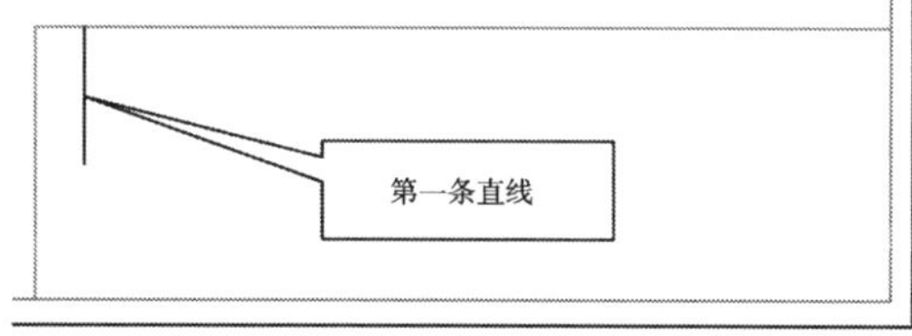

图 1-34 标题栏的第一条内部线

第二条直线

端点: < 270°, 端点: < 180°

图 1-35 标题栏的第二条内部线

命令:_line 指定第一点: //"对象追踪"标题栏左上端点与第二条直线右端点的交点

指定下一点或[放弃(U)]://"对象追踪"标题栏左下端点与橡皮筋导向向下的交点

指定下一点或[放弃(U)]: // 回车,完成第三条直线,如图 1-36 所示

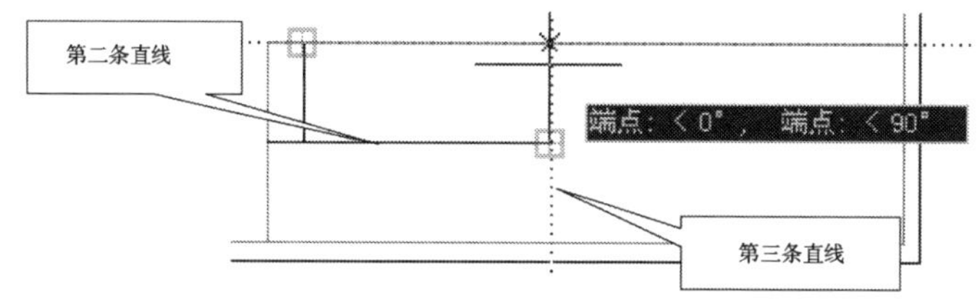

图 1-36 标题栏的第三条内部线

命令:_line 指定第一点:18 //沿标题栏的右下角端点向上"对象追踪""18"

指定下一点或[放弃(U)]:100 //橡皮筋导向向左画长度为 100 的水平直线

指定下一点或[放弃(U)]: // 回车,完成第四条直线,如图 1-37 所示

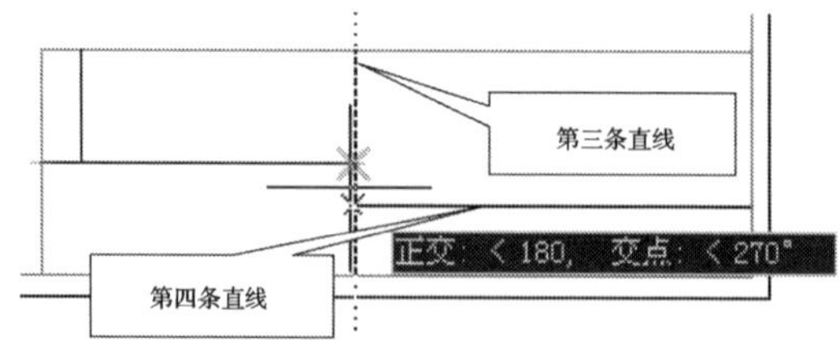

图 1-37 标题栏的第四条内部线

(1)“对象捕捉”辅助工具必须在给出绘图命令后才能起作用,下面介绍几种不常用“设置”项(图 1-30)的用途。

①延伸:当光标经过对象的端点时,显示临时延长线或圆弧,以便用户在延长线或圆弧上指定点。

②最近点:捕捉到圆弧、圆、椭圆、椭圆弧、直线、多线、点、多段线、射线、样条曲线或参照线与十字光标最近的点,常用于尺寸标注。

③外观交点:捕捉到不在同一平面但是可能看起来在当前视图中相交的两个对象的外观交点。注意如果同时打开“交点”和“外观交点”执行对象捕捉,可能会得到不同的结果。

④平行:将直线段、多段线线段、射线或构造线限制为与其他线性对象平行。指定线性对象的第一点后,请指定平行对象捕捉。与在其他对象捕捉模式中不同,可以将光标和悬停移至其他线性对象,直到获得角度。然后,将光标移回正在创建的对象。如果对象的路径与上一个线性对象平行,则会显示对齐路径,可将其用于创建平行对象。注意使用平行对象捕捉之前,请关闭“正交”模式,还必须指定线性对象的第一点。在平行对象捕捉操作期间,会自动关闭对象捕捉追踪和极轴捕捉。

“对象捕捉”还可以用快捷方式调用:让光标停放在任一屏幕已显示的工具栏上,单击鼠标右键,即弹出工具栏快捷菜单(图 1-38),选取需要调用“对象捕捉”工具栏即可。

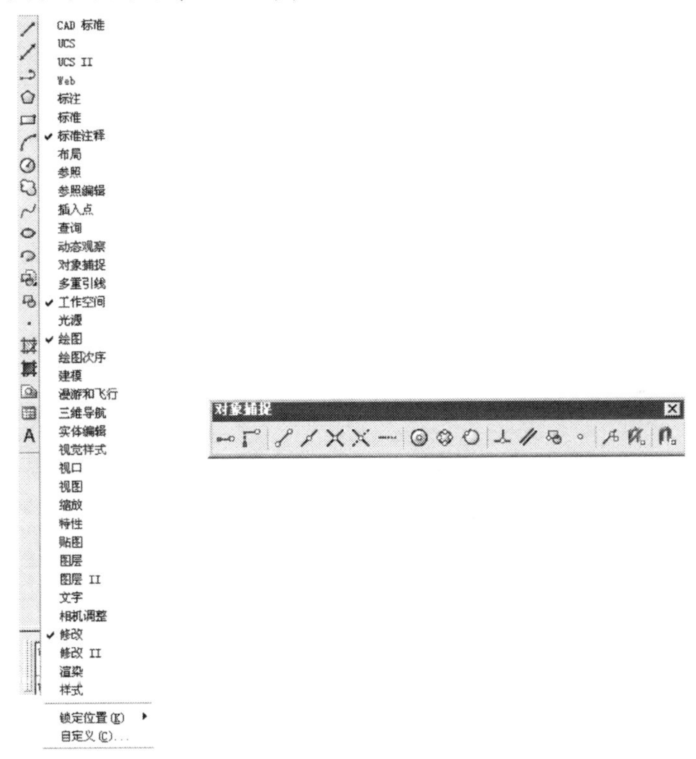

图 1-38 快捷方式调用工具栏

(2)打开“极轴”辅助工具的“设置”对话框(图 1-39),有两种选项:一种是显示正交状态(水平/垂直)对象追踪路径;另一种是显示所有极轴角的追踪路径。“角增量”就是用来显示极轴追踪对齐路径的极轴角增量,它可以是任何角度,也可以是列表中提供的“90”、“45”、“30”、“22.5”、“18”、“15”、“10”、“5”八种常用角度。还可以用“新建”按钮添加其他附加角。

“极轴”和“正交”辅助工具不能同时使用。

例如，执行画线命令时选择的角增量为30°，则每当光标移动增量达到30°时，就会在极轴显示的虚线一侧，按极坐标的方式提示出当前位置的点相对于上一点A的距离和角度值，如图1-40所示。此方法可以很轻松地画出其他一些增量的角度，但是由于提示这些角度的虚亮线的划分是以水平或垂直象限线两个方向为基础的，一些自行设定的一般角度在水平方向和垂直方向追踪到的虚线会不重合，反而会给绘图带来不便。因此对于一些特殊角度的直线用表1-3中的“相对极坐标的输入方法”绘制更加方便。

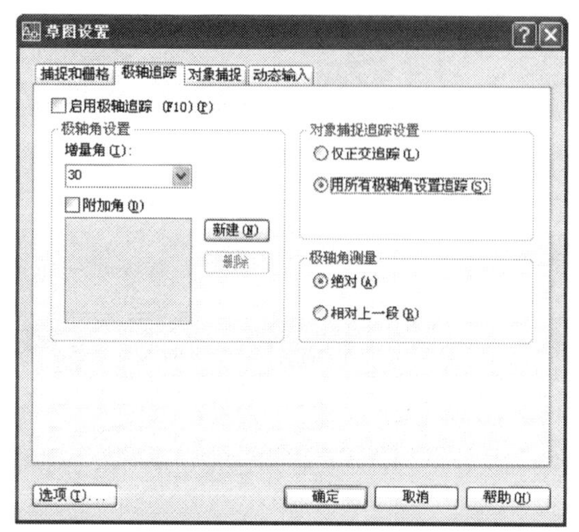

图1-39 “极轴追踪”选项卡

图1-40 角增量为30°极轴追踪画直线的效果

(3)“对象追踪”辅助工具必须先设置对象捕捉方式，执行时，当靠近指定的对象捕捉点时，就会显示当前十字光标离这一点的距离和角度，并显示一条表示追踪路径的虚亮线，效果和“极轴追踪”一致。

三、编辑修改样板图

除了前文提到的“正交”模式画直线，直接输入直线长度+“对象捕捉”+“对象追踪”的方法绘制标题栏外，还可以用“正交”模式画直线，再经编辑修改，也能够绘制如图1-29的标题栏。主要用到的工具栏如图1-41所示。这里将在标题栏外框和内框四条直线的基础上绘制标题栏内部的其他线条，具体操作步骤如下：

步骤一～步骤四：画标题栏的外框和内框中的四条直线，与前文的内容相同。

步骤五：单击“修改”工具栏中的“偏移( )”，屏幕下方的命令行弹出如下文字：

命令：_offset

指定偏移距离或［通过(T)/删除(E)/图层(L)］<通过>：7　　//偏移距离为“7”

选择要偏移的对象，或［退出(E)/放弃(U)］<退出>：//点选前节所画的第二条直线

指定要偏移的那一侧上的点，或［退出(E)/多个(M)/放弃(U)］<退出>：

//在第二条直线上方空白处单击左键

选择要偏移的对象，或［退出(E)/放弃(U)］<退出>：　　//点选新偏移出的直线

指定要偏移的那一侧上的点，或［退出(E)/多个(M)/放弃(U)］<退出>：

//在新偏移出的直线上方空白处单击左键

……

指定要偏移的那一侧上的点,或[退出(E)/多个(M)/放弃(U)] <退出>:

//在第二条直线的基础上等距离偏移出七条直线

选择要偏移的对象,或[退出(E)/放弃(U)] <退出>: //回车,结束命令

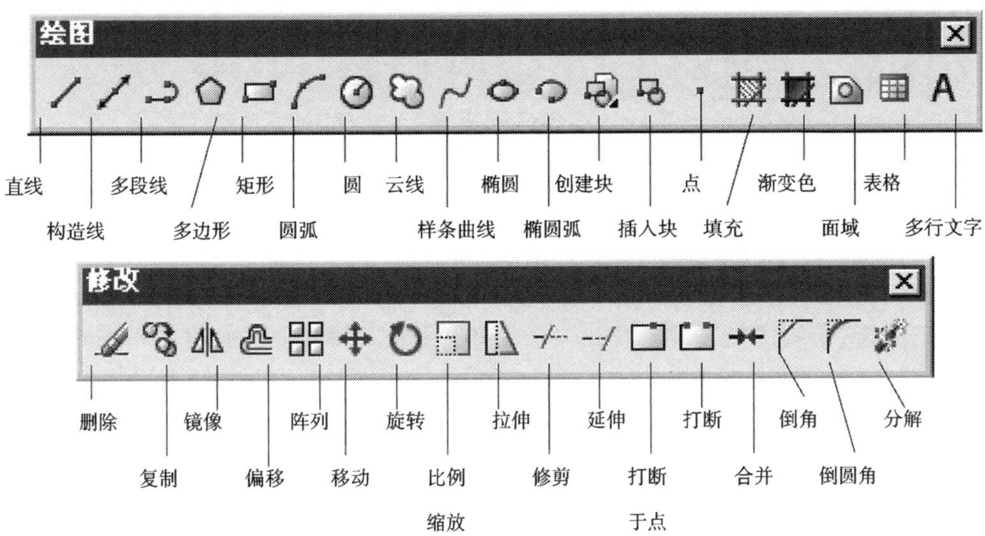

图 1-41 绘图和编辑工具栏

同理,再执行"偏移"命令画出标题栏左半部分的垂直内部线,注意偏移的距离不相等,要即时调整偏移距离。绘制效果如图 1-42 所示。

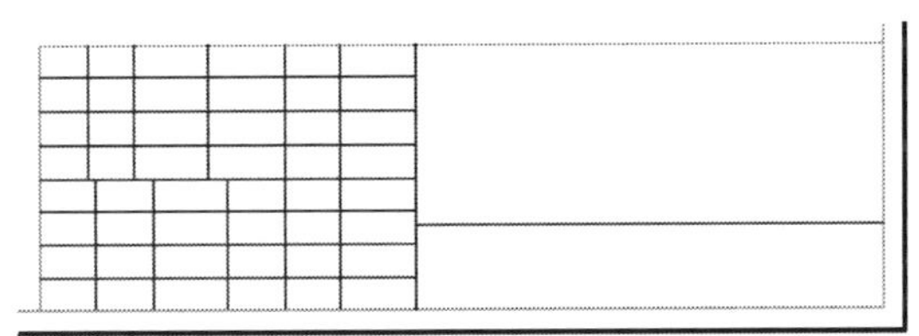

图 1-42 标题栏左半部分"偏移"的效果

步骤六:利用"正交",直接输入直线长度+"对象捕捉"+"对象追踪"的方法先绘制距离标题栏右边距离为"50"的垂直线为第五条直线(图 1-43)。单击"修改"工具栏中的"延伸( )"按钮,延伸标题栏的第二条直线至第五条直线处,绘制效果见图 1-43。屏幕下方的命令行弹出如下文字:

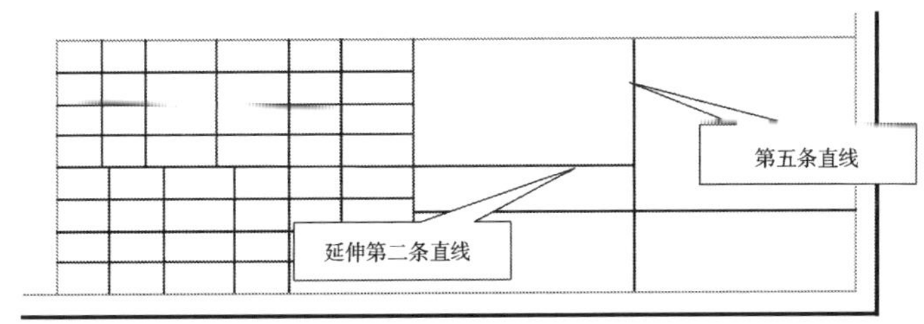

图 1-43 标题栏第二条内部线"延伸"的效果

命令:_extend 当前设置:投影=UCS,边=无 选择边界的边...

选择对象或 <全部选择>: 找到 1 个

//点选上面所画的第五条直线作为要延伸到的位置

选择对象: //点选上面所画的第二条直线作为要延伸的对象

选择要延伸的对象,或按住 Shift 键选择要修剪的对象,或

[栏选(F)/窗交(C)/投影(P)/边(E)/放弃(U)]: //回车,结束命令

步骤七:单击"修改"工具栏中的"打断于点( )",标题栏内第四条直线被打断,打断点为第四条与第五条的交点,这样第四条内部线就被分成了左右两段。屏幕下方的命令行弹出如下文字:

命令:_break 选择对象: //点选待打断的第四条直线

指定第二个打断点 或 [第一点(F)]:_f

指定第一个打断点: //"对象捕捉"第四条和第五条内部线的交点

指定第二个打断点:@ //回车,结束命令

步骤八:单击"修改"工具栏中的"复制( )",向下距离为"9"处复制第四条直线的左段,同理向上距离为"20"处复制第四条直线的右段。效果如图 1-44 所示(图中尺寸是绘制的提示尺寸,非标注尺寸)。屏幕下方的命令行弹出如下文字:

命令:_copy

选择对象:找到 1 个 //点选待复制的第四条直线左段

选择对象: //回车

当前设置:复制模式 = 多个

指定基点或 [位移(D)/模式(O)/多个(M)] <位移>:o //改变复制模式,只复制一次

输入复制模式选项 [单个(S)/多个(M)] <单个>:s

指定基点或 [位移(D)/模式(O)/多个(M)] <位移>:

//点选第四条和第五条直线的交点为基点

指定第二个点或 <使用第一个点作为位移>:9

//顺着第四条直线向下复制一条距离为"9"的直线

……

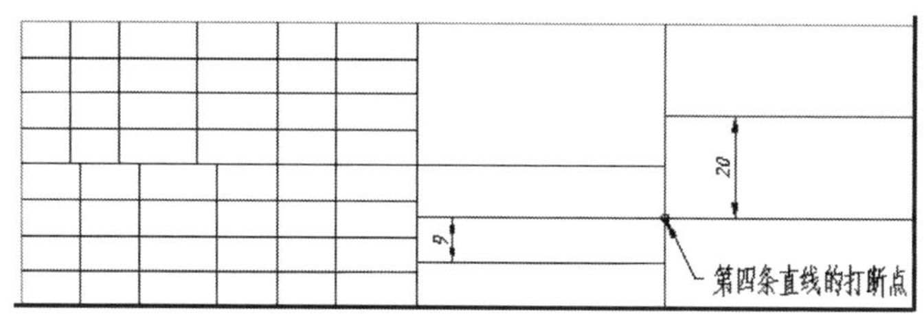

图 1-44 标题栏第四条内部线"打断于点"、"复制"的效果

步骤九:在第二条直线的延长线上画一条竖直线,长度为"19",再用"偏移"命令将它偏移 4 次,偏移距离分别为"6.5"、"6.5"、"6.5"、"12",执行效果如图 1-45 所示。

步骤十:单击"修改"工具栏中的"修剪( )",步骤九中偏移的前三条直线进行修剪,最终完成标题栏的绘制。屏幕下方的命令行弹出如下文字:

命令:_trim 当前设置:投影 = UCS,边 = 无

选择剪切边...

选择对象或 <全部选择>:找到 1 个 //点选第四条直线的左段作为修剪到的位置

选择对象:
选择要修剪的对象,或按住 Shift 键选择要延伸的对象,或 //点选待修剪的三条线的位置
……
选择要修剪的对象,或按住 Shift 键选择要延伸的对象,或[栏选(F)/窗交(C)/投影(P)/边(E)/删除(R)/放弃(U)]: //回车,结束命令

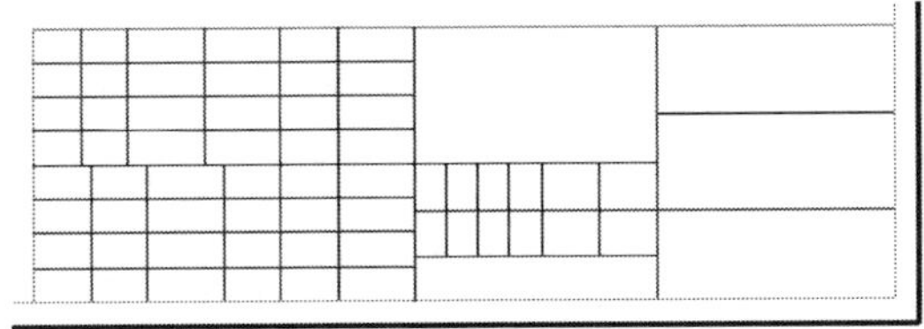

图 1-45 步骤九画线、偏移的效果

完成了 A3 样板图图框和标题栏的绘制,如何再迅速地绘制一个 A4 样板图呢?按制图的国标要求可知:A4 样板图的外框尺寸是 297 × 210,装订边和标题栏尺寸与 A3 样板图完全相同。因此,可以将原 A3 样板图文件另存一次名为"A4"的文件,再在 A3 图框的基础上编辑修改成 A4 的图框。具体操作步骤如下:

命令:LENGTHEN
//点选下拉菜单:"修改"→"拉长"或直接输入命令"lengthen"
选择对象或[增量(DE)/百分数(P)/全部(T)/动态(DY)]:de //输入"de",改变增量
输入长度增量或[角度(A)] <0.0000>: -123 //图框的水平方向 420 - 297 = 123
选择要修改的对象或[放弃(U)]: //分别点选水平的四条图框线
……
命令:LENGTHEN
选择对象或[增量(DE)/百分数(P)/全部(T)/动态(DY)]:de
输入长度增量或[角度(A)] < -123.0000>: -87
//图框的垂直方向从 297 缩短至 210,用负数表示缩短
选择要修改的对象或[放弃(U)]: //分别点选垂直的四条图框线
……
命令:_move //点选修改工具栏中的"移动"按钮
选择对象:指定对角点:找到 2 个 //先移动两条垂直的直线
选择对象:
指定基点或[位移(D)] <位移>: 指定第二个点或 <使用第一个点作为位移>:
//选择被移动直线的端点,使之与目标端点重合
…… //以此类推,直至内框与外框全部首尾相接

四、使用夹点操作

夹点是拾取对象后,在它上面显示出呈"蓝色的小方框"的特征点。点击夹点中的任意一个,选中的夹点会变为红色。利用夹点可快速编辑对象,可以按回车的次数依次执行"拉伸"、"移动"、"旋转"、"比例缩放"、"镜像"的操作。

用夹点操作也能完成标题栏内部直线的绘制、编辑。比如夹点操作,首先执行的"拉伸"操作,对直线的伸长、缩短操作就特别方便,由于直线无论怎样拉伸结果都还是直线,所以只要

指定要伸长、缩短的位置，直接点击鼠标就可以完成操作，无须再执行“修剪”或“延伸”命令。再比如在执行了“移动”操作后，输入“c”或按住“shift”都可以复制对象。

以前文中的标题栏内部第二条直线(图1-35)的复制为例，夹点复制的步骤如下：

步骤一：单击标题栏内部待延长的第二条直线，出现三个蓝色的夹点。

步骤二：单击第二条直线右边的夹点，夹点变成红色，此时命令行显示处于“拉伸”操作状态。

步骤三：回车一次，命令行显示处于“移动”操作状态。输入“c”表示复制第二条直线，结合对象追踪的导向，给出复制距离“7”、“14”…… 直至复制完成。执行过程如下，执行效果如图1-46所示。

```
＊＊ 拉伸 ＊＊
指定拉伸点或［基点(B)/复制(C)/放弃(U)/退出(X)］：//回车一次，执行“移动”操作
＊＊ 移动 ＊＊
指定移动点或［基点(B)/复制(C)/放弃(U)/退出(X)］:c          //输入“c”，多重复制
＊＊ 移动 (多重) ＊＊                                        //结合对象追踪完成复制
指定移动点或［基点(B)/复制(C)/放弃(U)/退出(X)］:7
＊＊ 移动 (多重) ＊＊
指定移动点或［基点(B)/复制(C)/放弃(U)/退出(X)］:14
……
```

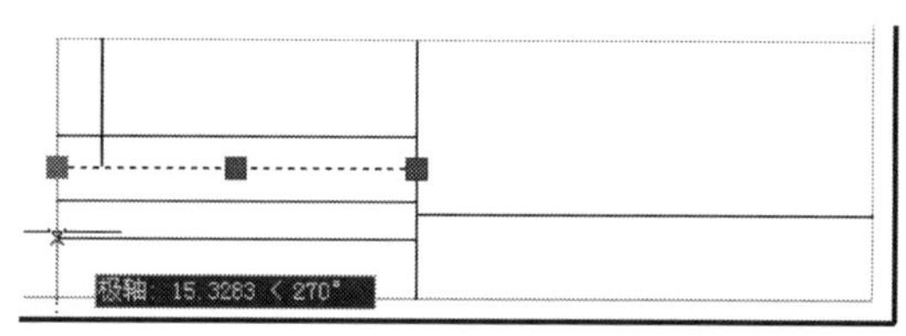

图1-46　标题栏内部用夹点“移动”复制第二条直线的效果

再以前文中标题栏内部第二条直线(图1-35)的拉伸为例，具体操作步骤如下：

步骤一：单击标题栏内部待延长的第二条直线，出现三个蓝色的夹点。

步骤二：单击第二条直线右边的夹点，夹点变成红色，结合极轴追踪，将直线拉伸到指定的位置，如图1-47所示。此时命令行显示处于“拉伸”操作状态。

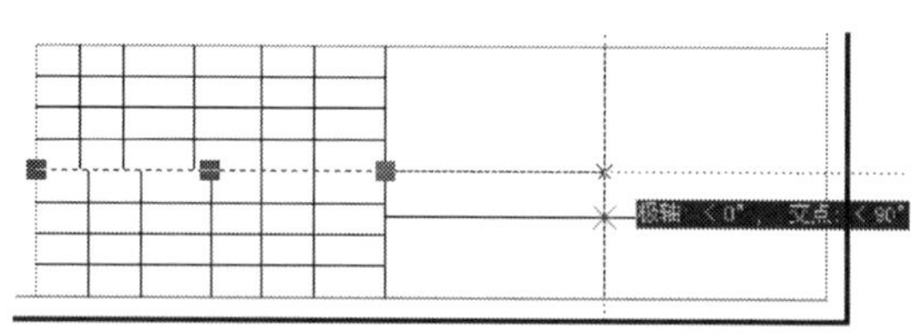

图1-47　标题栏内部用夹点“拉伸”第二条直线的效果

小贴士

由下拉菜单“工具”→“选项”→“选择集”选项卡，可对夹点的大小、颜色等进行调整，如图1-48所示。

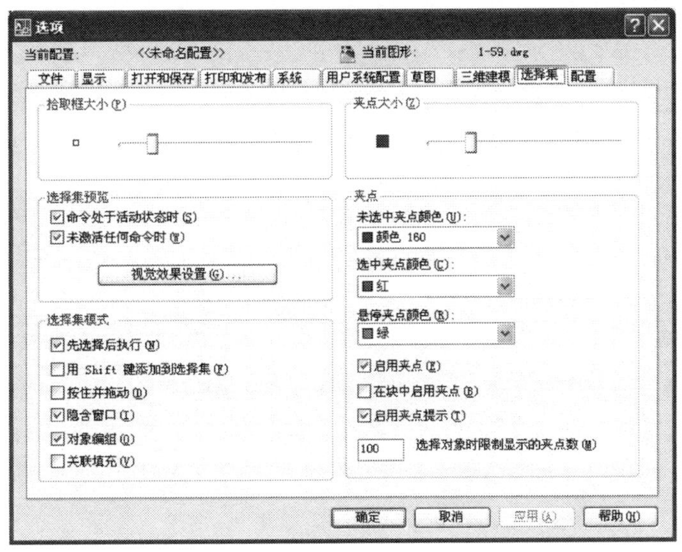

图 1-48　调整夹点的“选择集”选项卡

模块四　录入文字——填写标题栏

在绘制完成样板图的图框和标题栏后，接着就要往标题栏内填写文字。文字的录入有单行文字和多行文字两种方法，这两种方法各具优、缺点。对于较简短的文字，如标题栏文字的填写可使用单行文字输入，它最大的优点是能在图形的多个不同位置放置文字而无需退出命令状态；而对于较为复杂的、内容较长的文字，如图纸技术要求，应采用多行文字输入，多行文字提供了许多文字处理功能，如粗体、斜体、下画线以及对齐、旋转、堆叠和设定字高、字宽等。

一、录入单行文字

以 A3 机械样板图为例，单行文字的录入可以输入命令“dtext”或“text”执行，也可以由下拉菜单“绘图”→“文字”→“单行文字”来执行。单行文字的书写比较适合于一些较简短的文字内容，如标题的填写、文字标注说明等。A3 机械样板图标题栏单行文字命令执行过程具体操作如下，执行结果如图1-49 所示。

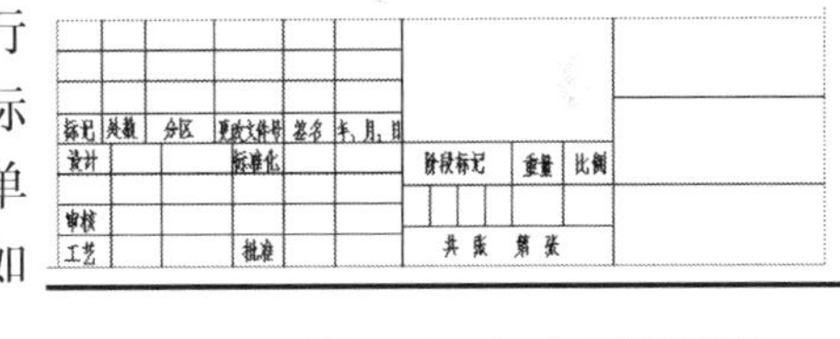

图 1-49　“单行文字”录入标题栏的效果

命令：dtext　　　　　　　　//输入“单行文字”命令

当前文字样式：“Standard”　文字高度：2.5000　注释性：否

指定文字的起点或［对正(J)/样式(S)］：s　　　　　　//输入“s”，更改当前文字样式

输入样式名或［?］<Standard>：text1

//当前文字样式改为“text1”，具体见模块三“二”中的文字样式设置

当前文字样式：“Standard”　文字高度：20.0000　注释性：否

指定文字的起点或［对正(J)/样式(S)］：j　　　　　　//输入“j”，更改对正方式

输入选项［对齐(A)/调整(F)/中心(C)/中间(M)/右(R)/左上(TL)/中上(TC)/右上(TR)/左中(ML)/正中(MC)/右中(MR)/左下(BL)/中下(BC)/右下(BR)］：mc

//选择“正中”方式

指定文字的中间点： //在待输入文字的格子的正中央单击

指定高度 <20.0000 >:5 //输入文字的高度为“5”

指定文字的旋转角度 <0 >：

//直接回车，表示旋转角度为0，再由键盘输入文字内容“标记”二字

在填写完成第一格内容后，当鼠标处于“I”形时，再在需要填写的新的格子中央处，单击鼠标，则可以继续执行单行文字的操作。

以上执行中“更改文件号”和“年、月、日”两格的文字内容较多，用以上方法文字会超出格子，可以在“对正”方式中选择“调整(F)”选项。具体命令执行过程如下：

命令：text

当前文字样式：“text1” 文字高度：5.0000 注释性：否

指定文字的起点或［对正(J)/样式(S)］:j //输入“j”，更改对正方式

输入选项［对齐(A)/调整(F)/中心(C)/中间(M)/右(R)/左上(TL)/中上(TC)/右上(TR)/左中(ML)/正中(MC)/右中(MR)/左下(BL)/中下(BC)/右下(BR)］:f

//输入“f”，调整文字间距

指定文字基线的第一个端点： //点击待输入格子下方左端点

指定文字基线的第二个端点：//水平对象追踪，点击待输入格子的右端点，注意这两点确定的直线一定要小于格子的长度

指定高度 <5.0000 >：

……

二、录入多行文字

多行文字的录入可以输入命令“mtext”执行，也可以由下拉菜单“绘图”→“文字” →“多行文字”来执行，或者直接点击“绘图”工具栏中的“多行文字(A)”按钮。多行文字适合那些较长的、复杂的文字信息，如技术要求、内容说明等的书写。A3机械样板图标题栏的文字也可以用“多行文字”命令录入，具体执行过程如下：

命令：_mtext 当前文字样式：“standard” 文字高度：2.5000 注释性：否

指定第一角点：

指定对角点或［高度(H)/对正(J)/行距(L)/旋转(R)/样式(S)/宽度(W)/栏(C)］:s

//输入“s”，改变文字样式为“text1”

指定对角点或［高度(H)/对正(J)/行距(L)/旋转(R)/样式(S)/宽度(W)/栏(C)］:h

指定高度 <2.5000 >:5 //输入“h”，改变文字高度为“5”

在绘图区单击待输入文字的格子的左上角，拖动一个与格子大小相同的矩形框，弹出如图1-50所示的“文字格式”对话框（即“多行文字编辑器”）。例如：输入文字内容为“阶段标记”，单击“确定”按钮。用这种方法也可以填写标题栏。但由于在同一条“多行文字”命令录入的所有文字将会是一个整体，因此不能对其中的某行文字单独进行编辑。

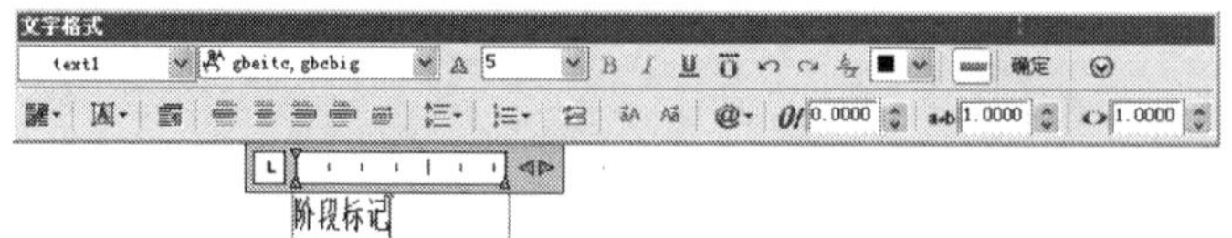

图1-50 “多行文字”录入对话框（多行文字编辑器）

多行文字执行“分解”命令后，多行文字可分解为单行文字。

在实际绘图中，往往需要书写一些特殊字符，如直径、百分比等，无法直接从键盘输入，只能输入一些控制码（也是用键盘输入一些字符来替代）来书写，如表 1-4 所示是常用控制码与字符的对照表。若采用的字体库是“gdt. shx”，还可以书写一些机械图纸中常见的深度、锪平、斜度等特殊符号，具体见表 1-4。

常用控制码与字符的对照 表 1-4

字 体 库	键盘输入内容	含 义
gbeitc. shx 或 isocp. shx	%%c	圆直径符号“Φ”
	%%p	正负符号“±”
	%%d	度的符号“°”
gdt. shx	X	深度符号“↧”
	V	锪平符号“⊔”
	N	圆直径符号“Φ”
	A	斜度符号“∠”
	O	正方形平面符号“□”
	W	V 形沉头孔符号“∨”

在多行文字编辑器（图 1-50）的文字输入区空白处右击得到快捷菜单，选择“符号”子菜单，还可以书写其他的特殊字符，如图 1-51 所示。如果仍然没有查到需要的特殊字符，则选择

图 1-51 输入不常用的特殊字符的菜单

“其他”选项,会弹出“字符映射表”对话框,从中选择需要的字符,单击“选择”按钮,“复制”按钮,然后右键“粘贴”到多行文字的录入框中。

三、文字的编辑

文字的编辑可通过下拉菜单“修改”→“对象” →“文字” →“编辑” (图 1-52)或者直接输入命令“ddedit”来进行。若编辑对象是多行文字,系统会打开“多行文字编辑器”对话框(图 1-50),可重新设定文字的属性等;若编辑对象是单行文字,系统就会使被编辑对象处于蓝底可修改状态,此时只能增删文字的内容。单行文字给出一次编辑命令后,光标会变成一个小方块,能够连续编辑、修改多处文字对象。

若右击鼠标,选择“特征”选项,也可以在弹出的“特征”选项卡中编辑、修改文字,如图 1-53所示。

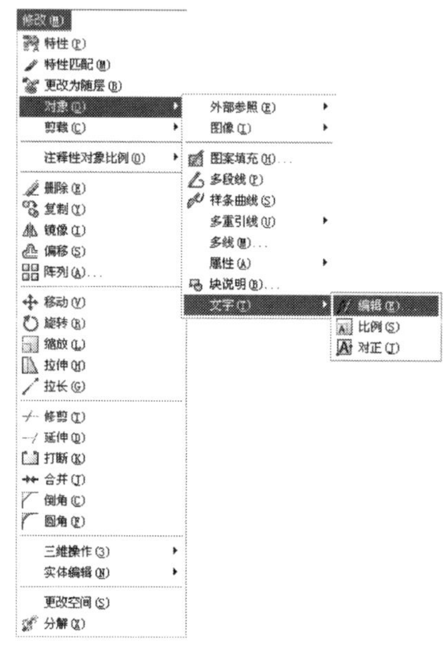

图 1-52 编辑文字的菜单

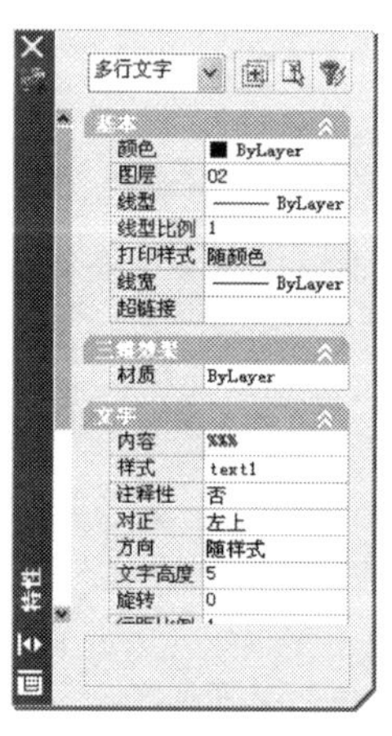

图 1-53 “特征”选项卡

模块五 保存样板图与一般文件格式的文件操作

一、样板图的保存与调用

样板图绘制完成后,就需要进行保存。AutoCAD 软件样板图文件的格式为“. dwt”,而一般文件的格式为“. dwg”。具体保存 A3 样板图的操作步骤如下:

步骤一:点击下拉菜单“文件”→“另存为”,弹出“图形另存为”对话框(图 1-54),选择“文件类型”为“AutoCAD 图形样板(* . dwt)”。而“保存于”的位置会自动跳转至“template”的文件夹。

步骤二:选择适当的保存位置,将文件名定为“A3 样板图”,单击“保存”按钮,此时弹出一个“样板选项”对话框(图 1-55),填写“说明”内容,单击“确定”完成。

保存样板图后,如果需要使用,即可进行无数次调用。直接找到刚才保存的“A3 样板图 . dwt”,双击打开,此时文件类型变成了一般图形文件的“. dwg” 格式。

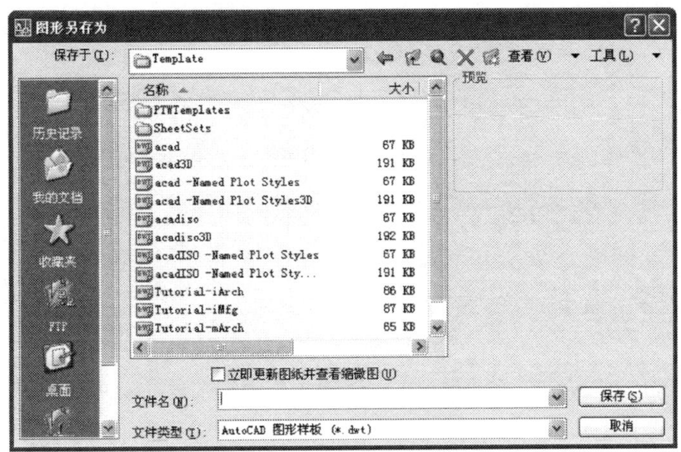

图 1-54 “图形另存为”对话框

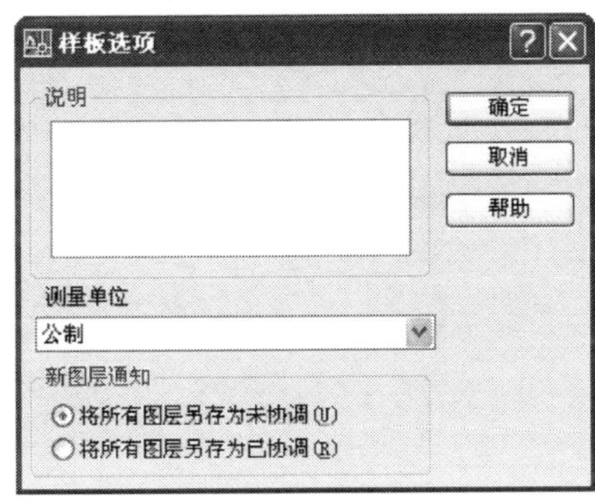

图 1-55 “样板选项”对话框

小贴士

(1)“template 文件夹”是用户所使用的电脑安装 AutoCAD 软件的默认位置,嵌套层数较多,调用时不方便。用户可以根据实际需要,自行设定保存样板图的文件夹的位置。

(2)样板图“样板选项”对话框中的说明可以不填写内容。

二、实时缩放文件的透明命令

绘图中常常需要实时放大、缩小或平移图形,可直接用鼠标操作来完成,而无须给出命令。这种在执行一条命令的过程中插入执行的另一条命令称为透明命令,如“zoom”、“pan”都是透明命令。鼠标的快捷操作及功能如表 1-5 所示。

鼠标的快捷操作 表 1-5

鼠标操作	命令词(按钮)	功能
滚轮上滚	zoom( )	图形实时放大
滚轮下滚	zoom ( )	图形实时缩小
按住滚轮	pan ( )	图形实时平移

有的电脑由于软件安装的问题,不能执行表 1-5 中鼠标的快捷操作,可以单击下拉菜单

"工具"→"选项"对话框→"配置"选项卡,单击"重置"按钮(图 1-56),即可恢复表 1-5 所示的快捷操作。

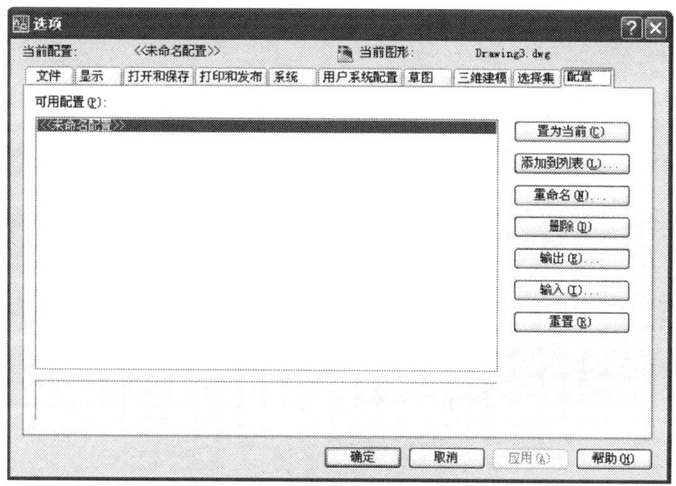

图 1-56 "选项"对话框的"配置"选项卡

练 习 题

1. 作一个完整的机械 A3 样板图,包括设置作图环境,保存为". dwt"的格式,并在此基础上再作一个机械 A4 样板图。

2. 作一个完整的建筑 A3 样板图,包括设置作图环境,保存为". dwt"的格式,并在此基础上再作一个建筑 A4 样板图(提示:建筑行业的有关国标见表 1-2)。

项目二　绘制减速器主动轴的工程图

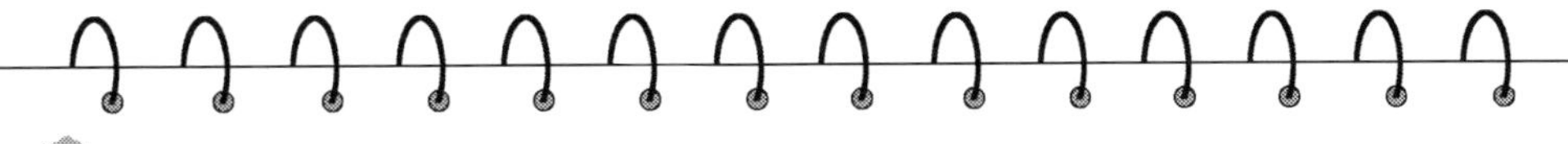

学习目标

1. 学习巩固绘图、编辑命令；
2. 学习工程图绘制的一般顺序，先主视图，再断面图、剖视图或局部视图等；
3. 学习绘制单个图形时，先确定中心线，再绘制图形主体，最后编辑细节的方法。

轴类零件是机械中使用较为普遍的一类零件，它可以起到传递动力、承受重力等功能，主要由一系列同轴回转体构成，下面以图 2-1 所示的减速器主动轴的工程图为例，介绍使用 AutoCAD 软件绘制这类图形的方法。

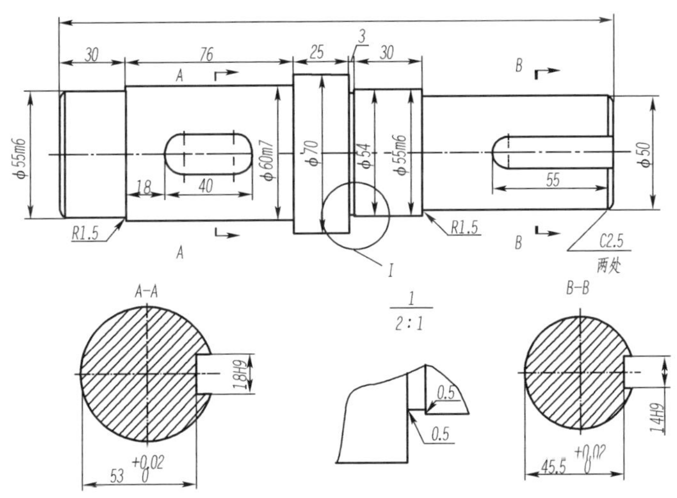

图 2-1　减速器主动轴工程图

由于在“项目一”已经对创建符合国标的绘图环境作了介绍，本项目将详细介绍主动轴的一般绘图过程，并学习相关的绘图知识。一般来说，绘制机械图样首先要确定零件的中心线，再确定主视图的位置并绘制主视图，最后绘制断面图和局部放大图等。

模块一　绘制主动轴的主视图

一、用绘图与正交、追踪相结合的方法绘制主视图

主动轴的主视图是对称图形，可以结合正交、对象追踪等辅助绘图工具，并以轴中心线为界绘制出图形的上半部分。具体的绘图步骤如下：

步骤一：设置绘图环境。调用“项目一”中完成的A3样板图，并将它“另存为”名为“主动轴.dwg”的文件。

步骤二：设置“05”图层（红色）为当前图层，打开“正交”、“对象捕捉”和“对象追踪”辅助工具。绘制轴的中心线，长度为“257”mm。执行结果如图2-2所示。

命令：_line 指定第一点：

指定下一点或［放弃(U)］:257

//轴总长度为“251”，加上中心线两边各超出轮廓“3”，得出“257”的长度

图2-2　绘制主动轴的中心线

步骤三：设置“02”图层（绿色）为当前图层。绘制轴的上半部分，执行结果如图2-5所示。

命令：_line 指定第一点:3　　//顺着中心线左端点向右追踪“3mm”确定轴的左端点

指定下一点或［放弃(U)］:27.5

//橡皮筋向上导向，由键盘给出直线的长度“27.5”，画出左侧轴段Φ55的一半

指定下一点或［放弃(U)］:30　　//橡皮筋向右导向，由键盘给出左侧轴段的长度“30”

指定下一点或［闭合(C)/放弃(U)］：

//橡皮筋向下导向，与中心线垂直闭合，如图2-3所示

图2-3　绘制主动轴的左侧轴段

命令：_line 指定第一点：　　//单击图2-3中的右上端点

指定下一点或［放弃(U)］:2.5

//橡皮筋向上导向，由键盘给出直线的长度“2.5”，画出左侧轴段Φ60的一半

指定下一点或［放弃(U)］:76

//橡皮筋向右导向，由键盘给出轴左侧第二段的长度“76”

指定下一点或［闭合(C)/放弃(U)］://橡皮筋向下导向，与中心线垂直闭合，如图2-4所示

图2-4　绘制主动轴的左侧第二段

命令：_line 指定第一点：

指定下一点或［放弃(U)］:5　　//橡皮筋向上导向，键盘输入“5”，画中间段Φ70的一半

指定下一点或［放弃(U)］:25

指定下一点或［闭合(C)/放弃(U)］：

命令:_line 指定第一点:8 //橡皮筋向下导向,画 Φ54 长度为“3”退刀槽的一半
指定下一点或 [放弃(U)]:3
指定下一点或 [放弃(U)]:
命令:_line 指定第一点:
指定下一点或 [放弃(U)]:27.5
指定下一点或 [放弃(U)]:30
指定下一点或 [闭合(C)/放弃(U)]:
命令:_line 指定第一点:2.5 //橡皮筋向下导向,画出“Φ50”长度为“87”右侧轴段的一半
指定下一点或 [放弃(U)]:87
指定下一点或 [闭合(C)/放弃(U)]:
//橡皮筋向下导向,与中心线垂直闭合,如图 2-5 所示

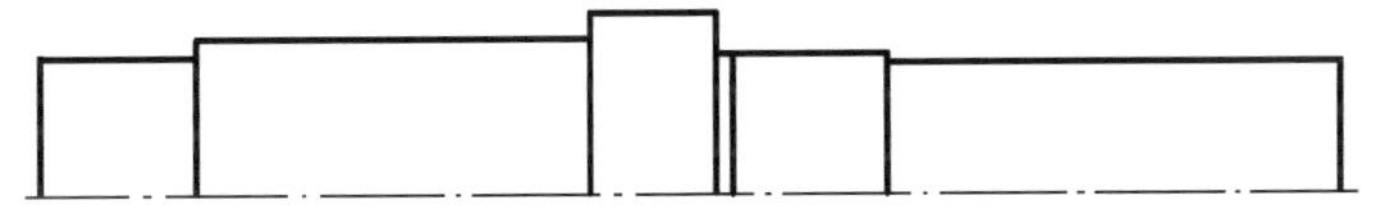

图 2-5 绘制主动轴主视图的上半部分

小贴士

(1)在开始绘制图形之前,应考虑图形在图纸中的布局,不仅考虑各视图所需位置,还应考虑尺寸标注所需的位置。

(2)在用正交模式 + 给定线长度画直线 + 对象追踪,一定要用鼠标导向画线的方向(上、下、左、右)。

二、编辑主动轴的主视图

在绘制完成主动轴的大致形状后,就要对它进行进一步的修改编辑,包括倒角、倒圆角、镜像下半部分等操作。具体操作步骤如下:

步骤一:将轴的两端倒角,执行结果如图 2-8 所示。单击下拉菜单“修改”→“倒角”或“修改”工具栏中的“倒角( )”可以执行倒角操作,过程如下:

命令:_chamfer //先给轴的左端倒角
(“修剪”模式) 当前倒角距离 1 = 0.0000,距离 2 = 0.0000
选择第一条直线或 [放弃(U)/多段线(P)/距离(D)/角度(A)/修剪(T)/方式(E)/多个(M)]: d //输入“d”,修改倒角的距离
指定第一个倒角距离 <0.0000>:2.5 //根据图纸要求,输入倒角距离“2.5”
指定第二个倒角距离 <2.5000>:2.5 //45°倒角,与两边距离相等
选择第一条直线或 [放弃(U)/多段线(P)/距离(D)/角度(A)/修剪(T)/方式(E)/多个(M)]: //单击左端轴的端面轮廓线
选择第二条直线,或按住 Shift 键选择要应用角点的直线:
//单击左端轴的柱面轮廓线,执行结果如图 2-6 所示

命令:_line 指定第一点:　　　　　　　　　　//补上倒角的轮廓线,执行结果如图 2-7 所示
指定下一点或[放弃(U)]:

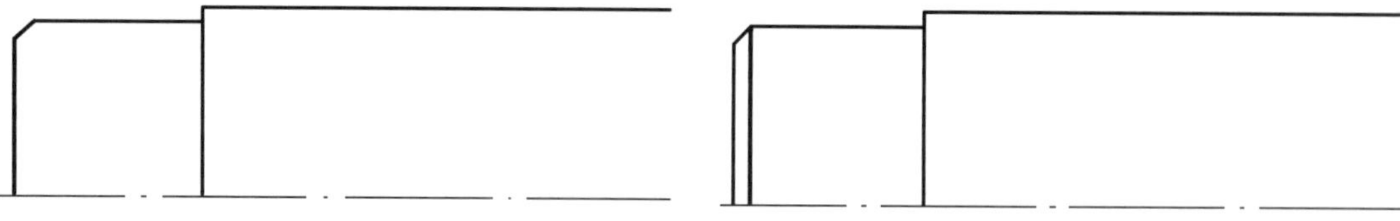

图 2-6 “倒角”命令的执行结果　　　　　　　　图 2-7 补上“倒角”轮廓线

命令:_chamfer　　　　　　　　　　　　　　　　　　//再给轴的右端倒角
(“修剪”模式) 当前倒角距离 1 = 2.5000,距离 2 = 2.5000
选择第一条直线或[放弃(U)/多段线(P)/距离(D)/角度(A)/修剪(T)/方式(E)/多个(M)]:　　　　　　　　　　　　　　//单击右端轴的端面轮廓线
选择第二条直线,或按住 Shift 键选择要应用角点的直线:　　//单击右端轴的柱面轮廓
命令:_line 指定第一点:　　　　　　　　　　//补上倒角的轮廓线,执行结果如图 2-8 所示
指定下一点或[放弃(U)]:
指定下一点或[放弃(U)]:

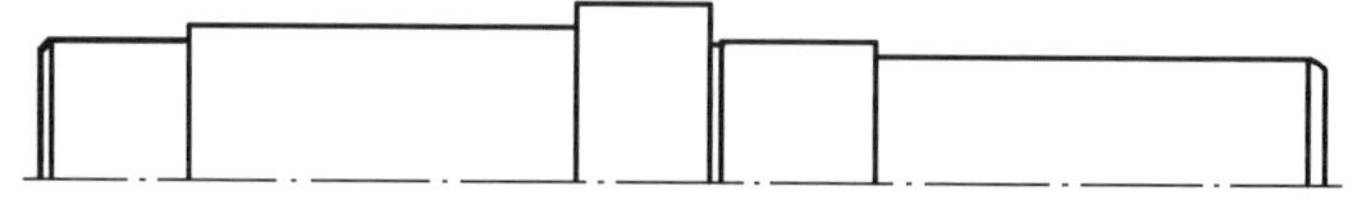

图 2-8 主动轴左、右两端 “倒角”的执行结果

步骤二:将轴的两处倒圆角,半径 1.5mm,执行结果如图 2-11 所示。单击下拉菜单“修改”→“圆角”或“修改”工具栏中的“圆角( )”可以执行倒圆角操作,过程如下:

命令:_fillet　　　　　　　　　　　　　　//先给轴的左端第一段与第二段倒圆角
当前设置:模式 = 修剪,半径 = 0.0000
选择第一个对象或[放弃(U)/多段线(P)/半径(R)/修剪(T)/多个(M)]:r
　　　　　　　　　　　　　　　　　　　　　　　　//输入“r”,修改倒圆角的半径
指定圆角半径 <0.0000>:1.5　　　　　　　　//根据图纸要求,输入倒角距离“1.5”
选择第一个对象或[放弃(U)/多段线(P)/半径(R)/修剪(T)/多个(M)]:
　　　　　　　　　　　　　　　　　　　　　　　　　　//单击 Φ60 端面的轮廓线
选择第二个对象,或按住 Shift 键选择要应用角点的对象:
　　　　　　　　　　　　　　　　//单击 Φ55 圆柱面的轮廓线,执行结果如图 2-9 所示
命令:* * 拉伸 * *　　　　　//点击存在缝隙的端面轮廓线,用夹点“拉伸”直线闭合缝隙
指定拉伸点或[基点(B)/复制(C)/放弃(U)/退出(X)]://“拉伸”直线结果如图 2-10 所示

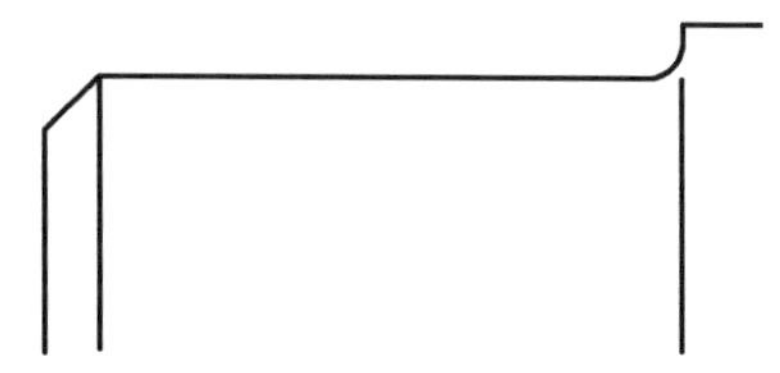

图 2-9 “圆角”命令的执行结果

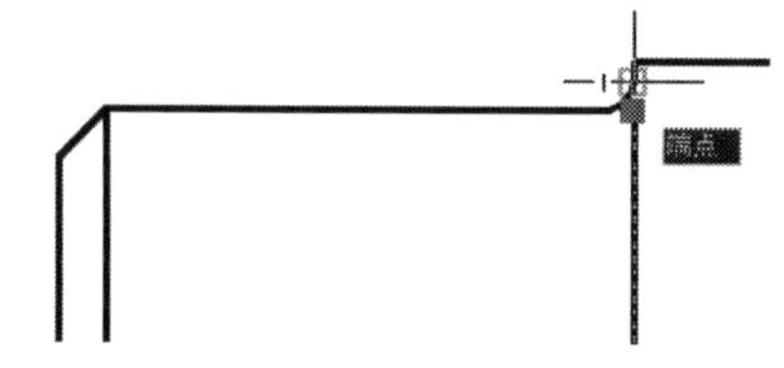

图 2-10 夹点“拉伸”直线闭合倒圆角缝隙的执行效果

命令:_fillet　　　　　　　　　　　　　　　//再给轴的右端第一段与第二段倒圆角
当前设置:模式 = 修剪,半径 = 1.5000
选择第一个对象或[放弃(U)/多段线(P)/半径(R)/修剪(T)/多个(M)]:
选择第二个对象,或按住 Shift 键选择要应用角点的对象:
命令:* * 拉伸 * *　　　　//点击存在缝隙的端面轮廓线,用夹点“拉伸”直线闭合缝隙
指定拉伸点或[基点(B)/复制(C)/放弃(U)/退出(X)]:
//“圆角”执行结果如图 2-11(为使圆角效果明显,未显示线宽)所示

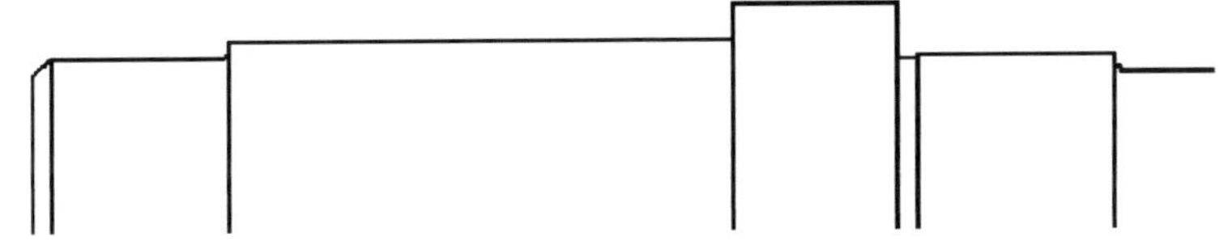

图 2-11　两处“圆角”的执行结果

步骤三:将轴以中心线为对称轴镜像下半部分,执行结果如图 2-12 所示。单击下拉菜单“修改”→“镜像”或“修改”工具栏中的“镜像( )”可以执行镜像操作,过程如下:

命令:_mirror
选择对象:指定对角点:找到 21 个
//单击框选待镜像的轴的上半部分的所有对象
选择对象:
指定镜像线的第一点:　　　　　　　　　　　　//“对象捕捉”中心线的左端点
指定镜像线的第二点:　　　　　　　　　　　　//“对象捕捉”中心线的右端点
要删除源对象吗?[是(Y)/否(N)] <N>:n　//输入“n”,不删除轴的源对象上半部分

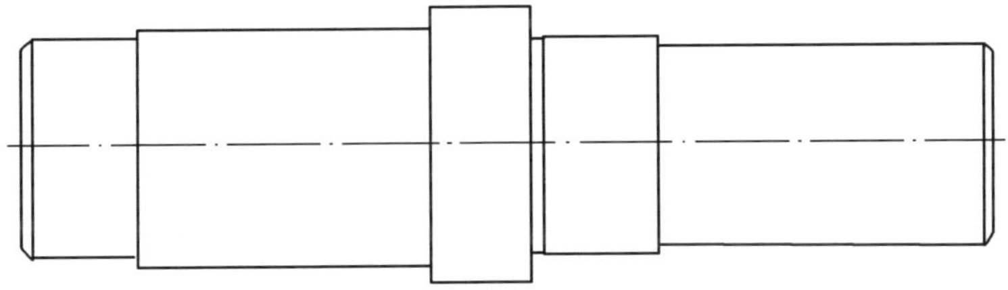

图 2-12　“镜像”的执行结果

小贴士

在默认情况下,“镜像”命令镜像的文字是倒置的,输入“mirrtext”命令可调整设置值。当“mirrtext”值为“1”时,文字镜像后倒置;当“mirrtext”值为“0”时,文字正常放置,如图 2-13 所示。

设计 计设　mirrtext=1 默认

设计 设计　mirrtext=0

图 2-13　“mirrtext”设置值的不同效果

AutoCAD 软件对象的选择方式有很多种,输入命令“select”可知,具体执行如下:

命令:SELECT

选择对象:?　　　　//输入“?”,可看到系统所提供的选择方式

需要点或窗口(W)/上一个(L)/窗交(C)/框(BOX)/全部(ALL)/栏选(F)/圈围(WP)/圈交(CP)/编组(G)/添加(A)/删除(R)/多个(M)/前一个(P)/放弃(U)/自动(AU)/单个(SI)/子对象/对象　　　　//提供多种选择方式

最常见的选择方式是“点选”、“窗口(W)”和“窗交(C)”。“点选”方式即直接点击需要选择的对象,每次只能选中一个对象,系统默认的选择是叠加方式的选择。“窗口”方式是将鼠标从被选择对象的左上角向右下角拖动形成的一个实线框(框内部为青色)。“窗交”方式是将鼠标从被选择对象的右上角向左下角拖动形成的一个虚线框(框内部为绿色)。“窗口”和“窗交”选择方式的区别在于:“窗口”方式是当所选对象完全被包含在实线框内时才能被选中;“窗交”方式只要所选对象的部分被包含在虚线框内即可选中对象。因此,这三种选择方式的应用也有所不同。“点选”方式适合于需要选择的对象比较少的情况;“窗口”方式适合于需要选择的对象多、且与其他无需选择的对象没有交叉、重叠的情况;“窗交”方式适合于需要选择的对象多、且与其他无需选择的对象有交叉、重叠的情况。在较复杂的选择情况下,往往需要几种选择方式的组合使用。

具体“选择集”的设置可以通过下拉菜单“工具”→“选项”对话框→“选择集”选项卡来设置,如图 2-14 所示。

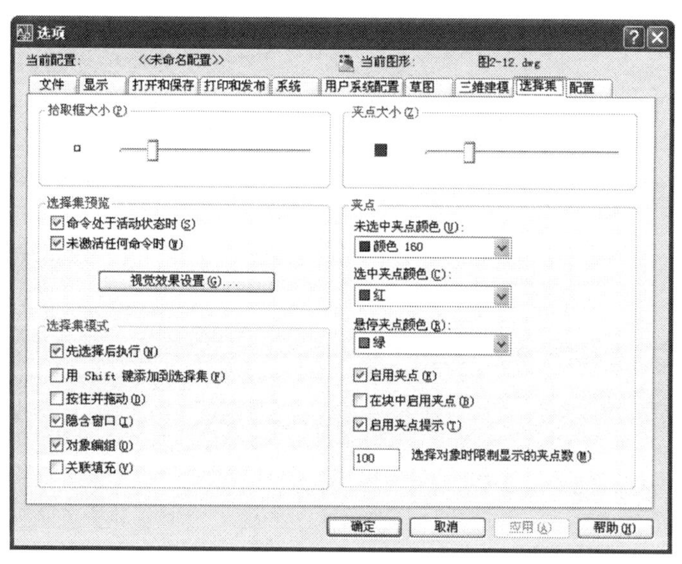

图 2-14 “选项”对话框的“选择集”选项卡

三、绘制键槽

减速器主动轴的主视图中的键槽主要是通过圆、直线命令,结合正交、对象捕捉、对象追踪等辅助绘图工具进行绘制。具体的操作步骤如下:

步骤一:单击下拉菜单“绘图”→“圆”或“绘图”工具栏中的“圆( )”,绘制键槽的两个圆,执行效果如图 2-15 所示。

命令:circle 指定圆的圆心或[三点(3P)/两点(2P)/相切、相切、半径(T)]:27

//将轴左端第二段端面轮廓线与中心线交点向右捕捉“27”作为左边圆的圆心

指定圆的半径或［直径(D)］ <9.0000>:9

命令:circle 指定圆的圆心或［三点(3P)/两点(2P)/相切、相切、半径(T)］:22

//以距离左边圆圆心“22”处为圆心绘制右边的圆

指定圆的半径或［直径(D)］ <9.0000>:9

步骤二:打开“对象捕捉”设置,选择“象限点”项。分别连接两个圆上、下两个象限点画键槽的直线部分,执行效果如图 2-16 所示。

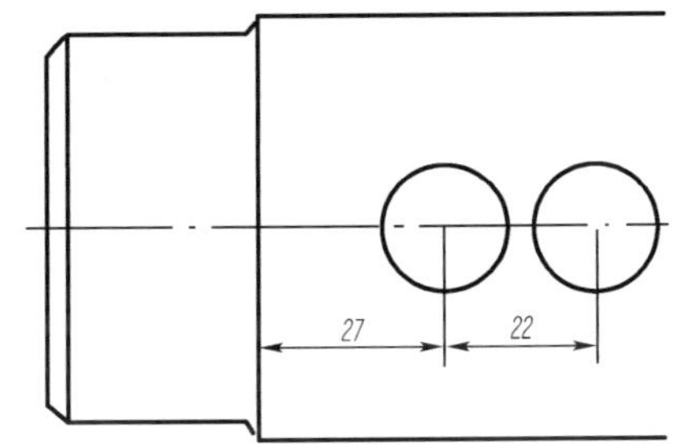

图 2-15 画键槽的两个圆

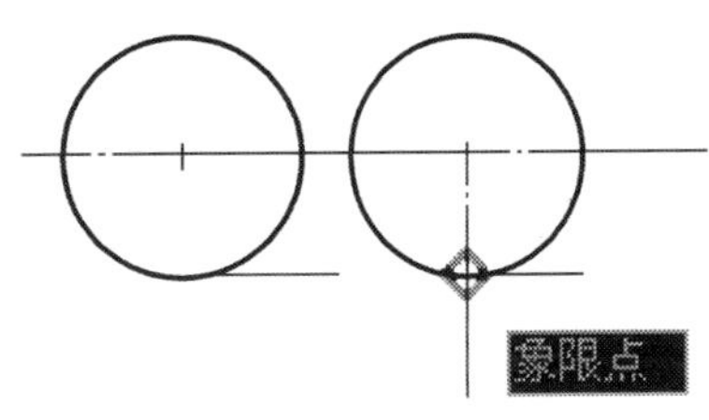

图 2-16 对象捕捉“象限点”画键槽的两条直线

步骤三:用“修剪”命令修剪多余的圆弧,执行效果如图 2-17 所示。

命令:_trim

当前设置:投影 = UCS,边 = 无 选择剪切边...

选择对象或 <全部选择>: 找到 1 个

选择对象:指定对角点:找到 1 个,总计 2 个 //选择“步骤二”画的两条直线

选择要修剪的对象,或按住 Shift 键选择要延伸的对象,或［栏选(F)/窗交(C)/投影(P)/边(E)/删除(R)/放弃(U)］: //单击要修剪掉的圆弧

步骤四:设置“05”图层(红色)为当前图层。绘制键槽两半圆的中心线,两端各超出轮廓“3”。

步骤五:同理,经过画圆、画直线、修剪可完成主动轴右端的键槽的绘制,此时完成的情况如图 2-18 所示。

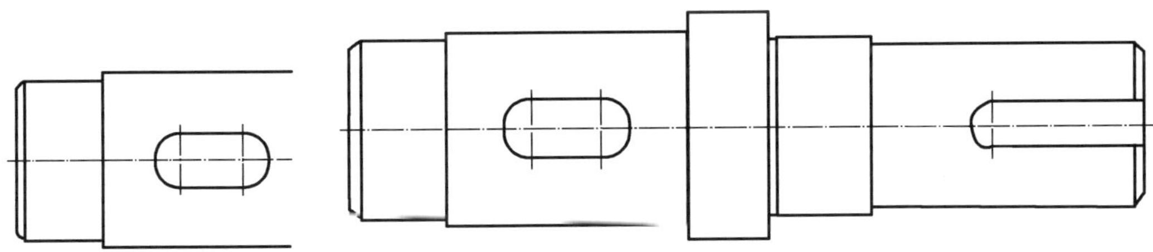

图 2-17 键槽的修剪结果　　图 2-18 主动轴两处键槽的绘制结果

模块二 绘制主动轴的断面图

在左、右两处键槽下方的对应位置绘制 A-A、B-B 断面图,剖面线的绘制要用到“图案填充”命令,标注相应的断面图符号要用 “多段线”来绘制。

一、绘制断面图的主体部分

选择在主动轴左键槽的下方适当位置绘制 A-A 断面图,先绘制中心线以确定 A-A 断面图位置,再根据图纸尺寸绘制轴的断面圆、键槽。具体绘制过程如下:

步骤一:设置“05”图层(红色)为当前图层。绘制断面图的中心线,中心线长度为“66”,如图 2-19 所示。

步骤二:设置“01”图层(绿色)为当前图层。以中心线的交点为圆心绘制“Φ60”的圆,如图 2-20 所示。

步骤三:绘制键槽,将水平中心线各向上、向下偏移“9”,将垂直中心线各向右偏移“23”,如图 2-21 所示。

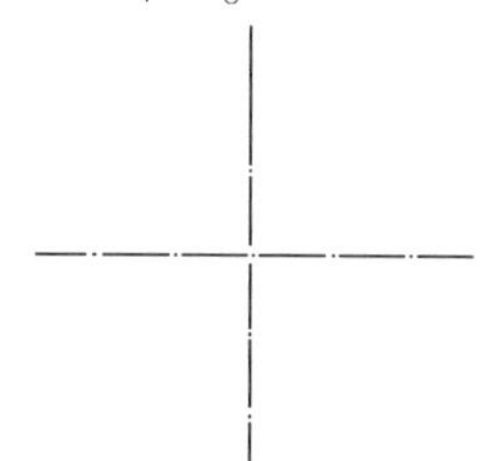

图 2-19 绘制 A-A 断面图的中心线

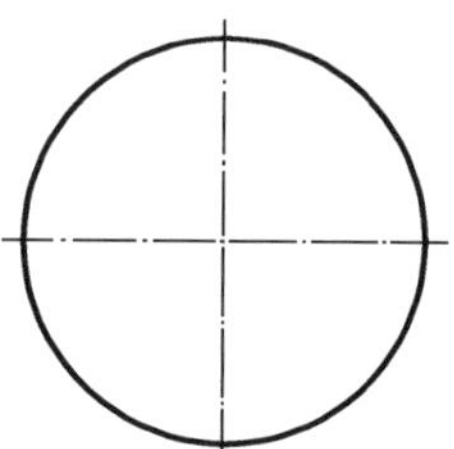

图 2-20 绘制 A-A 断面图的圆

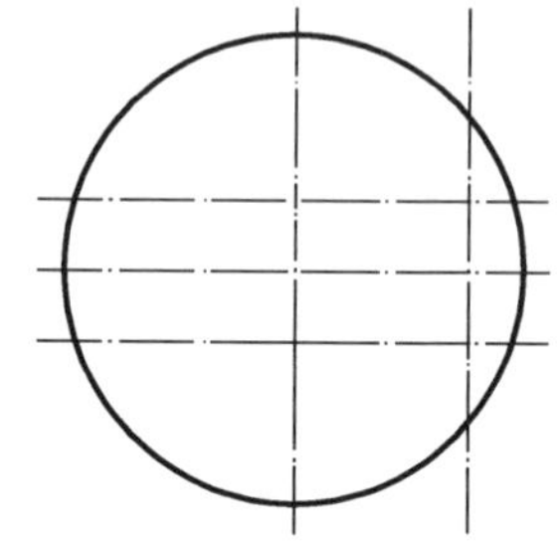

图 2-21 A-A 断面图键槽线条的“偏移”

命令:_offset

当前设置:删除源 = 否 图层 = 源 OFFSETGAPTYPE = 0

指定偏移距离或[通过(T)/删除(E)/图层(L)] <通过>: 9 //键槽高度的一半是“9”

选择要偏移的对象,或[退出(E)/放弃(U)] <退出>: //点选水平中心线

指定要偏移的那一侧上的点,或[退出(E)/多个(M)/放弃(U)] <退出>:

//向上方偏移

选择要偏移的对象,或[退出(E)/放弃(U)] <退出>:

指定要偏移的那一侧上的点,或[退出(E)/多个(M)/放弃(U)] <退出>:

//向下方偏移

命令:offset //直接回车,重复上一条偏移命令

当前设置:删除源 = 否 图层 = 源 OFFSETGAPTYPE = 0

指定偏移距离或[通过(T)/删除(E)/图层(L)] <9.0000>: 23

//键槽深度减去半径为“23”

选择要偏移的对象,或[退出(E)/放弃(U)] <退出>: //点选垂直中心线

指定要偏移的那一侧上的点,或[退出(E)/多个(M)/放弃(U)] <退出>:

//向右方偏移

步骤四:“修剪”键槽,单击“修改”工具栏中的“修剪( )”,如图 2-22 所示。

步骤五:选中步骤三和步骤四中偏移、修剪的三条键槽直线,将它们所在的“图层”改为“01”图层(绿色),如图 2-23 所示。

二、填充并标注断面图

在设计中,如机械、建筑工程图上常有断面图、剖视图等视图表达方式,或表面纹理、涂色处理等。可以使用“图案填充”命令来完成,具体操作步骤如下:

步骤一:设置“02”图层(白色)为当前图层。

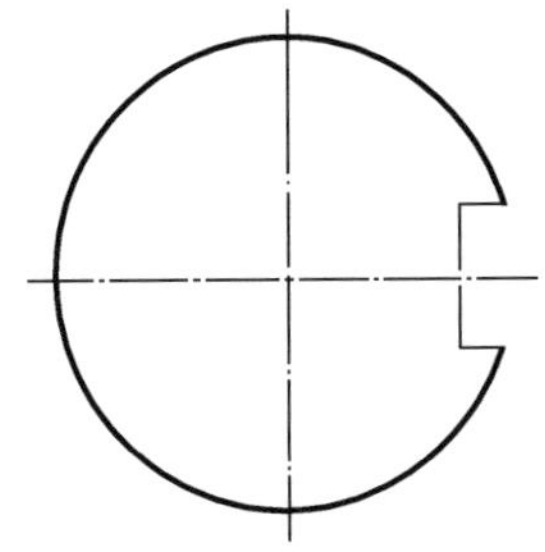

图 2-22　A-A 断面图键槽线条的“修剪”

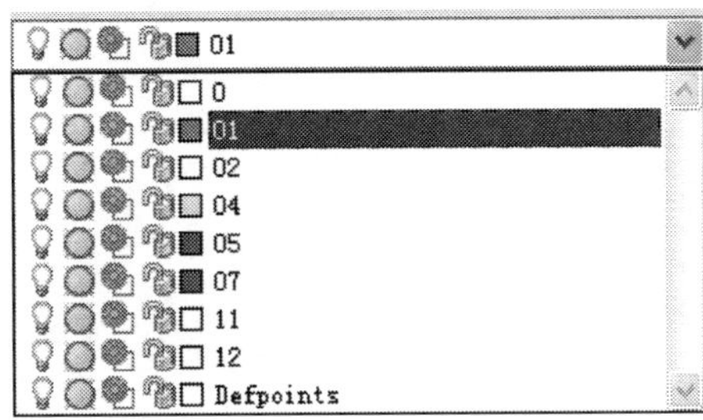

图 2-23　改变三条键槽线的图层

步骤二:单击下拉菜单“绘图”→“图案填充”或“绘图”工具栏中的“图案填充( )”,此时会弹出如图 2-24 所示的“图案填充和渐变色”对话框,单击“图案”选项后面的“...”按钮,打开“填充图案选项板”对话框的“ANSI”选项卡,单击选取“ANSI31”类型(如图 2-25 所示),并“确定”。此时又返回到图 2-24 所示的对话框,将“比例”值修改为“1.2”。单击图 2-24 右上角的“添加:拾取点”按钮(对话框消失并回到绘图区域),光标变为十字,左键单击需要填充的区域,完成选取后直接回车,将再次回到图 2-24 的对话框,单击“确定”按钮,完成图案填充。填充后的效果如图 2-26 所示。

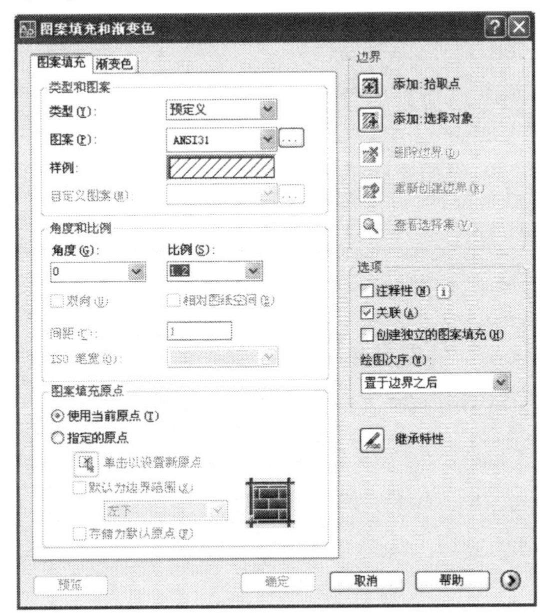

图 2-24　“图案填充和渐变色”对话框

图 2-24 中,当“角度”缺省值为 0 时,默认的是 45°倾角的填充图案。“比例”缺省值为“1”,数值越大,图案越稀疏。1:1的机械图样中“比例”多选用“1.2”的经验数值比较美观,而常见的 1:100 建筑图样的数值则要根据实际情况增大。总之,图样越大,图案填充的“比例”数值也越大,应随着图形的变化而变化。AutoCAD 软件具有很丰富的填充图案文件库,表 2-1 列出了常见材料的图案填充名称及“比例”的经验数据。

图 2-24 中,在边界“添加”上也有“拾取点”和“选择对象”两种方式可供选择,“拾取点”只要在被填充区域内部单击即可,上文就是采用这种方式,对于简单图形的填充比较方便;“选

择对象”是将围成被填充区域的所有线条都选中进行图案填充，可以填充未封闭图形，适合形状较复杂的图案填充。

图 2-25 “填充图案选项板”对话框的“ANSI”选项卡

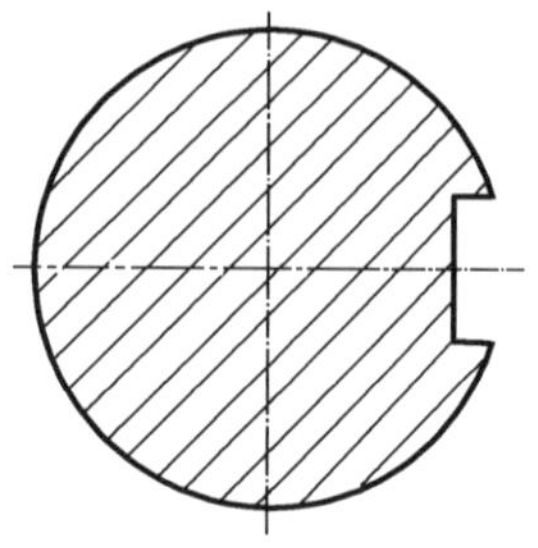

图 2-26 “图案填充”A-A 断面图的效果

常见材料的图案填充名称及“比例”的经验数据 表 2-1

材料名称		图例	AutoCAD 图案填充名称	“比例”的经验数据
机械 1:1	金属		ANSI31	1.2
	非金属(如橡胶等)		ANSI37	1.2
建筑 1:100	沙、灰土		AR-SAND	2
	混凝土		AR-CONC	5~10
	钢筋混凝土(需要两种图案合成)		AR-CONC ANSI31	5~10 60~80
	砖		ANSI32	5~10

如果对图案填充的效果不满意，还可以编辑图案填充。选中图案填充，右键快捷菜单中选取“编辑图案填充”，系统将打开图 2-24 的“图案填充和渐变色”对话框，可以对有关数据进行重新设置。当然，还可以在右键快捷菜单中选取“特性”进行修改。

小贴士

(1)“图案填充”命令常常会发生不能执行填充的情况，往往是由于绘图时未合理使用“对象捕捉”工具而造成被填充区域不封闭，或当前视口中未显示到所有被填充区域以及填充图案太密(比例太小)等原因。

(2)“ANSI31”是单线的，“ANSI32”是双线的，填充时注意两者的区别。

A-A 断面图大致完成，最后在主动轴主视图键槽的适当位置注写断面图符号，粗一些的线条和箭头要用“多段线”命令。具体要求操作步骤如下：

步骤一：设置“02”图层（白色）为当前图层，打开“正交”辅助工具。

步骤二：单击下拉菜单“绘图”→“多段线”或“绘图”工具栏中的“多段线（ ）”按钮，具体执行过程如下：

命令：_pline

指定起点：当前线宽为 0.0000

指定下一个点或［圆弧(A)/半宽(H)/长度(L)/放弃(U)/宽度(W)］：w

//输入“w”，改变宽度

指定起点宽度 <0.0000>：0.6 //第一段垂直线起点、终点宽度均设为“0.6”

指定端点宽度 <0.6000>：0.6

指定下一个点或［圆弧(A)/半宽(H)/长度(L)/放弃(U)/宽度(W)］：4

//鼠标向上导向，第一段线长度为“4”，绘图效果如图 2-27a）所示

指定下一点或［圆弧(A)/闭合(C)/半宽(H)/长度(L)/放弃(U)/宽度(W)］：w

//输入“w”，改变宽度

指定起点宽度 <0.6000>：0 //第二段水平线起点、终点宽度均设为“0”

指定端点宽度 <0.0000>：0

指定下一点或［圆弧(A)/闭合(C)/半宽(H)/长度(L)/放弃(U)/宽度(W)］：8

//鼠标向右导向，第二段线长度为“8”，绘图效果如图 2-27b）所示

指定下一点或［圆弧(A)/闭合(C)/半宽(H)/长度(L)/放弃(U)/宽度(W)］：w

指定起点宽度 <0.0000>：0.7 //画箭头，起点宽度为“0.7”，终点宽度为“0”

指定端点宽度 <0.7000>：0

指定下一点或［圆弧(A)/闭合(C)/半宽(H)/长度(L)/放弃(U)/宽度(W)］：3

//鼠标向右导向，箭头长度为“3”，绘图效果如图 2-27c）所示

图 2-27 “多段线”绘制断面图符号

a）第一段垂直线；b）第二段水平线；c）箭头

步骤三：将“步骤二”绘制的断面图符号以轴的中心线为对称线，向下“镜像”，镜像效果如图 2-28 所示。

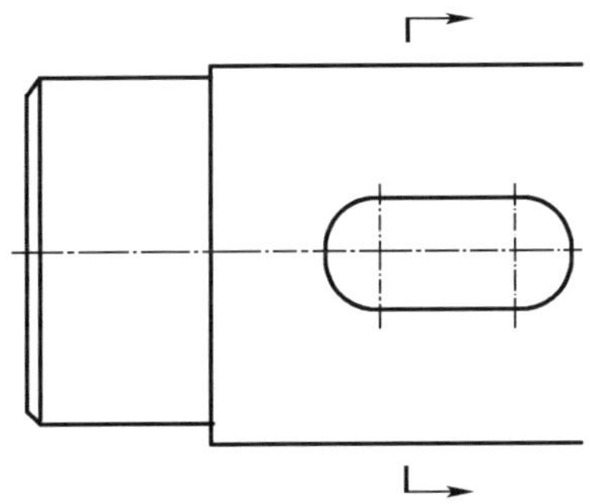

图 2-28 “镜像”断面图符号

步骤四：用“多行文字”注写“A”、“A-A”等字样，字高为“5”，标注结果如图 2-29 所示。

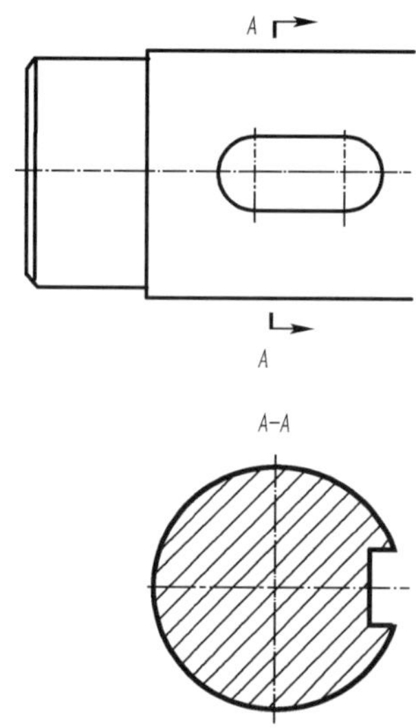

图 2-29 “多行文字”注写断面图文字的效果

执行一次“多段线”命令绘制多段线就是一个整体，可以单击右键的“编辑多段线”快捷菜单对其编辑，可以进行闭合、合并、宽度、编辑顶点、拟合、样条曲线、非曲线化、线型生成、放弃等操作。

同理，B-B 断面图的绘制过程与 A-A 断面图相同，不再赘述。特别值得注意的是，B-B 断面图与 A-A 断面图属同一零件，它们填充的图案角度、比例应完全相同。

模块三 绘制主动轴的局部放大图

减速器主动轴（图 2-1）的工程图中还有一处 I-I、2∶1的局部放大图，它的绘制主要是先复制原图，经比例“缩放”命令放大，再修改放大后的局部图形，最后用“样条曲线”封闭图形，标注局部放大图符号等来完成。

一、复制原图并放大局部图形

选定主动轴图中需要局部放大的图形对象，进行“复制”，再将复制的图形按 2∶1的比例放大。具体操作步骤如下：

步骤一：单击下拉菜单“修改”→“复制”或“修改”工具栏中的“复制（ ）”，执行结果如图 2-30 所示：

命令：_copy

选择对象：找到 1 个，总计 5 个　　　　//选定五条需要复制的直线

当前设置：复制模式 = 单个

指定基点或［位移(D)/模式(O)/多个(M)］<位移>：

指定第二个点或 <使用第一个点作为位移>：　　　　//单击至放置局部放大图的位置

步骤二：根据设计要求，给局部放大图的两处倒半径为“0.5”圆角，结果如图 2-31 所示：

步骤三：单击下拉菜单“修改”→“缩放”或“修改”工具栏中的“缩放（ ）”，执行过程如下：

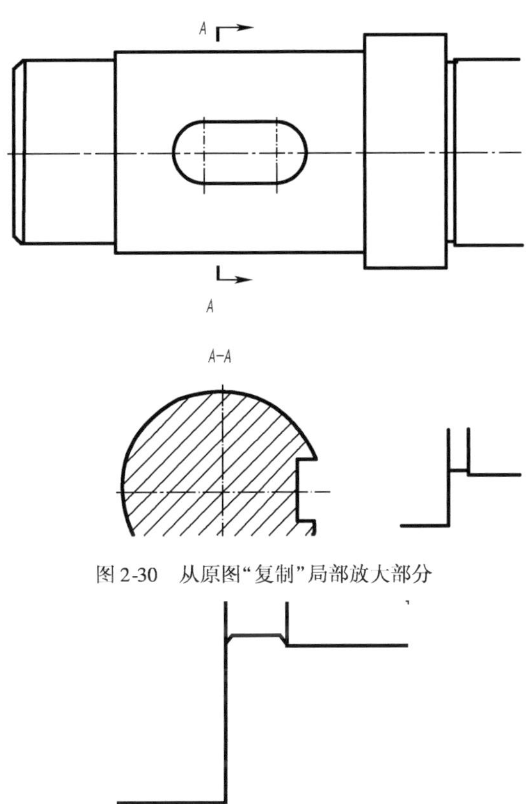

图 2-30　从原图“复制”局部放大部分

图 2-31　局部放大图倒“圆角”的效果

命令:_scale

选择对象:指定对角点:找到 8 个　　　　//选定需要放大的五条直线

指定基点:　　　　//单击五条线中任一端点作为放大的基点

指定比例因子或[复制(C)/参照(R)] <1.0000>:2　　　　//放大的比例因子为“2”

小贴士

“缩放( )”命令与“实时缩放( )”命令不同:“缩放”命令是改变了图形的真实大小,对尺寸的自动标注结果会产生影响;“实时缩放”是透明命令,只是为了绘图时显示清晰,将图形的显示放大或缩小,并未改变图形的真实大小,对尺寸的自动标注结果不会产生影响。

二、绘制波浪线——使用样条曲线

局部放大图的边缘需要用波浪线来封闭,波浪线应使用样条曲线来绘制。具体到主动轴的局部放大图中波浪线的绘制步骤如下所示:

步骤一:设置“02”图层(白色)为当前图层,关闭“正交”和“对象捕捉”辅助工具。

步骤二:单击下拉菜单“绘图”→“样条曲线”或“绘图”工具栏中的“ ”按钮,具体执行过程如下,执行结果如图 2-32 所示:

命令:SPLINE

指定第一个点或［对象(O)］： //在图形之外单击鼠标，使画出的曲线完全与图形相交
指定下一点： //在需要绘制样条曲线处单击鼠标作为样条曲线的顶点
指定下一点或［闭合(C)/拟合公差(F)］<起点切向>：
指定下一点或［闭合(C)/拟合公差(F)］<起点切向>：
指定下一点或［闭合(C)/拟合公差(F)］<起点切向>：
指定下一点或［闭合(C)/拟合公差(F)］<起点切向>：
指定下一点或［闭合(C)/拟合公差(F)］<起点切向>：
指定下一点或［闭合(C)/拟合公差(F)］<起点切向>：
//最后一点也在图形之外单击鼠标，使画出的曲线完全与图形相交
指定下一点或［闭合(C)/拟合公差(F)］<起点切向>： //回车
指定起点切向： //回车
指定端点切向： //回车

步骤三：用“修剪”命令修剪样条曲线及被放大部分多出的线条，执行结果如图 2-33 所示。

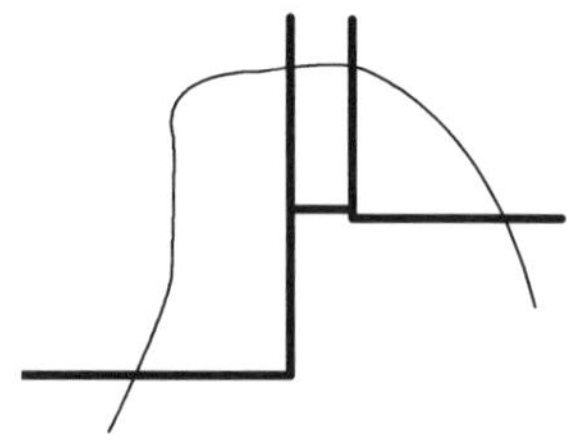

图 2-32 绘制“样条曲线”

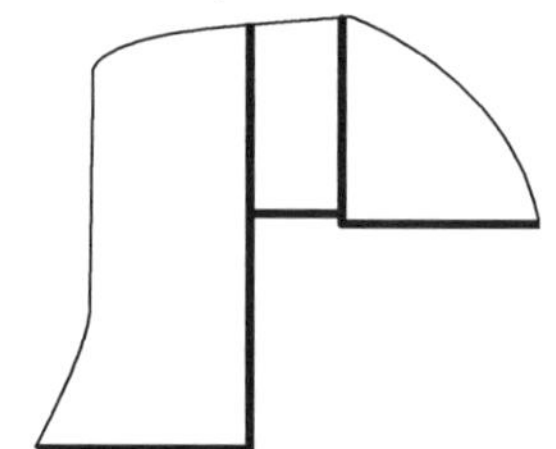

图 2-33 “修剪”局部放大图

步骤四：在主动轴的主视图对应位置画圆，圈定被局部放大的位置。

步骤五：用“单行文字”注写罗马字母“I”，比例“2:1”等字样。用“直线”命令绘制引出直线和“I”与“2:1”的分界线，执行结果如图 2-34 所示。

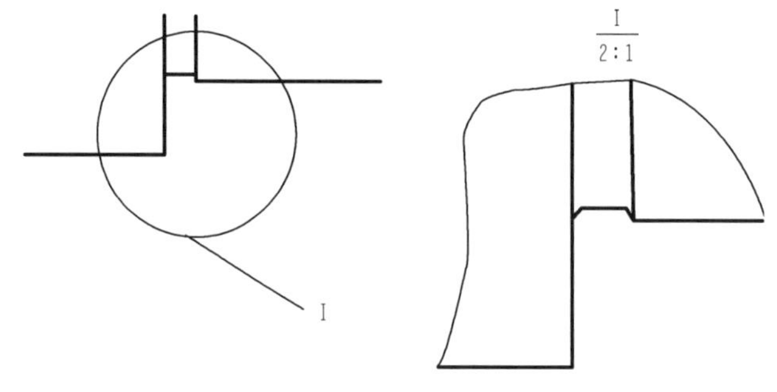

图 2-34 标注“局部放大图”的符号

小贴士

绘制“样条曲线”时，一般要关闭的“极轴”、“对象捕捉”与“对象追踪”等辅助工具，能使绘制的曲线自然流畅。样条曲线的绘制应超出图形，再根据需要修剪，以免出现图形不封闭的情况。特别是在一些局部剖视图中，如果样条曲线未封闭，会使剖面线无法进行“图案填充”。因此，绘制“样条曲线”时有应遵循“宁长勿短”原则。

至此,图 2-1 减速器主动轴的主要视图已绘制完成。在绘制过程中,详细介绍了一些常用绘图命令和修改命令。为了作图的方便,应尽量结合“正交”、“对象捕捉”和“对象追踪”等辅助绘图工具。

练习题

1. 打开机械标准 A3 样板图,绘制图 2-35 的轴工程图,保存文件名为“2-1-轴. dwg”。

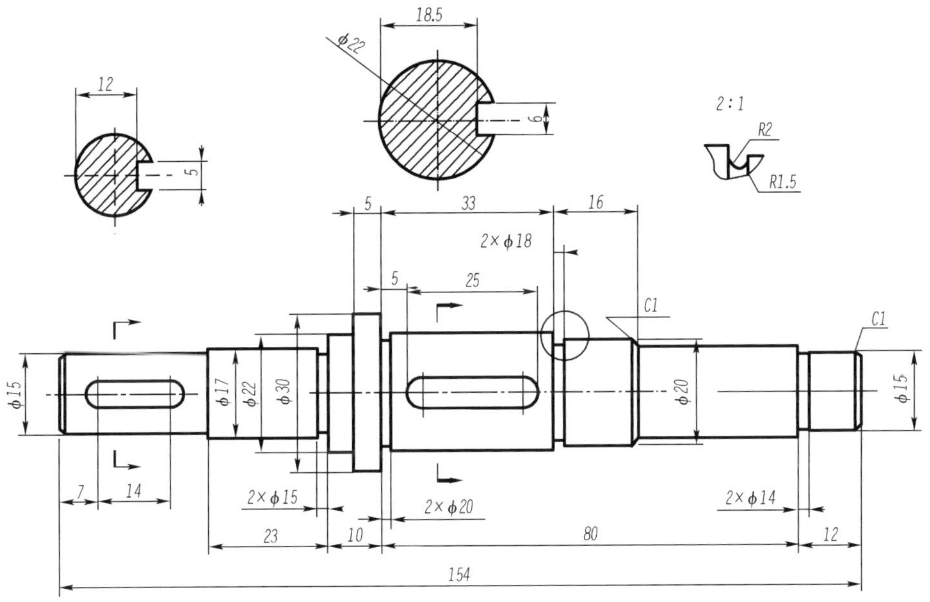

图 2-35　轴

2. 打开机械标准 A3 样板图,绘制图 2-36 的叉架工程图,保存文件名为“2-2-叉架. dwg”。

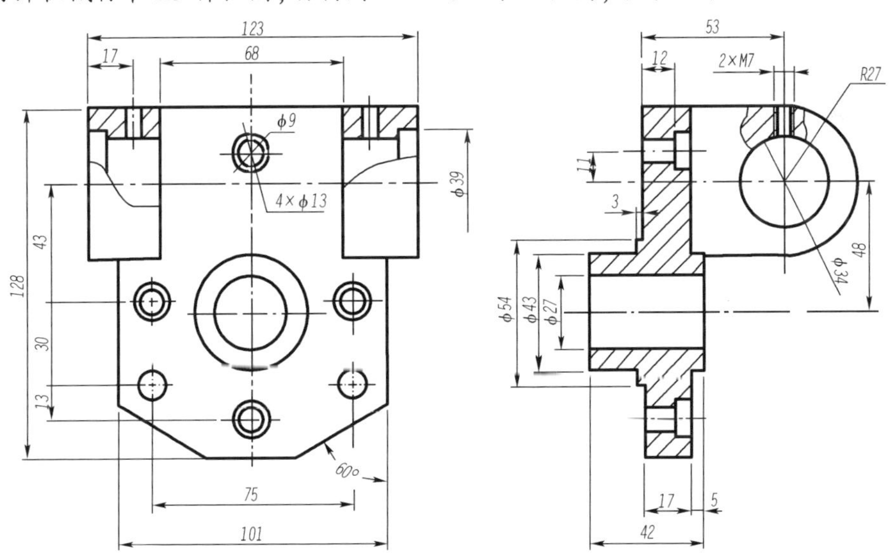

图 2-36　叉架

提示:图 2-34 的左视图中“2 × M7”是指普通内螺纹,大径(图中是两条细实线间的距离)为 7mm。螺纹绘制层参考机械制图的有关国标规定,图层的设定、大小径的换算和标注位置如表 2-2。不同螺纹的代号也不同，如表 2-3 所示。

内、外螺纹的绘制 表 2-2

	大　径	小　径	大、小径的换算	标注位置(标注在大径上)
内螺纹	02 图层(白色，细实线)	01 图层(绿色，粗实线)	小径 = 大径 ×0.85	标注在细实线位置
外螺纹	01 图层(绿色，粗实线)	02 图层(白色，细实线)		标注在粗实线位置

螺 纹 的 代 号 表 2-3

螺纹类型		代　号
普通螺纹		M
管螺纹	55°非螺纹密封	G
	55°螺纹密封	R
梯形螺纹		T_r

项目三 绘制、尺寸标注托架的工程图

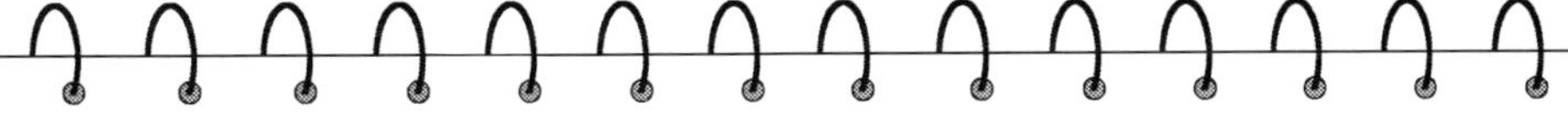

学习目标

1. 学习巩固绘图、编辑命令；

2. 学习常见尺寸标注命令和尺寸标注的编辑、修改；

3. 学习在设置并保存了符合国标的样板图基础上，如何绘制零件图：先确定中心线，再绘制图形主体，最后细节编辑的方法。

本项目介绍的是叉架类零件，是机械中使用较为普遍的一类零件，它可以起到连接、支撑其他零件的作用，此类零件的结构形状一般比较复杂，在进行主视图的选择时要能够反映零件的形状特征，其他视图要配合主视图，在主视图没有表达清楚的结构上采用移出断面、局部视图和斜视图等。绘图时要注意反映每个组成结构的几个视图应尽量配合着画，先画主体，后画细节，先画可见线，后画不可见线，先画圆，后画圆的投影直线，最后检查并做适当的修改。本项目以图 3-1 所示的托架的工程图为例介绍使用 AutoCAD 软件绘制这类图形的方法，它是由两个基本视图、一个斜视图和一个断面图组成。

模块一 绘制托架的主视图

绘图前应先设置绘图界面。主要用到标准、图层、对象捕捉、绘图、修改标注等工具栏，工具栏调用的快捷方式如图 1-38 所示，并打开 “极轴”、“对象捕捉” 与“对象追踪”等辅助工具。这些工具栏的使用在“项目一”和“项目二”已有详细的介绍。

一、用绘图与正交、追踪相结合的方法绘制托架的主视图

托架的主视图中上、下两个圆孔互成 180°，可以先确定轴孔的中心位置。具体的绘图步骤如下：

步骤一：设置绘图环境。调用“项目一”中完成的 A3 样板图，并将它“另存为”名为“托架.dwg”的文件。

步骤二：设置“05”图层（红色）为当前图层，打开“正交”、“对象捕捉”和“对象追踪”等辅助工具。用“直线”命令绘制上轴孔的定位中心线，长度任定。

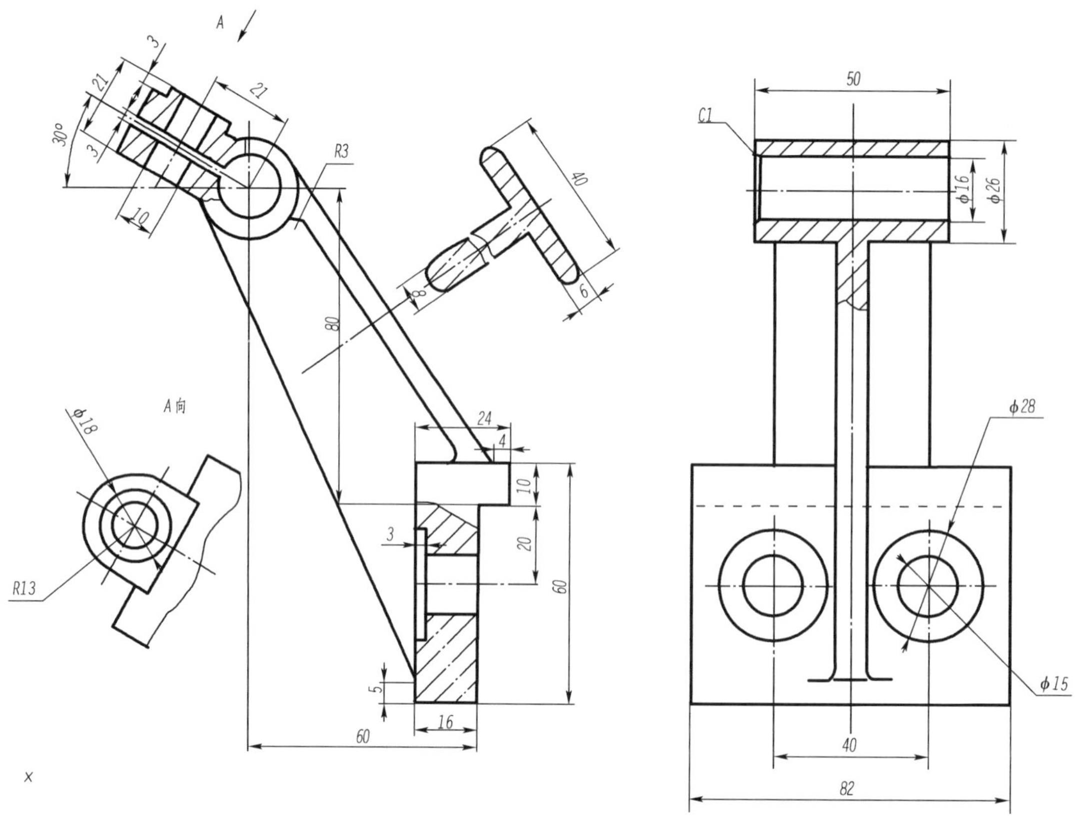

图 3-1　托架工程图

步骤三：绘制与水平方向成 30°夹角的中心线。单击下拉菜单“工具”⟶“草图设置”⟶“极轴追踪”⟶增量角选 30（图 1-39），再用直线命令绘制夹角为 30°的中心线。执行结果如图 3-2 所示。

步骤四：设置“01”（绿色）图层为当前图层。用“圆”命令绘制托架的上半部分两同心圆，直径分别为“8”和“13”，执行结果如图 3-3 所示。

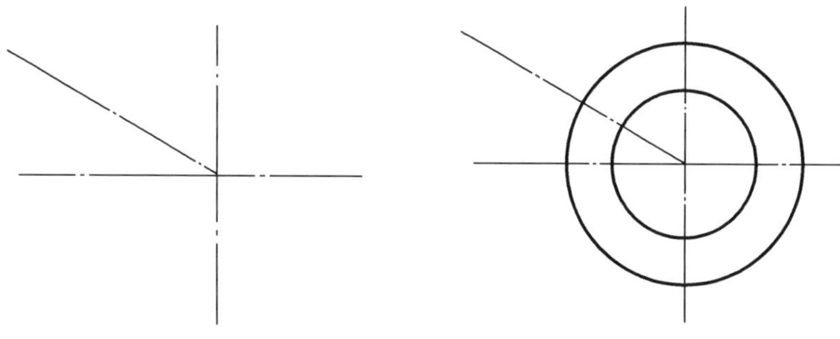

图 3-2　绘制中心线和 30°夹角中心线　　　　图 3-3　绘制两同心圆

步骤五：绘制托架主视图的下半部分的外轮廓。按照定位尺寸“60”、“80”，确定定位点 A，再用“直线”命令绘制托架下半部分的外轮廓，执行结果如图 3-4 所示。

步骤六：设置“05”图层（红色）为当前图层。过 C 点位置绘制中心线，与 A 点距离为“20”。设置“01”图层（绿色）为当前图层。以中心线为对称轴绘制阶梯孔的轮廓线。执行结果如图 3-5 所示。

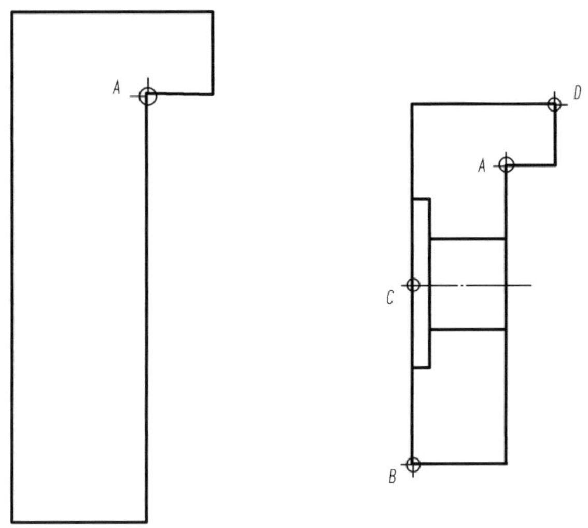

图 3-4　托架的下半部分外轮廓　　　　图 3-5　托架的下半部分的阶梯孔

步骤七：绘制托架主视图的肋板部分，简单的执行过程如下，执行结果如图 3-6（图中尺寸是绘制的提示尺寸，非标注尺寸）所示。

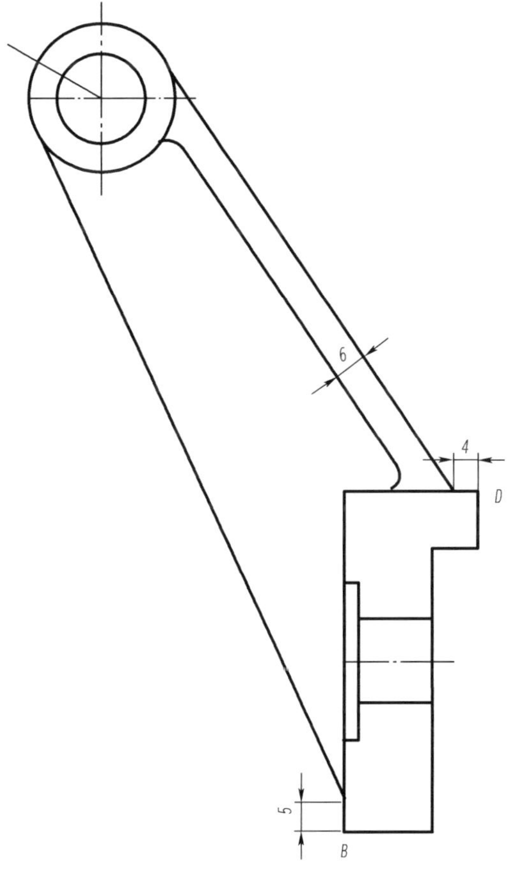

图 3-6　托架主视图的肋板

命令：_line 指定第一点：　　　　　　　　//从 B 点（图 3-5）向上追踪“5”

指定下一点或［放弃(U)］：　　//捕捉 Φ26 圆的切点
命令：_line 指定第一点：　　//从 D 点(图 3-5)向左追踪“4”
指定下一点或［放弃(U)］：　　//捕捉 Φ26 圆的切点
命令：_offset　　//将上步绘制的肋板向左偏移“6”
……
命令：_fillet　　//将肋板倒圆角
……
命令：_trim　　//修剪肋板多余线条
……

小贴士

(1)当需要捕捉切点、垂足等对象时，建议将光标置于绘图区："shift" +“鼠标右键”得到临时捕捉快捷菜单，如图 3-7 所示。

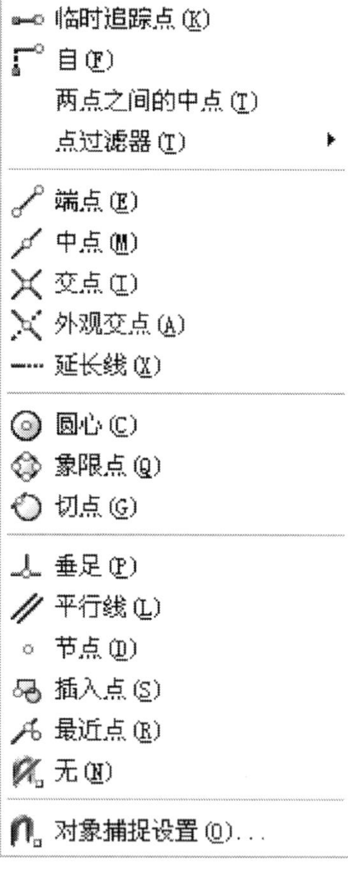

图 3-7　临时捕捉快捷菜单

(2)用“偏移”命令可以绘制平行线，用“直线”命令 + 设定自动捕捉“平行”也可以绘制平行线。

(3)“剪切”命令时，只能剪切直线的某一段，“删除”命令才能删除整条线段。

二、绘制托架的斜视图和主视图对应倾斜部分

托架主视图上半部分的倾斜部分绘制较麻烦，可以先按水平绘制，并在水平状态绘制对应的斜视图，再将主视图的倾斜部分和斜视图分别旋转30°。具体绘制步骤如下：

步骤一：绘制托架的斜视图。依据尺寸，用“直线”等命令，先在水平位置绘制主视图的倾斜部分，执行结果如图3-8所示。

步骤二：可从“步骤一”绘制的水平部分作投影线，在对应的水平位置绘制“A向”斜视图。执行结果如图3-9所示。

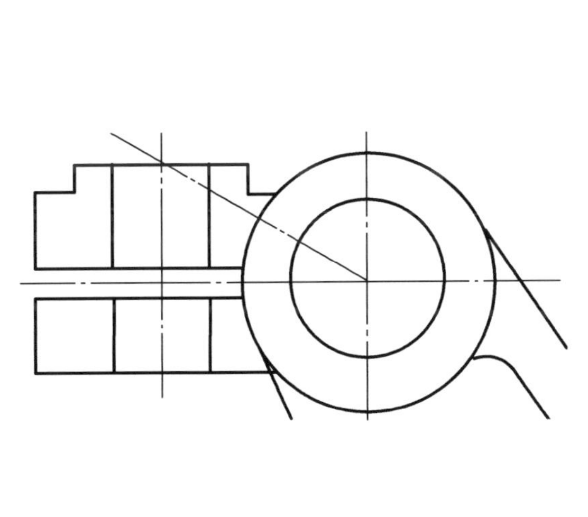

图3-8　水平绘制主视图的倾斜部分

图3-9　水平绘制“A向”斜视图

步骤三：单击下拉菜单“修改”⟶“旋转”或“修改”工具栏中的“旋转( )”按钮，把“步骤一”和“步骤二”绘制的图形分别绕“1”点、“2”点分别顺时针旋转30°，执行过程如下，绘制结果如图3-10 a)、b)所示。

命令：_rotate　　//旋转主视图的倾斜部分
UCS 当前的正角方向：　ANGDIR = 逆时针　ANGBASE = 0
选择对象：指定对角点：找到 18 个
指定基点：　　//对象捕捉“1”点
指定旋转角度，或［复制(C)/参照(R)］<0>：　-30　　//顺时针旋转30°
命令：_rotate　　//旋转“A向”斜视图
UCS 当前的正角方向：　ANGDIR = 逆时针　ANGBASE = 0
选择对象：指定对角点：找到 12 个
指定基点：　　//对象捕捉“2”点
指定旋转角度，或［复制(C)/参照(R)］<0>：　-30　　//顺时针旋转30°

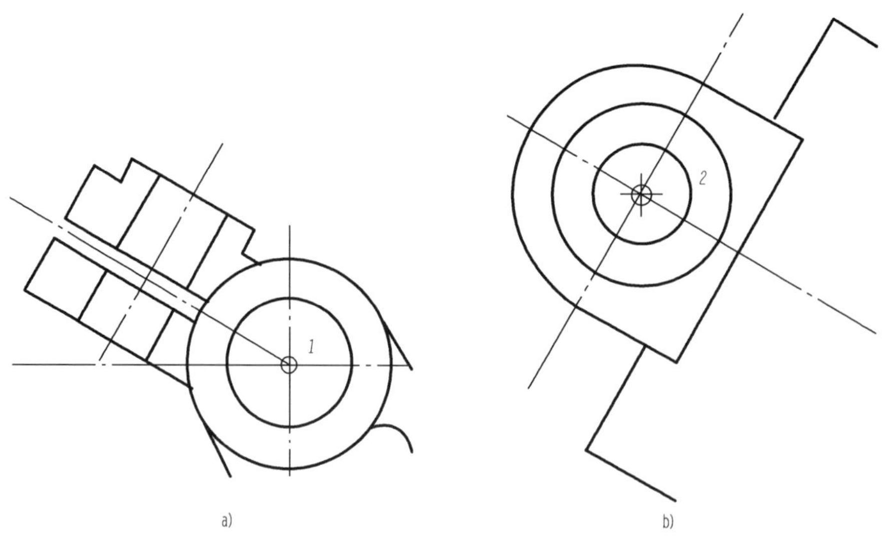

图 3-10 旋转主视图和斜视图

a)旋转后的主视图;b)旋转后的斜视图

小贴士

对于倾斜的零件结构,通常先在水平或垂直位置上绘制,最后使用“旋转”命令,将倾斜结构旋转到所需位置。这样绘图时容易找准投影关系,特别对倾斜剖切面投影的绘制更便捷。

三、绘制托架的移出断面图

托架的移出断面图是关于中心线对称的,可以先绘制一半,然后再“镜像”完成另一半图形。

步骤一:用“直线”、“偏移”和对象捕捉“垂直”等命令在图形的适当位置绘制移出断面图的一半,绘制结果如图 3-11 所示(图中尺寸是绘制的提示尺寸,非标注尺寸)。

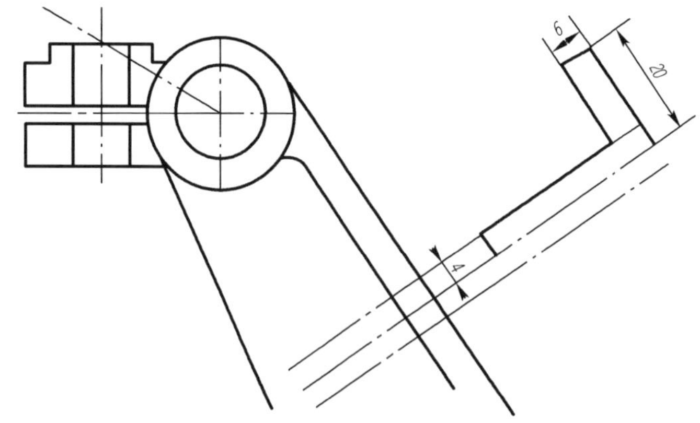

图 3-11 绘制移出断面图的一半

步骤二:依据图 3-1 的尺寸,用“镜像”命令、“剪切”命令、“圆角”等命令编辑托架的移出断面图,绘制结果如图 3-12 所示。

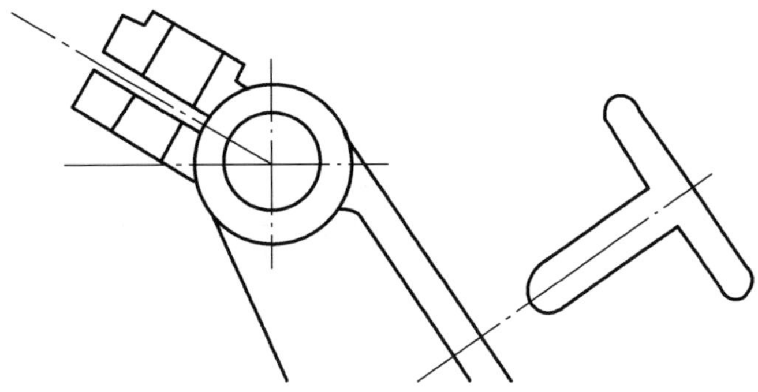

图 3-12　编辑托架的移出断面图

步骤三:设置"02"图层(白色)为当前图层。用"样条曲线"命令绘制主视图的局部剖视、"A 向"斜视图和移出断面图的波浪线,并修剪旋转部分的线条。

步骤四:用"图案填充"命令填充剖面线。选取"ANSI31"填充类型,"比例"值修改为"1.2"。绘制结果如图 3-13 所示。

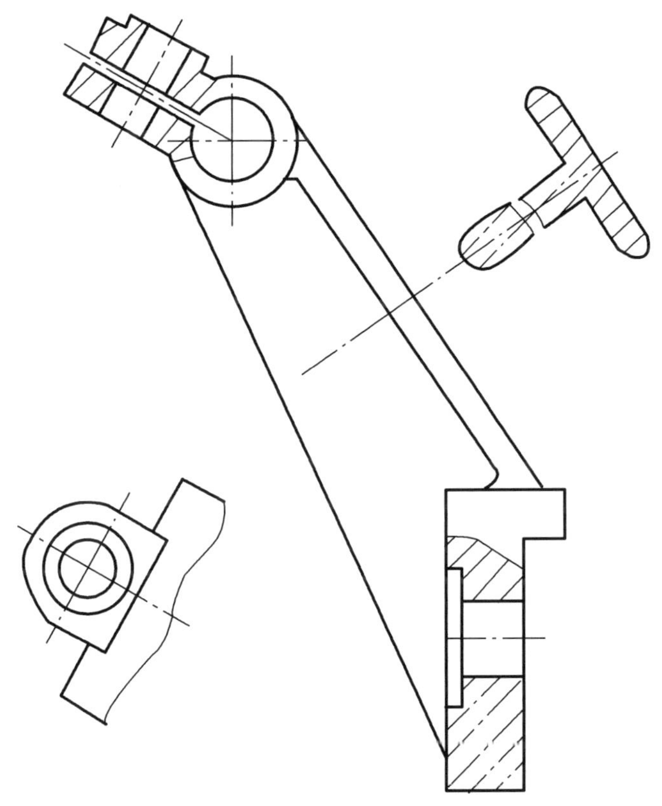

图 3-13　绘制主视图、斜视图、断面图的剖面线

步骤五:调整中心线长度,使中心线伸出轮廓线的长度为"3"。

模块二　绘制托架的左视图

根据工程制图的投影关系,利用绘图命令、修改命令、"对象捕捉"、"对象追踪"等辅助工

具,可绘制图 3-1 托架的左视图。左视图的绘制与前面提到图形绘制基本类似,因此以下简略陈述绘图步骤:

步骤一:先设置“05”图层(红色)为当前图层,确定左视图的中心线位置。先设置“02”图层(白色)为当前图层,依据尺寸,确定上圆柱体的外轮廓和下半部分长方体外轮廓和两阶梯孔(Φ28、Φ15),绘制结果如图 3-14 所示。

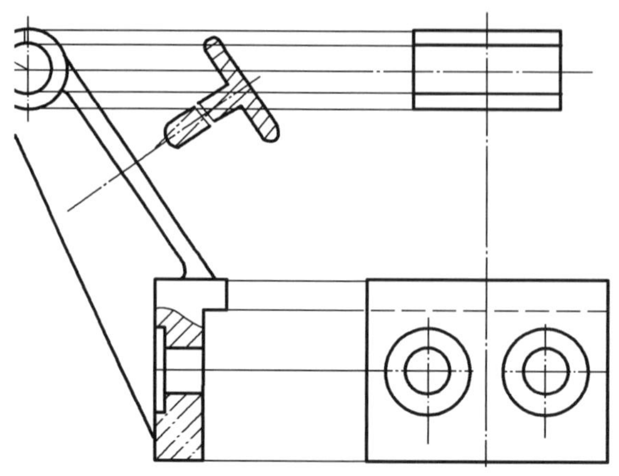

图 3-14　左视图与主视图主要对应的外轮廓

步骤二:绘制左视图肋板、肋板的倒圆角和圆柱孔内的倒角,并修剪局部剖视的波浪线。绘制结果如图 3-15 所示。

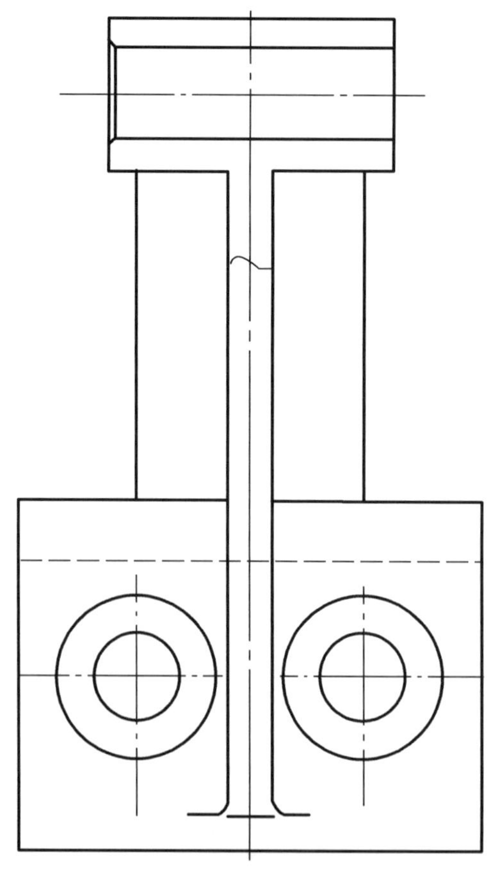

图 3-15　绘制左视图的肋板

步骤三：设置“02”图层（白色）为当前图层。用“图案填充”命令填充左视图的局部视图。执行结果如图 3-16 所示。

步骤四：调整中心线长度，使中心线伸出轮廓线的长度为“3”。

步骤五：用“多行文字”命令注写斜视图“A”、“A 向”等文字，用“多段线”绘制斜视图的投影箭头等（具体见项目二）。

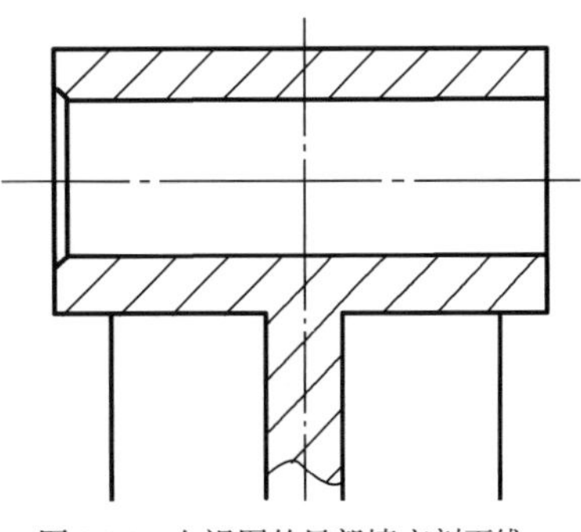

图 3-16　左视图的局部填充剖面线

模块三　标注托架的尺寸

在“项目一”的“模块二”已经介绍了标准尺寸样式的设置，标注尺寸托架的尺寸可以直接使用机械样板图的标注样式，尺寸标注应在“02”图层（白色）完成，可直接选用下拉菜单“标注”或使用“标注”工具栏，如图 3-17 所示。

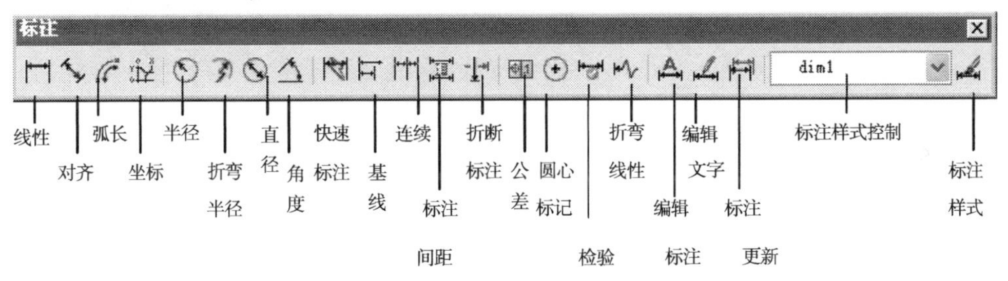

图 3-17　“标注”工具栏

若将图 3-1 中的尺寸按所用到的不同标注命令来分的话，主要有线性尺寸、倾斜（对齐）尺寸、半径（或直径）尺寸、角度尺寸等，尺寸数字放置有“与尺寸线对齐”和“水平”两种。使用标注命令标注的每个尺寸的尺寸界线、尺寸线、尺寸数字和箭头都被视为一个图块（整体），只有使用“分解”命令才能将尺寸块分解。

一、标注托架的线性尺寸

线性尺寸是指水平或垂直方向的两点之间的尺寸，如图 3-1 主视图中的“80”、“60”、“24”和左视图中的“82”、“40”、“Φ16”、“ Φ26”等尺寸都属于线性尺寸。线性尺寸的具体标注方法是选择“线性”标注命令，结合对象捕捉中的“交点”或“端点”确定标注的起始位置来完成标注。具体操作步骤如下：

步骤一：设置“02”图层（白色）为当前图层。选择标注样式“dim1” 为当前样式。

步骤二：标注一般的线性尺寸。选择下拉菜单“标注”——→“线性”或“标注”工具栏中的“线性（ ）”按钮。执行过程如下，执行结果如图 3-18 所示。其他同类线性尺寸操作与之类似。

命令：_dimlinear　　//标注主视图下半部分“16”的线性尺寸

指定第一条尺寸界线原点或 <选择对象>：　　//单击待标注尺寸界线的左端点

指定第二条尺寸界线原点：　　//单击待标注尺寸界线的右端点

指定尺寸线位置或［多行文字（M）/文字（T）/角度（A）/水平（H）/垂直（V）/旋转（R）］：

//拖动鼠标左键将标注放到合适位置

标注文字 = 16

……

步骤三：标注需要修改自动标注内容的线性尺寸。选择“标注”工具栏中的“ ”。执行过程如下，执行结果如图3-19所示。其他同类线性尺寸操作与之类似。

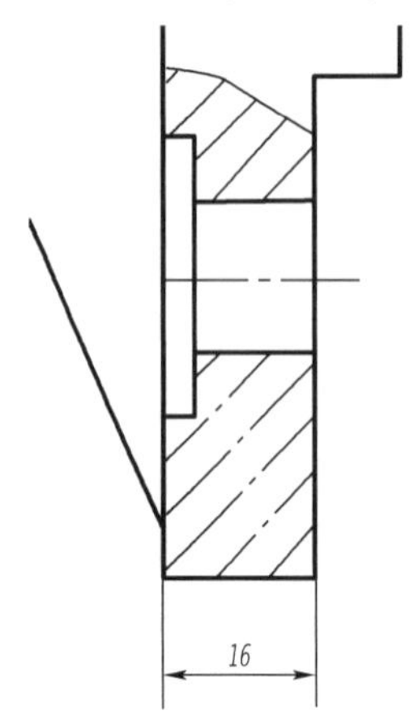

图3-18 一般线性尺寸的标注效果

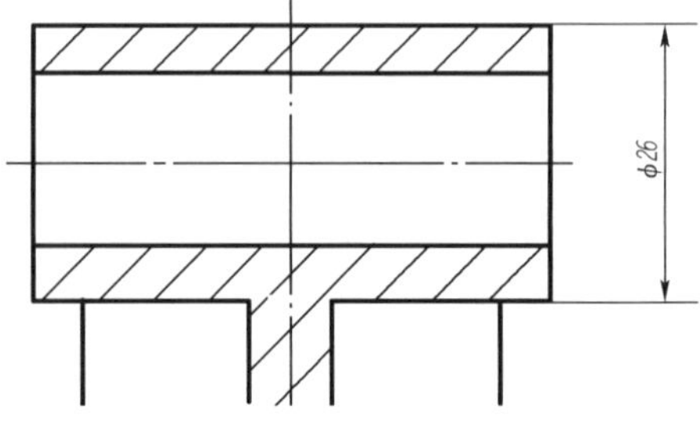

图3-19 需改变标注内容的线性尺寸的标注效果

命令：_dimlinear //标注左视图“Φ26”的线性尺寸

指定第一条尺寸界线原点或 <选择对象>： //单击待标注尺寸界线的上端点

指定第二条尺寸界线原点： //单击待标注尺寸界线的下端点

指定尺寸线位置或[多行文字(M)/文字(T)/角度(A)/水平(H)/垂直(V)/旋转(R)]：t

//输入“t”改变自动标注内容

输入标注文字 <26>：%%c26 //输入“%%c26”，即为Φ26

指定尺寸线位置或[多行文字(M)/文字(T)/角度(A)/水平(H)/垂直(V)/旋转(R)]：

//拖动鼠标左键将标注放到合适位置

标注文字 = 50

……

小贴士

有些线性尺寸标注在图形的中间位置，如图3-1主视图下半部分的尺寸“3”，在用对象捕捉到尺寸界线的两个端点后，为防止对象捕捉的磁吸作用，应将对象捕捉工具关闭，再拖动左键到合适位置。

二、标注托架的对齐尺寸

对齐尺寸与线性尺寸很相似，但它的尺寸界线的两点不在一条水平或垂直线上，系统自动测量的是这两点之间的真实距离，标注时也要指定尺寸界线的起点和终点。具体操作步骤是：

选择下拉菜单“标注”⟶“对齐”或“标注”工具栏中的“对齐( )”。执行过程如下，执行结果如图 3-20 所示。其他同类对齐尺寸操作与之类似。

命令：_dimaligned //标注移出断面图“40”的倾斜尺寸

指定第一条尺寸界线原点或 <选择对象>： //单击待标注尺寸界线的一个端点

指定第二条尺寸界线原点： //单击待标注尺寸界线的另一个端点

指定尺寸线位置或[多行文字(M)/文字(T)/角度(A)]：

//拖动鼠标左键将标注放到合适位置

标注文字 = 40

……

三、标注托架的半径(直径)尺寸

在图 3-1 中半径(直径)尺寸标注的尺寸数字主要有“水平”和“与尺寸对齐”两种放置方式,可以根据图形的具体情况进行设置。具体操作步骤如下：

步骤一：托架的半径尺寸“R3”、“R13”的标注,可先设定半径标注的子样式,设定方法见“项目一”的“模块二”。在这个子样式中,“文字”选项卡的文字位置“垂直”项设为“外部”,“文字对齐”项选为“水平”。

步骤二：选择下拉菜单“标注”⟶“半径”或“标注”工具栏中的“半径( )”。执行过程如下,执行结果如图 3-21 所示。其他同类对齐尺寸操作与之类似。

命令：_dimradius //标注斜视图“R13”的半径尺寸

选择圆弧或圆： //鼠标左键单击待标注的圆弧

标注文字 = 13

指定尺寸线位置或[多行文字(M)/文字(T)/角度(A)]：//拖动鼠标左键确定标注位置

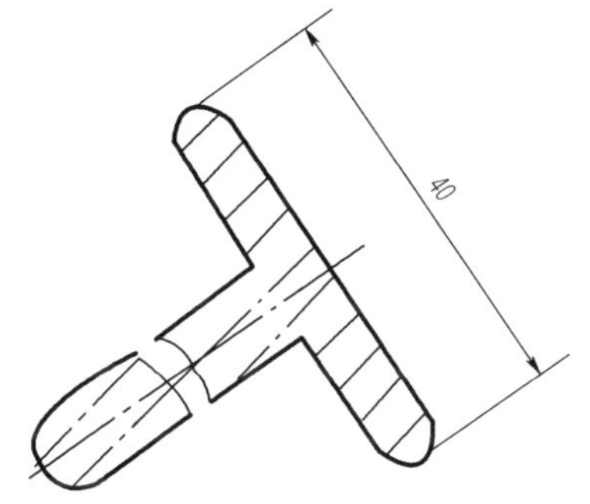

图 3-20 “对齐”标注的效果

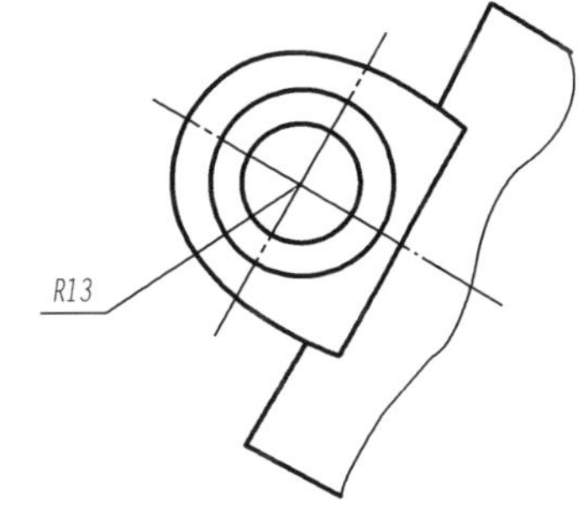

图 3-21 “半径”标注的效果

步骤三：托架的直径尺寸“Φ28”、“Φ15”的标注,可先设定直径标注的子样式,设定方法见项目一。在这个子样式中“文字”选项卡的“文字对齐”项选为“水平”。

步骤四：选择下拉菜单“标注”⟶“直径”或“标注”工具栏中的“直径( )”。执行过程如下,执行结果如图 3-22a)所示。其他同类对齐尺寸操作与之类似。

命令：_dimdiameter //标注左视图“Φ28”的直径尺寸

选择圆弧或圆： //鼠标左键单击待标注的圆

标注文字 = 28

指定尺寸线位置或[多行文字(M)/文字(T)/角度(A)]://拖动鼠标左键确定标注位置

……

步骤五：托架的斜视图中直径尺寸“Φ18”的标注是以“与尺寸对齐”的方式放置,可建立一个替代样式，设定方法见“项目一”的“模块二”。当标注完成后再删除。执行结果如图 3-23 所示。

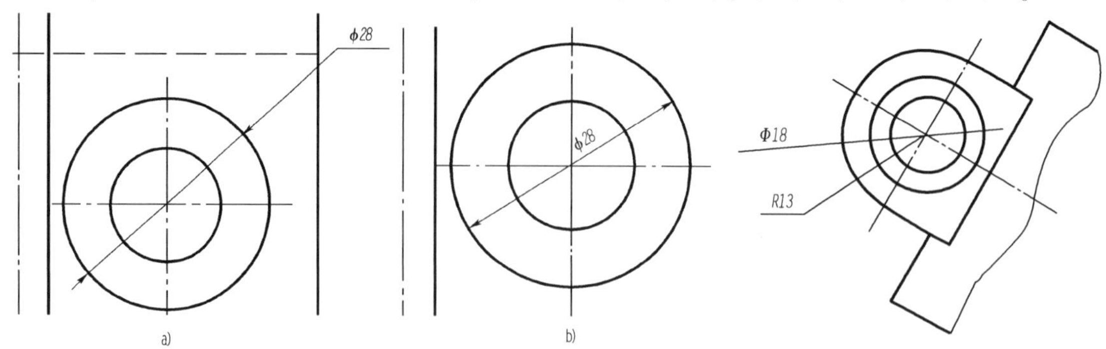

图 3-22 “直径”标注的效果
a) 默认的直径标注效果；b) 特殊的直径标注效果

图 3-23 “与尺寸对齐”的“直径”标注效果

小贴士

当标注样式设定的“调整”选项卡各选项组合不同时，半径(直径)标注的形式会有较大的不同，如箭头的位置、文字的位置、尺寸线的长短等。想要恰当地标注半径(直径)尺寸，必须针对不同图形，反复调整“调整”选项卡的选项组合，而没有统一固定的格式。例如图 3-22 b) 直径标注的效果，参数设置如图 3-24。在“调整”选项卡中：“调整”选为“文字”，“文字位置”选为“尺寸线上方，不带引线”，勾选“手动放置文字”和“在尺寸界线之间绘制尺寸线”两项。在“文字”选项卡中，选择与“与尺寸线对齐”。

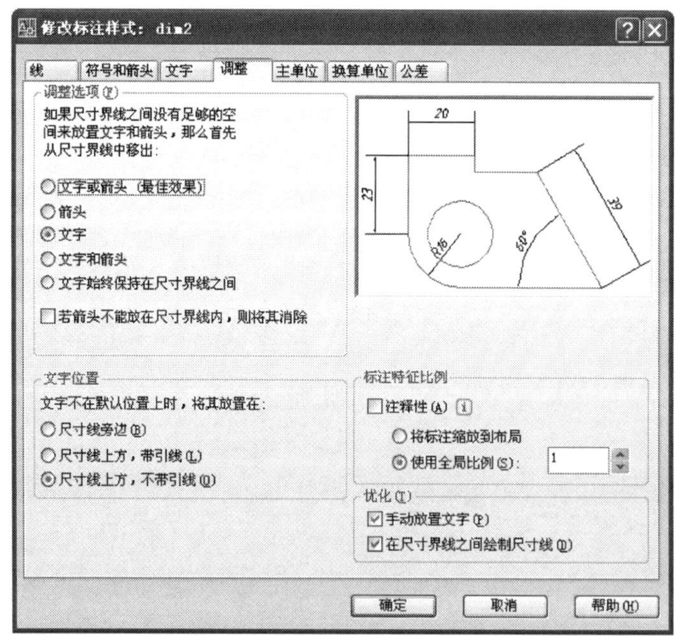

图 3-24 特殊直(半)径“调整”选项卡的设置

四、标注托架的角度尺寸

角度标注用于标注两直线间的夹角或圆弧、圆上包角，角度标注的尺寸线是一段圆弧。图 3-1 主视图中 30°夹角便要用到角度标注。具体操作步骤如下：

托架主视图上半部分的角度尺寸“30°”的标注。选择下拉菜单“标注”——→“角度”或“标注”工具栏中的“角度( )”。执行过程如下，执行结果如图 3-25a) 所示。

命令：_dimangular　　　　　　　　　　　//标注主视图“30°”的角度尺寸

选择圆弧、圆、直线或 <指定顶点>：　　　//单击待标注角度的第一条斜边线

选择第二条直线：　　　　　　　　　　　//单击待标注角度的第二条斜边线

指定标注弧线位置或［多行文字(M)/文字(T)/角度(A)/象限点(Q)］：

标注文字 = 30d　　　　　　　　　　　　//拖动鼠标左键确定标注位置

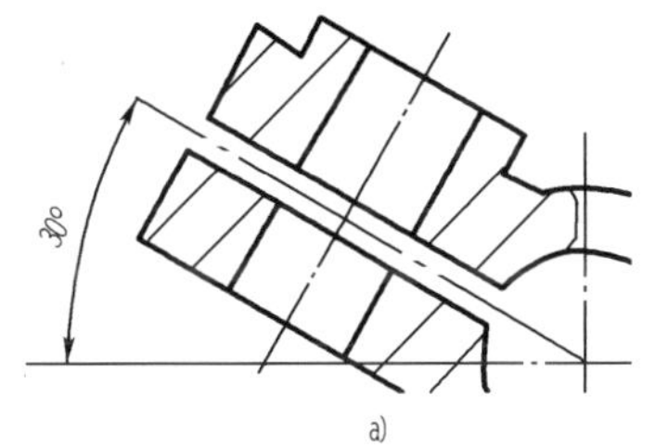

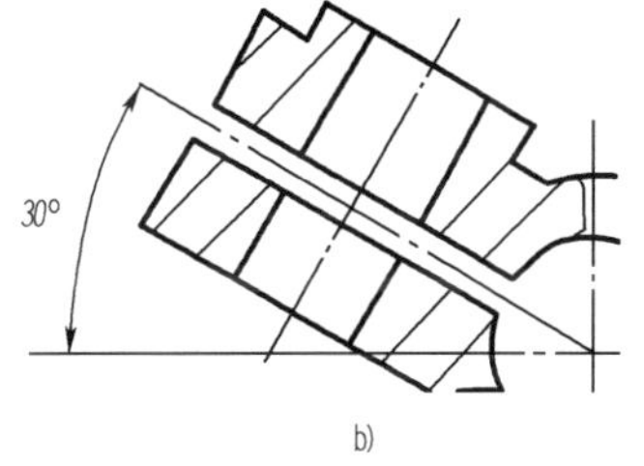

图 3-25　“角度”标注的效果

a)“与尺寸对齐”的角度标注；b)“水平”的角度标注

小贴士

在图 3-25a) 默认的角度标注设置中，“文字位置”的“垂直”默认为“上方”，“文字对齐”默认为“与尺寸对齐”。角度标注还有一种比较常见的形式，如图 3-25b) 所示，在尺寸标注样式设置时，主要是“文字”选项卡中两个参数有所改变：“文字位置”的“垂直”改为“外部”，“文字对齐”改为“水平”。

五、标注托架的倒角尺寸

AutoCAD 倒角与倒圆角的标注不同。倒圆角只是要标注圆角的半径，在软件的操作上属于半径标注；而倒角的标注是要用“引线”标注命令或“多重引线”标注命令。

1. 用“引线”标注命令标注倒角

输入“qleader”命令，执行过程如下，执行结果如图 3-26 所示。

命令：qleader　　　　　　　　　　　　　//输入“引线”命令，标注倒角

指定第一个引线点或［设置(S)］<设置>：s　　　//输入“s”，修改设置

“注释”选项卡中，“注释类型”选“多行文字”［图 3-27a)］

“引线和箭头”选项卡中，“箭头”选“无”［图 3-27b)］

“附着”选项卡中，勾选“最后一行加下划线”［图 3-27c)］

指定第一个引线点或［设置(S)］<设置>：　　//在绘图区点击标注倒角的第一个点

指定下一点：　　　　　//在绘图区点击标注倒角的第二个点，拖出一条 45°直线

指定下一点：　　　　　//在绘图区点击标注倒角的第三个点，拖出一条短的水平线
指定文字宽度 <0>：　　　　　//回车
输入注释文字的第一行 <多行文字(M)>：C1　　//输入文字内容“C1”
输入注释文字的下一行：　　　　　//回车，结束命令

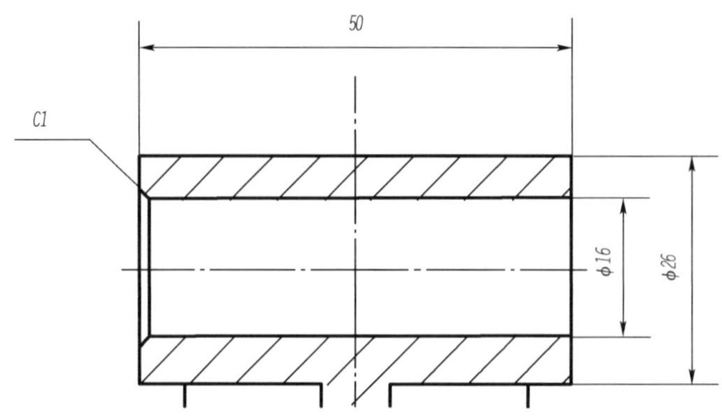

图 3-26　倒角标注的效果

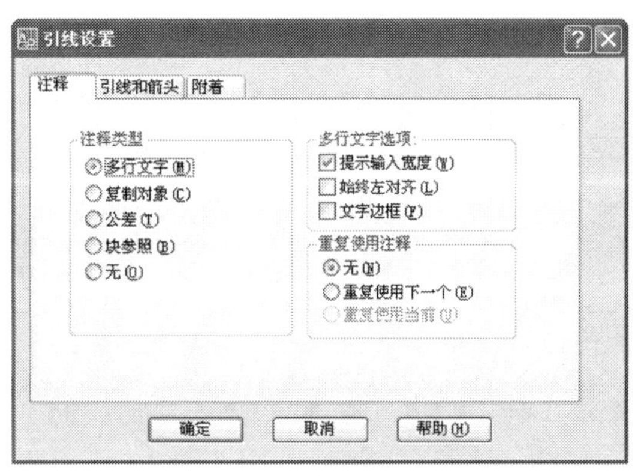

a)

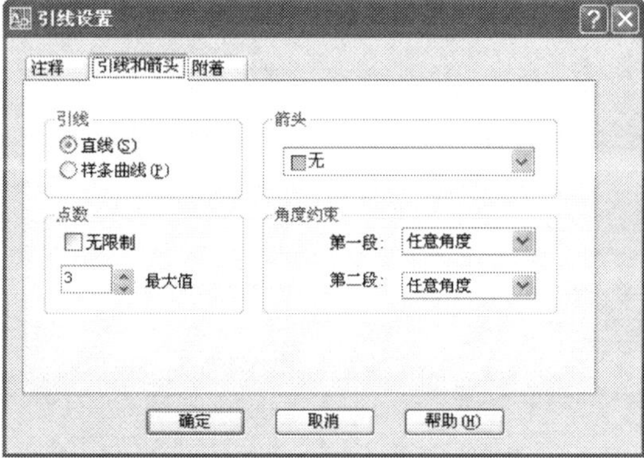

b)

引线设置
注释　引线和箭头　附着
多行文字附着
文字在左边　文字在右边
第一行顶部
第一行中间
多行文字中间
最后一行中间
最后一行底部
最后一行加下划线(U)
确定　取消　帮助(H)

c)

图 3-27　“引线设置”对话框的设置

a)“注释”选项卡；b)“引线和箭头”选项卡；c)“附着”选项卡

2. 用“多重引线”标注命令标注倒角

步骤一：单击下拉菜单“格式”⟶“多重引线样式”或单击“多重线引线样式(　”)按

钮，弹出“多重引线样式管理器”，(图 3-28)，点击“新建”按钮。弹出“创建新多重引线样式”对话框，(图 3-29)，输入新样式名为“chamf”，单击“继续”按钮。弹出“修改多重引线样式”对话框，在“引线格式”选项卡[图 3-30a)]中，“箭头符号”改为“无”；“引线结构”选项卡[图 3-30b)]中，“设置基线距离”改为“2”；“内容”选项卡[图 3-30c)]中，“文字样式”选为“text1”，“文字高度”为“3.5”，“连接位置-左”和“连接位置-右”均选“第一行加下划线”。将“chamf”样式“置为当前”，完成多重引线样式的设定。

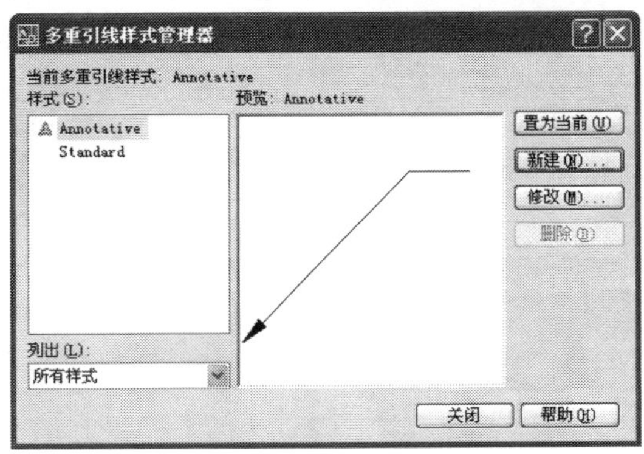

图 3-28 “多重引线样式管理器”对话框

图 3-29 “创建多重引线样式”对话框

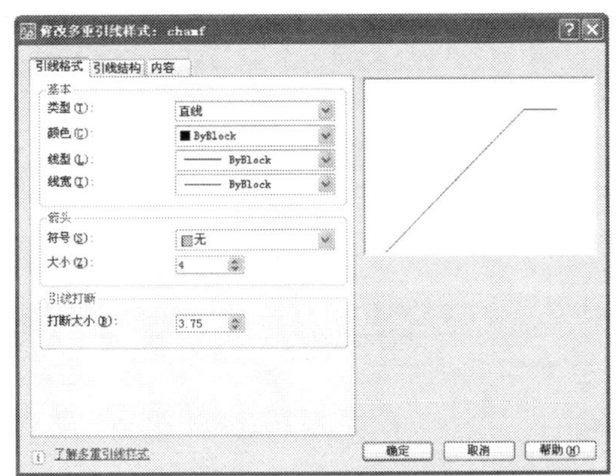

a)

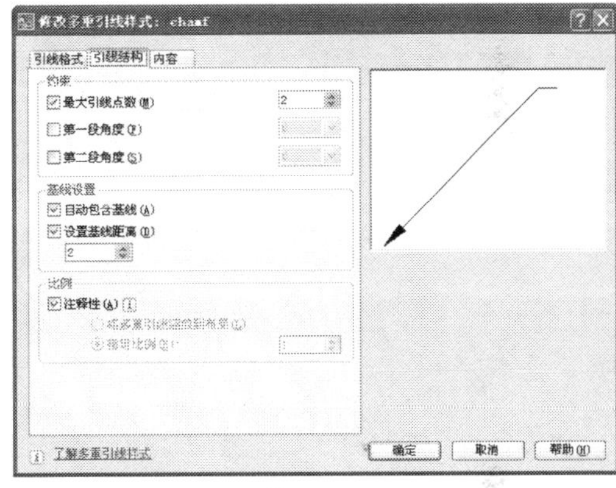

b)

c)

图 3-30 “修改多重引线样式：chamf”对话框的设置

a)“引线格式”选项卡；b)“引线结构”选项卡；c)“内容”选项卡

步骤二：单击下拉菜单“标注”——→“多重引线”或单击“多重引线”工具栏的“多重引线( )”按钮，具体执行过程如下，执行结果也与图 3-27 相同。

命令：_mleader　　　　//输入“多重引线”命令，标注倒角

指定引线箭头的位置或［引线基线优先(L)/内容优先(C)/选项(O)］＜选项＞：

　　　　//在绘图区点击标注倒角的第一个点

指定引线基线的位置：　　　　//在绘图区点击标注倒角的第二个点

模块四　编辑尺寸标注

当尺寸标注不合理时，可以对其进行编辑修改。

一、编辑修改标注尺寸

对已标注的尺寸可进行倾斜、旋转等操作，可通过下拉菜单“标注”——→“倾斜”或者直接输入命令“dimedit”或“标注”工具栏的“编辑标注( )”按钮来实现，这种修改对一些需要倾斜标注的标注特别有用，如肋板等倾斜结构。具体执行过程如下，执行结果如图 3-31 所示，读者可将倾斜的效果与图 3-18 作对比：

命令：dimedit

输入标注编辑类型［默认(H)/新建(N)/旋转(R)/倾斜(O)］＜默认＞：o

　　　　//输入“o”，将标注倾斜

选择对象：找到 1 个　　　　//单击选中待编辑的标注

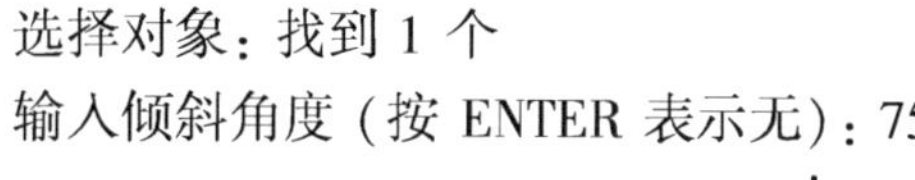

输入倾斜角度（按 ENTER 表示无）：75　　　　//与水平方向倾斜 75°

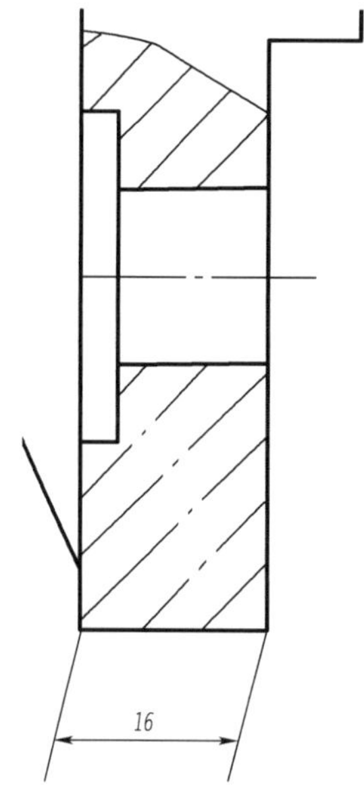

图 3-31　尺寸标注的“倾斜”效果

二、编辑标注文字

对已标注的尺寸还可以对标注文字的内容和位置进行修改，主要有以下方法：

(1)用“项目一”提到的“ddedit”命令可直接在“多行文字编辑器”(图1-50)里对标注文字进行编辑；

(2)选中待编辑的尺寸后，单击鼠标右键，选择快捷菜单中的“特征”，也可以在“特征”选项卡(图1-53)中修改标注文字的内容；

(3)可通过输入命令“dimtedit”或“标注”工具栏的“编辑标注文字( )”按钮，拖动鼠标左键来改变标注文字的位置；

(4)选中待编辑的尺寸后，单击鼠标左键，当出现夹点时，单击文字夹点，利用夹点操作将文字拖动到合适的位置。

练 习 题

1. 在绘制图2-35工程图的基础上，标注图2-35的尺寸，并保存文件名为“3-1-轴.dwg”。

2. 在绘制图2-36工程图的基础上，标注图2-36的尺寸，并保存文件名为“3-2-叉架.dwg”。

项目四　绘制并完整标注减速器箱体的工程图

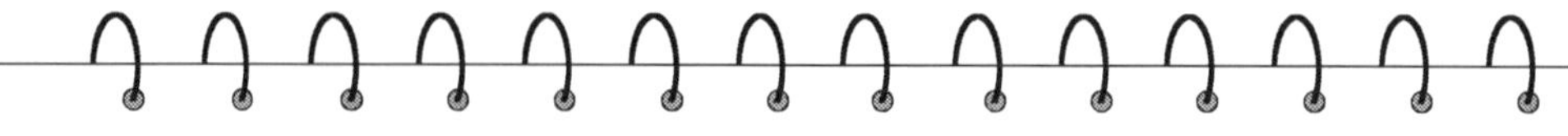

学习目标

1. 学习巩固绘图、编辑命令；
2. 学习巩固常见尺寸标注命令和尺寸标注的编辑、修改；
3. 学习掌握表面粗糙度、形位公差标注；
4. 学习绘制箱体类工程图时，如何分析图形和绘制三个基本视图。

本项目模块介绍的箱体零件的结构一般均比较复杂，毛坯多采用铸件。图4-1是减速器箱

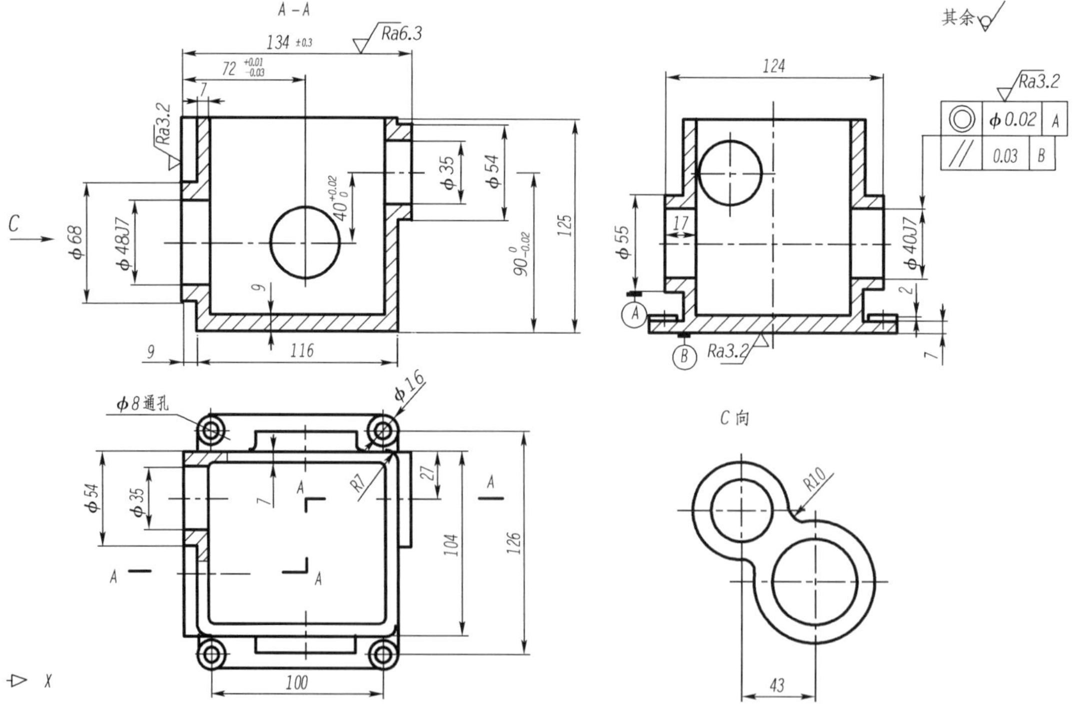

图4-1　减速器箱体零件图

体零件图，主视图采用了 A-A 阶梯剖视图，主要表达了 $\phi48$ 和 $\phi35$ 轴孔的结构形状以及各形体的相互位置；俯视图主要表达了箱壁的结构形状；左视图也采用了全剖视图，表达了箱体内部的结构形状；C 向视图表达了局部形状。几个视图配合起来，完整地表示了箱体的复杂结构。

模块一　绘制箱体的主要视图

绘图前先设置绘图环境，建立"项目一"介绍的相应的图。主要用到标准、图层、对象捕捉、绘图、修改标注等工具栏，工具栏调用的快捷方式如图 1-38 所示。

一、绘制减速器箱体的主视图

箱体的主视图由三个圆孔和内槽组成，可以先确定中间圆孔的中心位置。具体的绘图步骤如下：

步骤一：设置绘图环境。调用"项目一"中完成的 A3 样板图，并将它"另存为"名为"箱体. dwg"的文件。

步骤二：设置"05"图层（红色）为当前图层，打开"正交"、"对象捕捉"和"对象追踪"等辅助工具。用直线命令绘制上圆孔的定位中心线，长度任定。

步骤三：绘制主视图"40"、"90"等尺寸的主要定位线，如图 4-2 所示。

步骤四：绘制主视图细节。设置"01"图层（绿色）为当前图层，依据图 4-1 的尺寸，结合"极轴"和"对象追踪"等辅助工具，用"直线"命令、"圆"命令绘制箱体的主视图外轮廓，如图 4-3 所示。

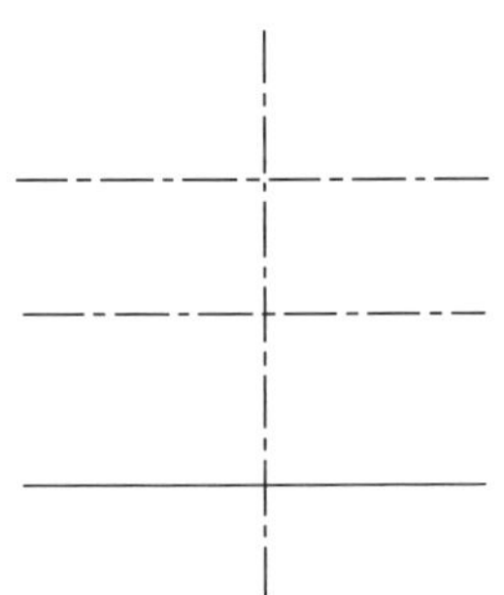

图 4-2　绘制主视图的主要定位线

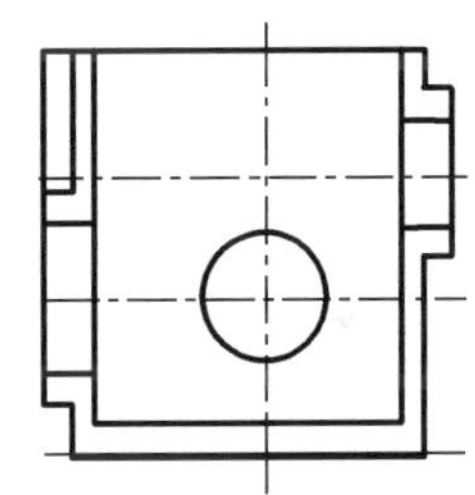

图 4-3　绘制主视图外轮廓

二、绘制减速器箱体的左视图

左视图要根据制图投影"长对正、高平齐、宽相等"的三等原则绘制。

步骤一：绘制左视图。结合"极轴"和"对象追踪"，用"直线"命令从主视图向左视图作水平投影线和左视图的中心线。如图 4-4 所示。

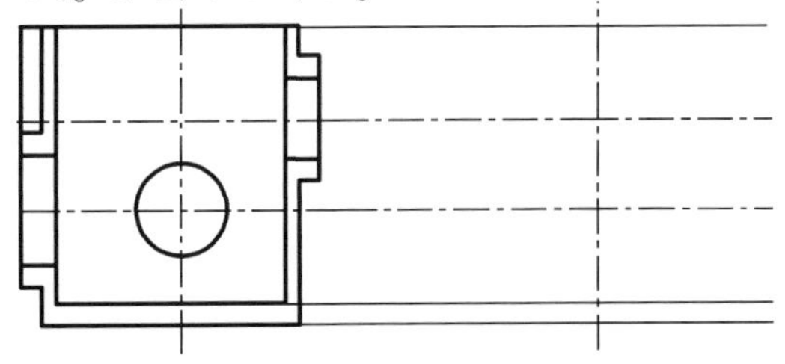

图 4-4　左视图投影线和左视图的中心线

步骤二：以直线 A、B、C 为作图基准，用“直线”命令绘制左视图的后半部分（左边），如图 4-5 所示。

步骤三：利用“镜像”命令镜像的左视图的前半部分（右边），然后用“圆”命令绘制 Φ35 的圆，结果如图 4-6 所示。

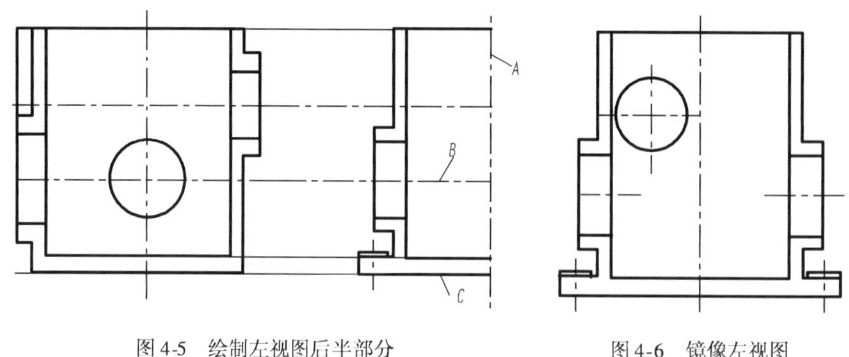

图 4-5　绘制左视图后半部分

图 4-6　镜像左视图

三、绘制减速器箱体的俯视图

步骤一：由主视图向俯视图作竖直投影线和俯视图中孔的轴线，如图 4-7 所示。

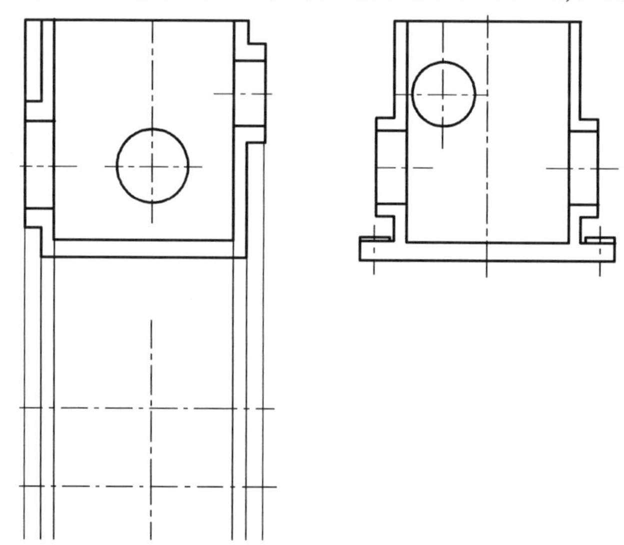

图 4-7　俯视图投影线和孔的中心线

步骤二：依据图 4-1 尺寸，利用“直线”等命令绘制俯视图的外轮廓，如图 4-8 所示。

步骤三：用“直线”等命令补齐俯视图的圆定位中心线，如图 4-9 所示。

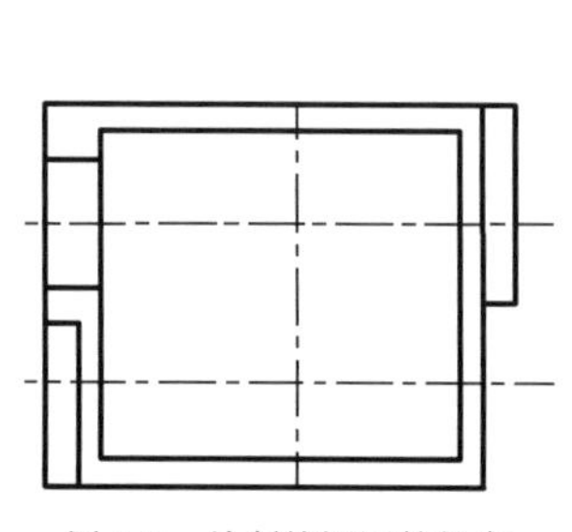

图 4-8　绘制俯视图外轮廓

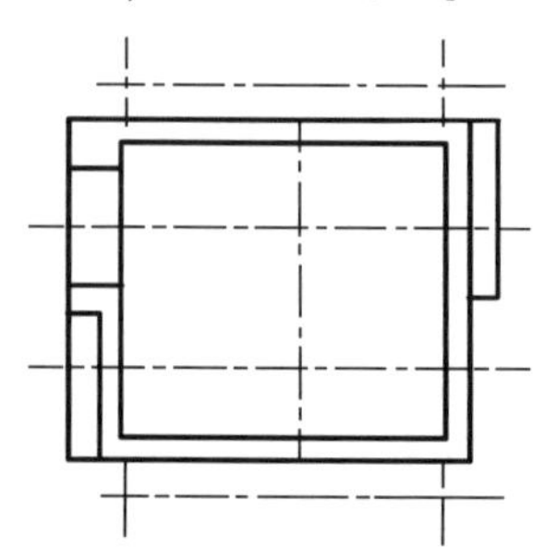

图 4-9　俯视图的圆定位中心线

步骤四:用"圆"及"复制"命令绘制俯视图的四个台阶孔,如图 4-10 所示。

命令: _copy

选择对象: 指定对角点: 找到 2 个 //选择台阶孔的两个圆

当前设置: 复制模式 = 多个

指定基点或［位移(D)/模式(O)］<位移>: //对象捕捉台阶孔的定位中心

指定第二个点或［退出(E)/放弃(U)］<退出>: //对象捕捉待复制台阶孔的中心位置

……

步骤五:用"直线"等命令绘制如图 4-11 所示俯视图的其他细节。

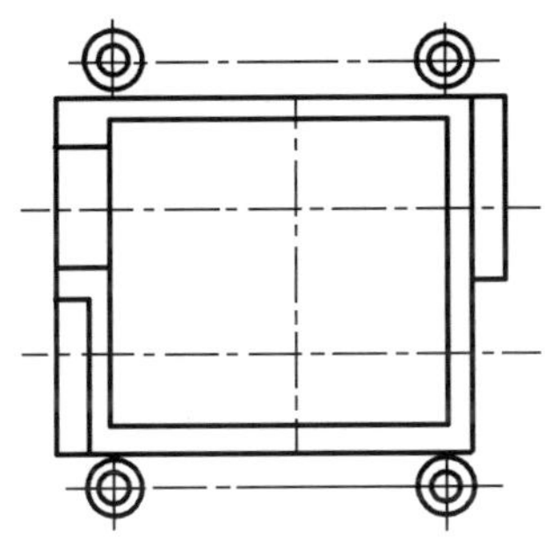

图 4-10 俯视图的四个台阶孔

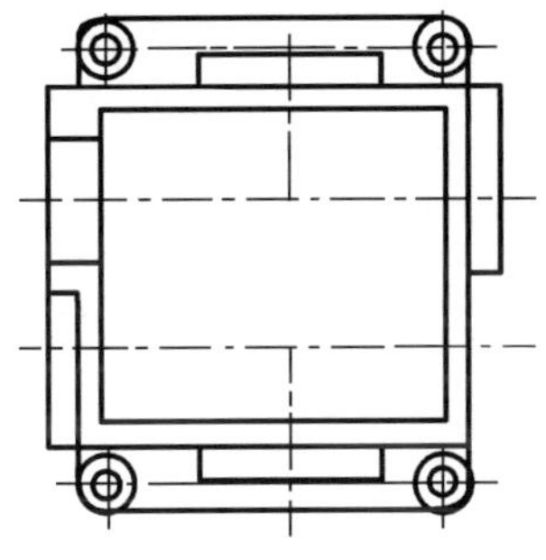

图 4-11 完成俯视图的细节

步骤六:依据尺寸在适当位置,用"圆"等命令绘制局部视图,并用"图案填充"填充剖面线,如图 4-12 所示。

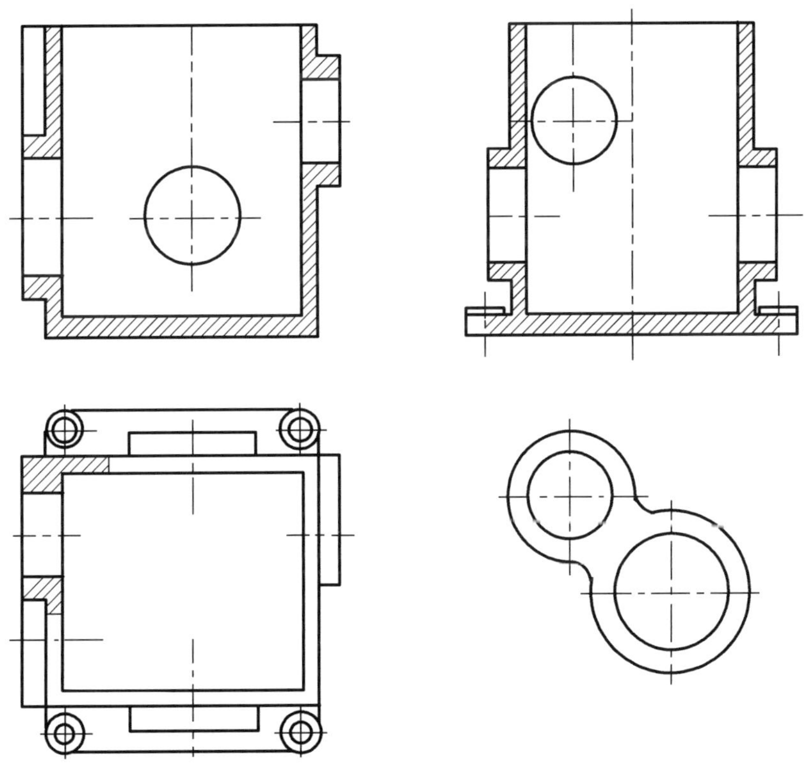

图 4-12 局部视图并填充剖面线

步骤七：用“直线”、“多段线”等命令绘制俯视图中阶梯剖的和主视图局部剖视图的剖切符号，并用“多行文字”注写“A-A”、“C”等字样，字高为“5”，具体步骤可参看“项目二”中的相关内容。

模块二　标注减速箱体的尺寸

在“项目一”中已介绍了标准的尺寸样式的设置，标注箱体的尺寸可以直接使用机械样板图的标注样式，尺寸标注应在“02”图层（白色）完成，可直接选用下拉菜单“标注”或使用“标注”工具栏（图 3-17）。

若将图 4-1 中的尺寸按所用到的不同标注命令来分的话，主要有线性尺寸、半径（或直径）尺寸等，带公差的尺寸。尺寸数字放置有“与尺寸线对齐”和“水平”两种。

一、标注箱体的线性尺寸

线性尺寸标注在“项目三”中已经介绍，在此不再赘述。图 4-1 主视图中的“72”、“134”这些一侧有共同尺寸界线的尺寸，可采用“基线”标注。具体操作步骤如下：

步骤一：设置“02”图层（白色）为当前图层。选择标注“dim1”为当前样式。

步骤二：先用“线性”命令标注主视图的“72”，再用“基线标注”标注主视图“134”。选择下拉菜单“标注”⟶“基线”或“标注”工具栏中的“基线（）”。执行过程如下，执行结果如图 4-13 所示。

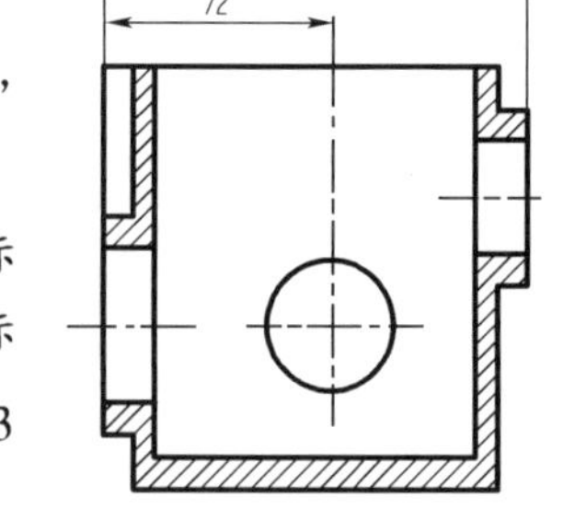

图 4-13　用基线标注线性尺寸

命令：_dimbaseline　　//“基线”标注尺寸“134”

指定第二条尺寸界线原点或［放弃(U)/选择(S)］<选择>：s //输入“s”修改基准位置

选择基准标注：　　//点选标注的两端起始位置

指定第二条尺寸界线原点或［放弃(U)/选择(S)］<选择>：

标注文字 ＝ 134

还有一些尺寸，如：主视图中的“ϕ48J7”，用“线性”标注的自动标注内容只有“48”，可在“线性”命令执行过程中输入“t”来改变标注文字的内容为“ϕ48J7”；也可以待“线性”标注完成后，用“ddedit”命令或在“特性”中修改标注文字的内容。这些方法在项目三中已经有详细的介绍。

二、标注箱体的尺寸公差

CAD 尺寸公差的标注除了用“项目一”介绍的新建一个“公差标注样式”的方法来完成外，还可以通过修改已标注的默认尺寸数字的方法来实现。具体方法是先要标注线性尺寸（如先标注线性尺寸“134”和“72”），再用“ddedit”命令修改文字内容，在“多行文字编辑器”中写入上、下偏差值，并用“^”将它们隔开，最后用“堆叠（）”按钮来完成公差的标注效果。用这种方法标注的具体操作过程如下，尺寸公差标注效果如图 4-14 所示。

命令：_ddedit

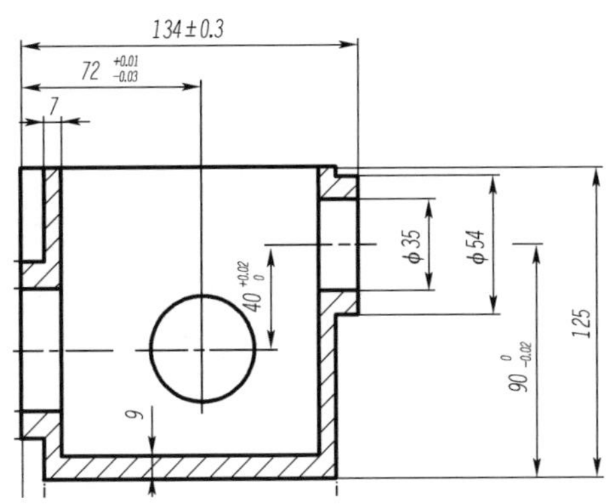

图 4-14 “堆叠”按钮标注尺寸公差的效果

选择注释对象或［放弃(U)］:

//单击“134”线性尺寸,并进入“多行文字编辑器”(图 4-15)

选择注释对象或［放弃(U)］: //输入“134%%p0.3”

选择注释对象或［放弃(U)］: //输入“72 +0.01^-0.03”,选中“ +0.01^ -0.03”,单击多行文字编辑器中的“堆叠($\frac{b}{a}$)”按钮(图 4-15)

……

选择注释对象或［放弃(U)］: //回车,确认

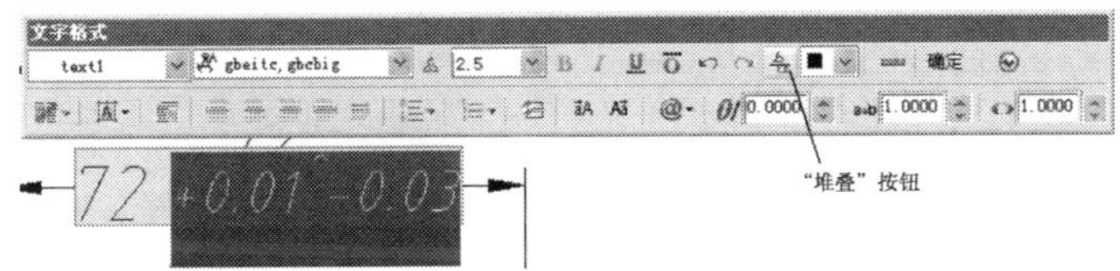

图 4-15 用“堆叠”修改尺寸公差

小贴士

(1)尺寸公差的字体大小一般比标注的数字小一号,如尺寸数字标注为 3.5mm,一般尺寸公差采用 2.5mm。

(2)对于图 4-1 中尺寸公差 $90^{0}_{-0.02}$ 的标注,注意输入“0^ -0.02”数据前要有一空格,才能保证堆叠后,上、下偏差的第一个字符“0”对齐,比较美观。

(3)实现堆叠功能的符号为半角符号“^”。

模块三 标注箱体的表面粗糙度

工程图中表面粗糙度的标注是反复出现的相同结构的图形,且在实际使用中放置的位置与角度不同。像这些反复出现的图形结构可以设置成图块,保存在文件中,在需要的时候调用,而且在调用时可以缩放、旋转。使用图块功能进行表面粗糙度的标注就比较方便灵活。

一、绘制表面粗糙度符号

1. 表面粗糙度代号

《GB/T 131—2006　机械制图　表面粗糙度符号、代号及其注法》规定，粗糙度符号的尺寸根据线宽而定，见表4-1。

表面粗糙度符号的尺寸的国标规定(单位:mm)　　表4-1

轮廓线的线宽 b	0.35	0.5	0.7	1	1.4	2	2.8
数字与大写字母(或小写字母)的高度 h	2.5	3.5	5	7	10	14	20
符号的线宽 d'、数字与字母的笔画宽度 d	0.25	0.35	0.5	0.7	1	1.4	2
高度 H_1	3.5	5	7	10	14	20	28
高度 H_2	8	11	15	21	30	42	60

根据表4-1表面粗糙度符号尺寸的国标规定，"项目一"的表1-1中轮廓线采用宽度为0.5mm。与尺寸标注相同，表面粗糙度在"02"图层(白色)中标注，表面粗糙度的尺寸如图4-16所示。将粗糙度代号及其等级数字一起定义成带属性的图形块，属性名为"RA"。

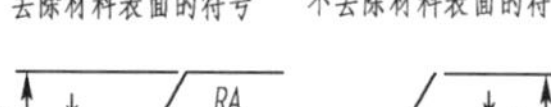

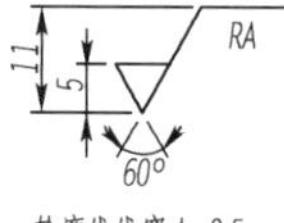

图4-16　表面粗糙度代号

2. 绘制表面粗糙度符号

步骤一：绘制"去除材料表面"的表面粗糙度符号。设置"02"图层(白色)为当前图层。打开"正交"、"对象捕捉"和"对象追踪"等辅助工具，先设置极轴追踪夹角为"60"，(图1-39)，再用"直线"、"偏移"和"剪切"等命令绘制表面粗糙度的基本符号，如图4-17所示。

步骤二：绘制"不去除材料表面"的表面粗糙度符号。打开"对象追踪"等辅助工具，设置极轴追踪夹角为"60"。再用"直线"、"偏移"和"剪切"等命令绘制如图4-18a)所示的图形。打开"对象捕捉"等辅助工具，勾选"对象捕捉"中的"切点"(图1-30)。单击下拉菜单"绘图"——→"圆"——→"相切、相切、相切"命令，绘制如图4-18b)所示的正三角形的公切圆。最后修剪"正三角形"上部的那条边，完成"不去除材料表面"的表面粗糙度符号(图4-16)。

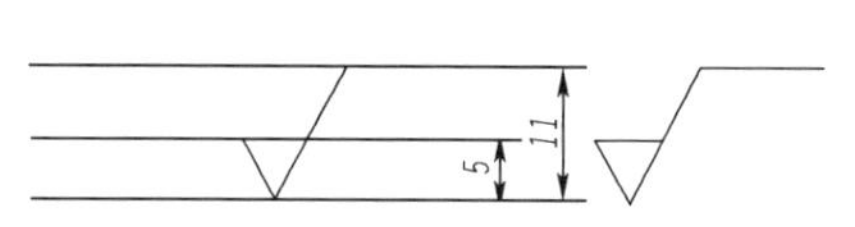

图4-17　绘制表面粗糙度符号

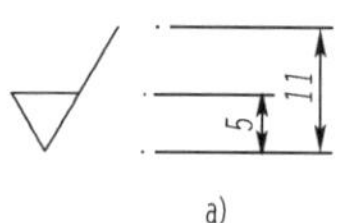

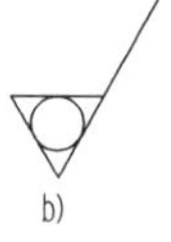

图4-18　不去除材料表面的表面粗糙度符号
a)不去除表面粗糙度的基本图形；b)不去除表面粗糙度的内公切圆

二、定义表面粗糙度结构要求(等级数字)的块属性

在工程图样中，表面粗糙度的结构要求(等级数字)是变化的，如12.5、6.3、3.2等。将结构要求(等级数字)定义为块的属性后，图样中不同的结构要求就能够随着实际情况的变化而变化为不同要求，而无须重新执行文字录入命令。单击下拉菜单"绘图"——→"块"——→"定义属性"或输入"attdef"命令，弹出"属性定义"对话框(图4-19)，属性"标记"、"提示"和"默认"均为"Ra"，文字设置的"对正"为"正中"、"文字样式"为"text1"、"文字高度"为"3.5"，确定

后结果如图 4-20 所示。

图 4-19　块的“属性定义”对话框

图 4-20　粗糙度的结构要求定义属性的效果

三、创建表面粗糙度图块

表面粗糙度图块的创建是通过下拉菜单“绘图”——→“块”——→“创建”或单击“绘图”工具栏中的“创建块( )”按钮来实现。具体操作步骤如下：

步骤：单击“绘图”工具栏中的“创建块( )”按钮，弹出“块定义”的对话框，如图 4-21 所示，在名称中填入“Ra”。单击“基点”框的“拾取点”按钮，选择图 4-22 粗糙度图形下部端点为基点。点击“对象”框的“选择对象”按钮，回到绘图界面，在绘图界面中框选择图 4-20 的表面粗糙度符号和属性。此时，返回的对话框“预览图标”项中会出现选择的内容，如图 4-21 所示。最后点击 “确定”按钮。当出现图 4-22 所示“编辑属性”对话框，直接“确定”即可。

文件中创建了名为“Ra”的图块，创建的图块以整体的形式存在与使用。

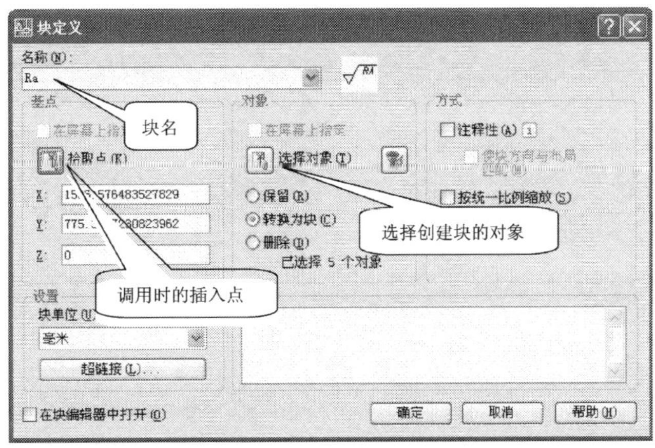

图 4-21　“块定义”对话框

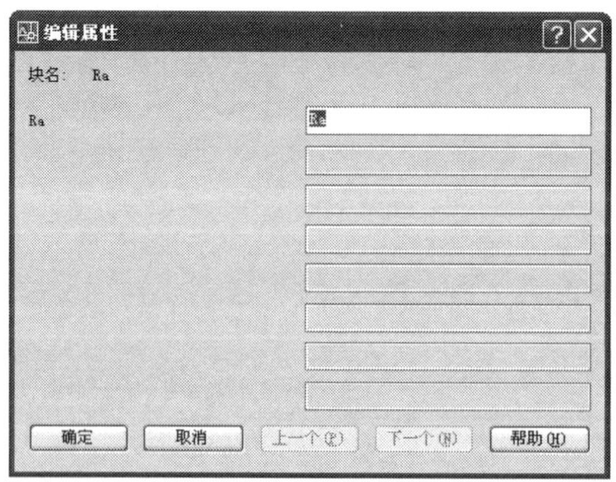

图 4-22 “编辑属性”对话框

小贴士

(1)定义带属性的块时,要先定义块的属性,再定义块,两者定义顺序不能颠倒。否则,定义的块不能包含属性。

(2)同一个块可以定义多个属性。

四、使用表面粗糙度图块

图块的使用是通过下拉菜单:“插入”——→“块”或单击“绘图”工具栏中的“插入块( )”按钮进行调用。还有一些表面粗糙度图块在插入后,还需要旋转图块或修改属性等。以图4-1所示的表面粗糙度标注为例,图块调用插入步骤如下:

步骤一:标注主视图“134 ±0.3”的粗糙度“Ra6.3”。选择下拉菜单“插入”——→“块”或单击“绘图”工具栏中的“插入块( )”按钮,弹出“插入”对话框,在“名称”下拉框中选择所需要的“Ra”图块,如图4-23所示。具体执行过程如下,标注的效果如图4-24所示。

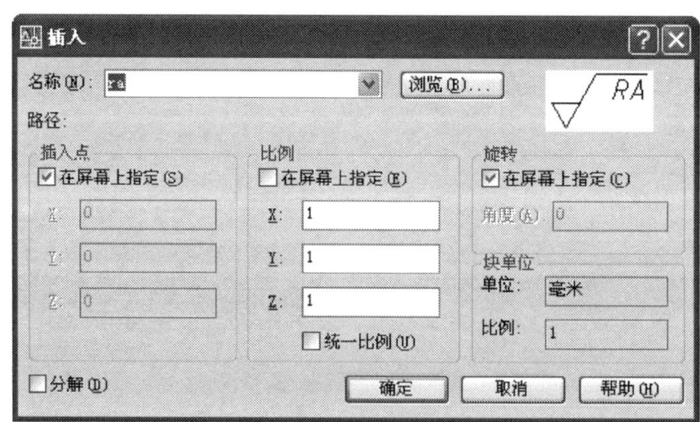

图 4-23 “插入”对话框

命令:_insert //插入主视图“134”尺寸线上的粗糙度“Ra6.3”

指定插入点或[基点(B)/比例(S)/X/Y/Z/旋转(R)]:

//“追踪”尺寸线上的点，使粗糙度符号的基点精确地在尺寸线上

指定旋转角度 <0>：　　　　　　　　　　//角度采用默认为“0”，不旋转

输入属性值　　　　　　　　　　　　　　//输入“Ra6.3”

ra <ra>：Ra6.3

步骤二：标注主视图左端面的粗糙度“Ra3.2”。单击“插入块”按钮，弹出“插入”对话框（图4-23），“名称”选择“Ra”图块，将“旋转角度”改为“90°”，标注的效果如图4-25所示。

步骤三：标注左视图下底面的粗糙度“Ra3.2”。单击“插入块”按钮，弹出“插入”对话框（图4-23），“名称”选择“Ra”图块，将“旋转角度”改为“180°”，标注的效果如图4-26所示。

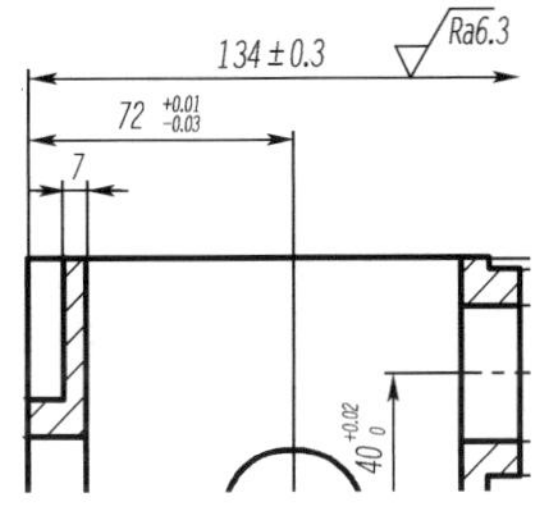

图4-24　标注“134±0.3”的粗糙度“Ra6.3”的效果

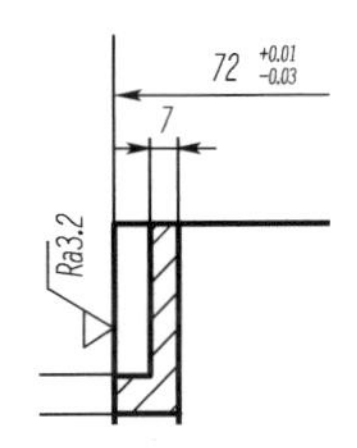

图4-25　标注左端面旋转角度的粗糙度符号“Ra3.2”的效果

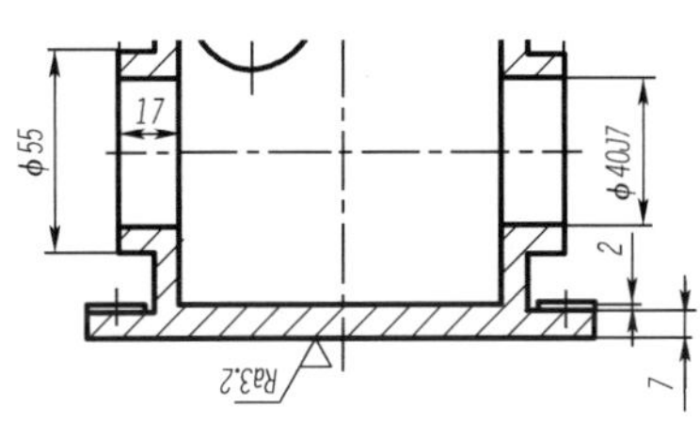

图4-26　标注下底面旋转角度的粗糙度“Ra3.2”的效果

步骤四：编辑块的属性。从下拉菜单“修改”⟶“对象”⟶“属性”⟶“单个”或直接双击粗糙度“Ra3.2”符号，打开“增强属性编辑器”对话框（图4-27），在“文字选项”选项卡中，勾选“反向”和“倒置”即可，标注的结果如图4-28所示。

增强属性编辑器
块：ra
标记：RA
选择块(B)
属性　文字选项　特性
文字样式(S)：text1
对正(J)：正中　☑反向(K)　☑倒置(D)
高度(E)：3.5　宽度因子(W)：1
旋转(R)：180　倾斜角度(O)：0
☐注释性(N)　边界宽度(B)：
应用(A)　确定　取消　帮助(H)

图4-27　“增强属性编辑器”对话框

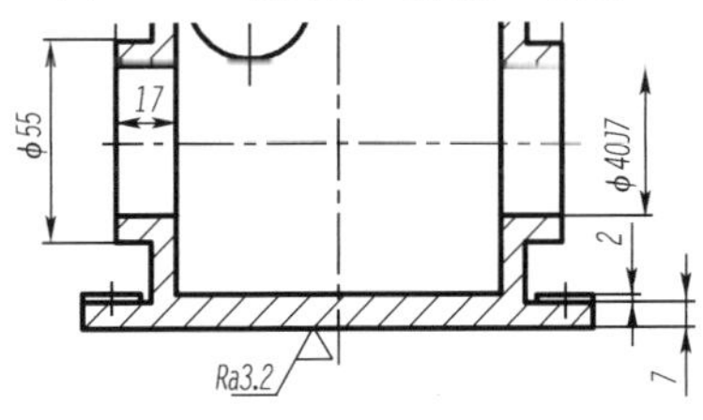

图4-28　编辑下底面粗糙度Ra3.2属性的效果

步骤五：在零件图的右上角插入“其余✓”。用“单行”或“多行”文字书写“其余”二字，

字高为“3.5”。由于这种表面粗糙度符号全图中只标注一次，可以不创建块，而是按照前文所述[图4-18a)、b)]的方法绘制。

小贴士

在“增强属性编辑器”的“文字选项”选项卡中，若不勾选“反向”、“颠倒”，而直接将文字的“旋转”改为“0”，也能达到图4-28的标注效果。

模块四　标注箱体的形位公差

形位公差标注，首先绘制基准符号，然后标注形位公差。形位公差标注可以采用“多重引线”标注的方法来实现。

一、绘制形位公差的基准符号

用“直线”、“圆”、“多段线”和“单行文字”命令绘制形位公差的基准符号，图形的绘制过程在前面章节已有详细讲解。基准符号及其尺寸如图4-29所示，当h(h为字高)＝3.5时，基准符号的圆直径和横线线长为$2h=7$；当b(b为线宽)＝0.5时，基准符号的横线线宽为$2b=1$。

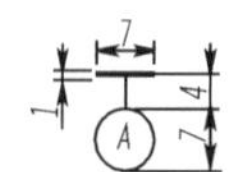

轮廓线线宽 b=0.5
字高 h=3.5

图4-29　形位公差的基准符号及尺寸

小贴士

形位基准符号也可以创建为带属性的块来保存，以便随时调用。

二、标注箱体的形位公差

箱体的形位公差标注方式有两种：一种是直接利用“引线”命令将形位公差的“指引线”和“框格”一次性进行标注；还有一种是先用“引线”或“多重引线”命令绘制“指引线”，再单击“公差(⊕1)”按钮绘制框格。

1. 用“引线”命令标注形位公差

具体的操作步骤如下，标注效果如图4-30所示：

图4-30　“形位公差”的标注效果

步骤：输入“引线”标注命令，执行过程如下：

命令：qleader　　//“引线”命令标注左视图的形位公差

指定第一个引线点或[设置(S)]<设置>：s　　//输入“s”，修改引线的设置

//弹出“引线设置”对话框在“注释”选项卡点选“公差”[图4-31a)]

//在“引线与箭头”选项卡“箭头”选“实心闭合”类型[图4-31b)]

指定第一个引线点或[设置(S)]<设置>：

//“对象捕捉”左视图“Φ40J7”尺寸线的端点

指定下一点：　　//拖出一条带箭头的垂直线

指定下一点：　　　　　　　　　　　　　　　　　　//拖出一条带水平线

//弹出“形位公差”对话框，填写所需的公差项目和数据如图 4-32 所示

指定下一点：　　　　　　　　　　　　　　　　　　　　//回车，“确定”按钮

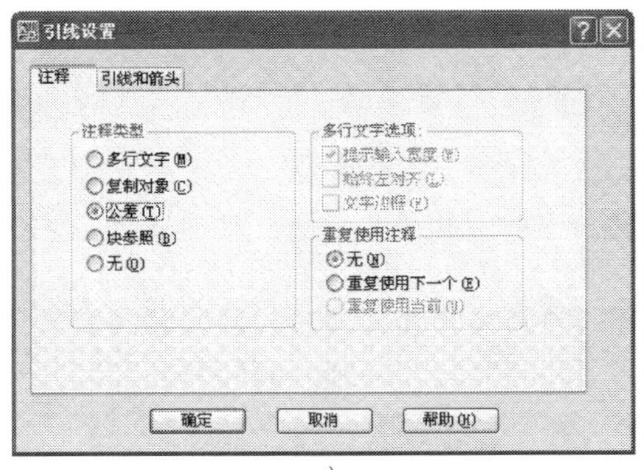

a)

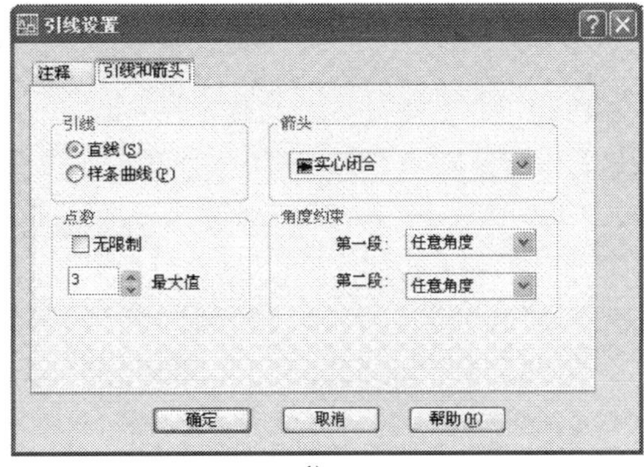

b)

图 4-31　标注形位公差“引线设置”对话框

a)“引线设置”选项卡；b)“引线和箭头” 选项卡

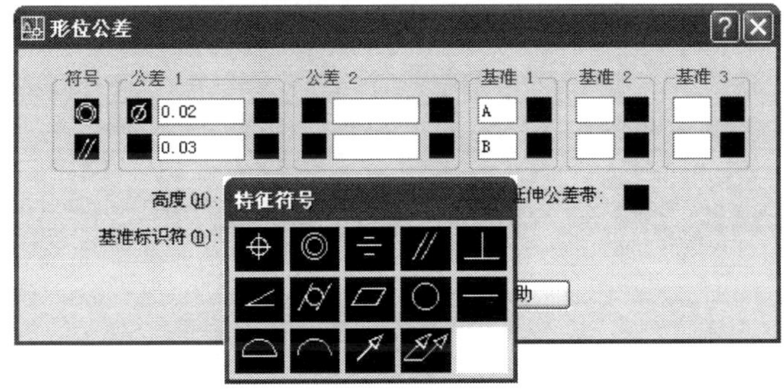

图 4-32　填写“形位公差”对话框

2. 单独标注形位公差和指引线

(1)用“引线”命令标注“指引线”的方法如下，执行结果如图 4-33 所示：

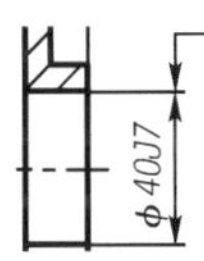

图 4-33　绘制形位公差的“指引线”

命令：qleader　　　　　　　　　　　　　　　　　　//输入“引线”命令

指定第一个引线点或［设置(S)］ <设置>：s

　　　　　　　　　　　　　　　　//输入“s”，修改“注释”选项卡中选“多行文字”

指定第一个引线点或［设置(S)］ <设置>：

　　　　　　　　　　　　　　　　　//“对象捕捉”左视图“Φ40J7”尺寸线的端点

指定下一点：　　　　　　　　　　　　　　//拖出一条带箭头的垂直线

指定下一点：　　　　　　　　　　　　　　　　//拖出一条水平线

指定文字宽度 <14.9622>：　　　　　　　　　　　　　　　　//回车

输入注释文字的第一行 <多行文字(M)>：

//不输入内容，回车，“多行文字编辑器”直接“确定”

(2)用“多重引线”命令标注“指引线”的方法如下，效果与图 4-33 相同：

步骤一：建立“多重引线标注样式”，命名为“gtol”，“箭头”选“实心闭合”，“文字样式”选“text1”，“字高”为“3.5”，“连接位置-左” 和“连接位置-右”均选“第一行中间”。

步骤二：单击下拉菜单“标注”——→“多重引线”或单击 “多重引线”按钮，绘制带箭头的水平线和垂直线，在“多行文字编辑器”不输入文字，直接“确定”即可。

(3)用“公差”命令标注形位公差的“框格”

从下拉菜单 “标注”——→“公差”或单击“标注”工具栏的“公差( )”按钮，填写弹出的“形位公差”对话框(见图 4-31)，对象捕捉“指引线”的“端点”作为输入公差位置，标注的效果也与图 4-32 相同。

小贴士

由于形位公差的“框格”标注，在 AutoCAD 是作为一个整体插入图样中的，因此框格的高度随着字高的增大(或变小)而增大(或变小)。

练 习 题

打开机械标准 A3 样板图，绘制图 4-34 所示齿轮零件图，并标注尺寸和技术要求，保存文件名为“4-1-齿轮. dwg”。

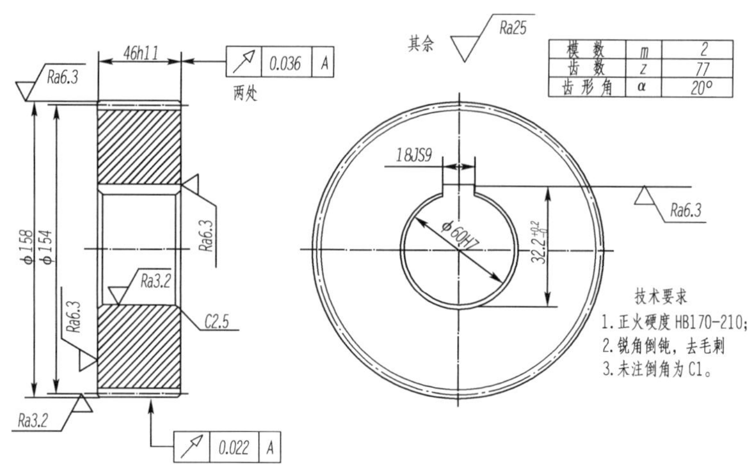

图 4-34　齿轮零件图

项目五　拆分定位器装配图的零件图

学习目标

1. 学习读懂装配图的装配关系，掌握由装配工程图拆画零件图的方法；
2. 学习零件图的标注方法及注意事项；
3. 学习由装配图拆画零件图时块的使用方法；
4. 学习内、外螺纹的拆分绘制。

产品的设计一般是先绘制装配图，再由装配图拆分零件图。维修时，如果某个零件损坏，也要将该零件拆画出来。因此，拆分装配图是绘图的一项重要技能。

拆分装配图、绘制零件图主要用到的命令有"复制"、"删除"、"缩放"以及各种"标注"等，读懂装配工程图的装配关系是关键，特别要注意内、外螺纹在装配图与零件图中的绘制区别。

模块一　读装配图拆画定位轴

拆画装配图之前首先要读懂装配图，如图 5-1 所示为定位器的装配工程图，对照序号和明细栏可知，该定位器由定位轴、支架、套筒、压簧、盖、螺钉和把手共 7 个零件装配而成。装配图由两个视图表达，主视图为全剖视图，表达了定位器各零件之间的装配关系。左视图表达了定位器的外部形状，反映了定位轴、支架和套筒之间的位置关系。

一、拆画定位轴

定位器安装在仪器的机箱内壁上，工作时定位轴的一端插入被固定的零件的孔中。当该零件需要变换位置时，应拉动把手 7，将定位轴从该零件的孔中拉出来，松开把手后压簧 4 使定位轴回复原位，因此，定位轴在定位器中是一个重要的零件，首先应把定位轴从定位器中拆画出来。具体操作步骤如下：

步骤一：设置绘图环境。调用"项目一"中完成的 A3 样板图，并将它"另存为"名为"定位轴.dwg"的文件。

步骤二：打开素材中的"定位器装配图.dwg"文件（图 5-1）所示，单击"实时缩放"按钮，把主视图进行适当放大，然后单击"复制"按钮，采用框选方式选择主视图中定位轴部分，切换到

"定位轴.dwg"文件中,单击"粘贴"按钮,单击鼠标左键在 A3 图中选择合适位置作为插入基点(图 5-2)。

步骤三:删除图 5-2 中多余的非定位器的线条。增添图 5-2 中遗漏的线条,得到如图 5-3 所示图形。修整中心线超出图形轮廓的长度均为"3"。

步骤四:用"缩放"命令将定位轴零件图放大 5 倍,使图样大小在 A3 图纸中的布设看起来较为协调。

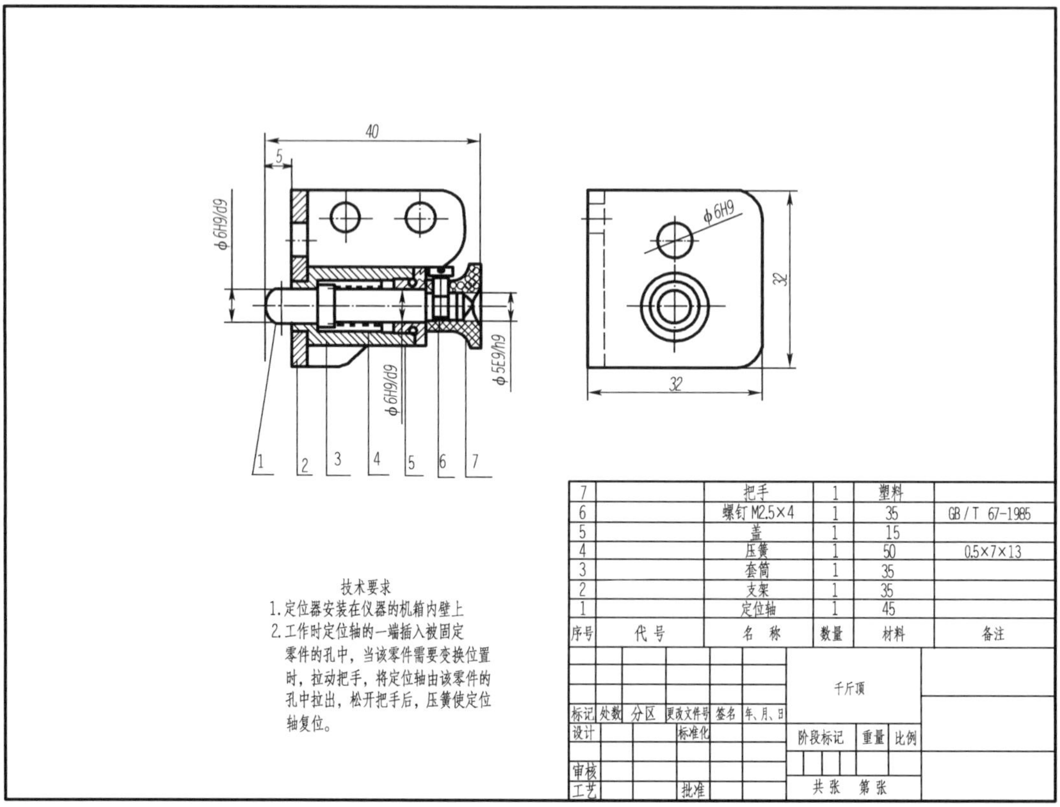

40
5
φ6H9/d9
φ6H9
32
32
φ6H9/d9
φ5E9/h9
1 2 3 4 5 6 7

技术要求

1. 定位器安装在仪器的机箱内壁上

2. 工作时定位轴的一端插入被固定零件的孔中,当该零件需要变换位置时,拉动把手,将定位轴由该零件的孔中拉出,松开把手后,压簧使定位轴复位。

序号	代 号	名 称	数量	材料	备注
7		把手	1	塑料	
6		螺钉 M2.5×4	1	35	GB/T 67-1985
5		盖	1	15	
4		压簧	1	50	0.5×7×13
3		套筒	1	35	
2		支架	1	35	
1		定位轴	1	45	

千斤顶

标记 处数 分区 更改文件号 签名 年、月、日

设计 标准化 阶段标记 重量 比例

审核

工艺 批准 共 张 第 张

图 5-1 定位器的装配图

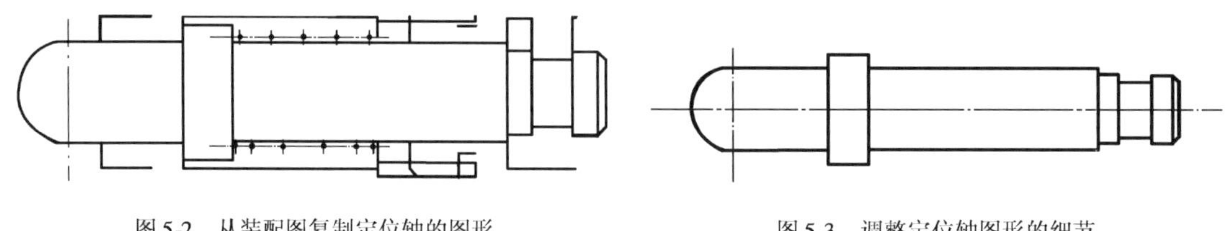

图 5-2 从装配图复制定位轴的图形

图 5-3 调整定位轴图形的细节

二、标注定位轴尺寸

从装配图中拆分的零件图的尺寸标注与单独绘制零件图的尺寸标注方法相同,具体的命令操作在项目三和项目四已有详细的介绍。特别需要注意的是装配图中一些配合尺寸,在拆分为零件图时应做相应的变化。例如:图 5-1 中的尺寸"Φ6H9/d9",是零件 1"定位轴"与零件 5"盖"的配合尺寸,"H9"是零件 5"盖"的公差配合代号,"d9"是零件 1"定位轴"的公差配合代号。在标注定位轴零件图时,应保留的标注是"Φ6d9"。标注步骤简述如下:

步骤一：设置“02”图层（白色）为当前图层，并将标注样式中的“测量单位比例因子”调整为“0.2”。

步骤二：用“线性”标注、“引线”等命令，进行一般线性尺寸的标注。标注完成后如图5-4所示。

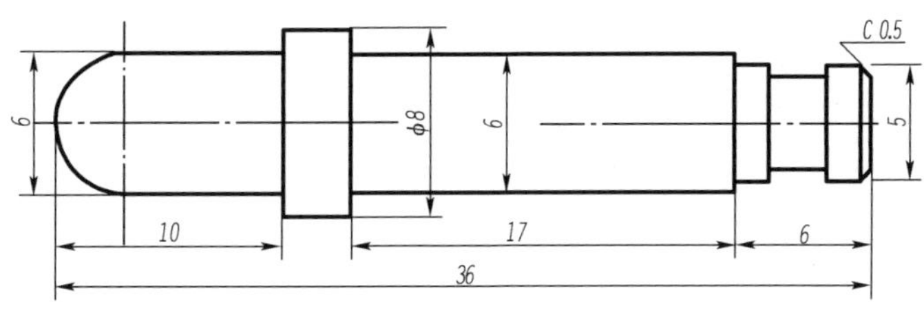

图5-4　定位轴一般尺寸的标注

步骤三：根据图5-1的配合尺寸，输入“ddedit”命令，修改定位轴中带有公差配合符号的尺寸“Φ6d9”、“Φ5h9”等，执行结果如图5-5所示。

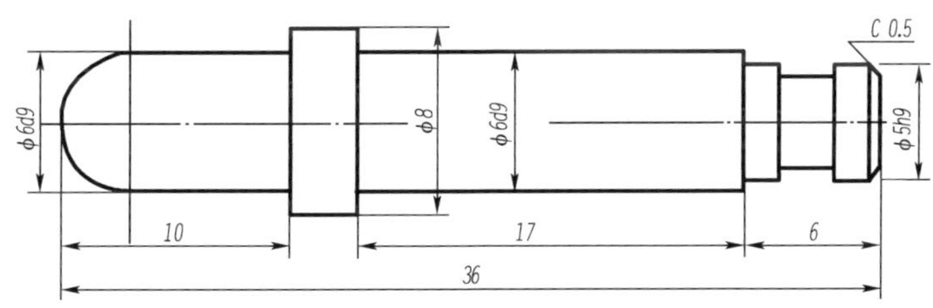

图5-5　修改带公差配合符号的标注

小贴士

从装配图拆画零件图时，原装配图带有分数形式的公差配合符号要根据零件是“孔”还是“轴”来作相应的改动。“孔”是包容面，“轴”是被包容面。“孔”和“轴”的概念是随着零件的具体装配情况而发生变化的。“孔”的公差配合符号是大写的，“轴”的公差配合符号是小写的。

步骤四：标注带单箭头的退刀槽尺寸。由于定位轴的退刀槽标注位置较小，箭头的形式需要更改。在“标注样式管理器”对话框中建立一个“替代样式”（详见项目一）。在“符号和箭头”选项卡中，设置“第一个”箭头样式为“实心闭合”，改变“第二个”箭头样式为“小点”。再用“线性”命令进行标注，标注完成结果如图5-6所示。

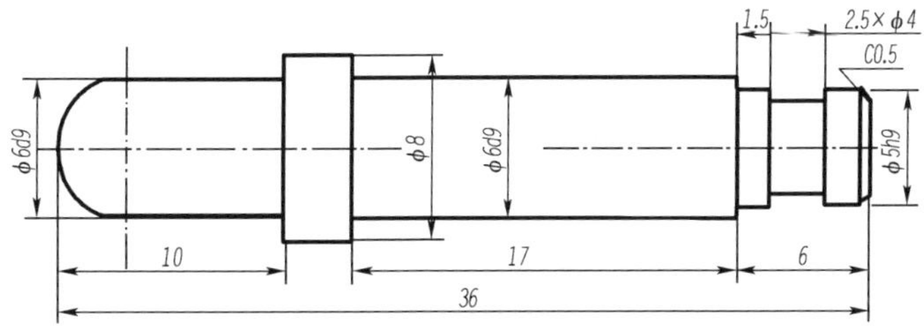

图5-6　标注退刀槽

小贴士

在“符号和箭头”选项卡中，“第一个”箭头是先单击选中的尺寸界线的一边，“第二个”箭头是后单击选中的尺寸界线的一边。因此，图 5-6 中尺寸“2.5 × Φ4”应从右边向左边进行标注。

步骤五：标注表面粗糙度。表面粗糙度标注详见项目四。得到定位轴零件图的完整标注，结果如图 5-7 所示。

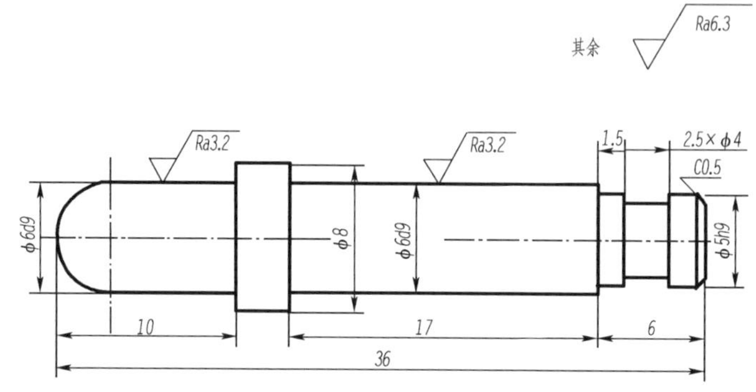

图 5-7　定位轴的零件图

模块二　读装配图拆画支架

支架在整个定位器中起到固定和支承的作用，是其中尺寸最大的一个零件。在拆画支架零件图时，采用的方法与定位轴的基本类似。

一、拆画支架

步骤一：设置绘图环境。调用“项目一”中完成的 A3 样板图，并将它“另存为”名为“支架. dwg”的文件。

步骤二：打开素材中的“定位器装配图. dwg”文件(图 5-1)，用“实时缩放”和“复制”命令框选主视图中包含支架在内的所有部分，然后采用“粘贴”命令粘贴到“支架. dwg”文件中，最后采用“删除”命令，框选删除定位轴、套筒等多余部分，得到如图 5-8 所示图形。

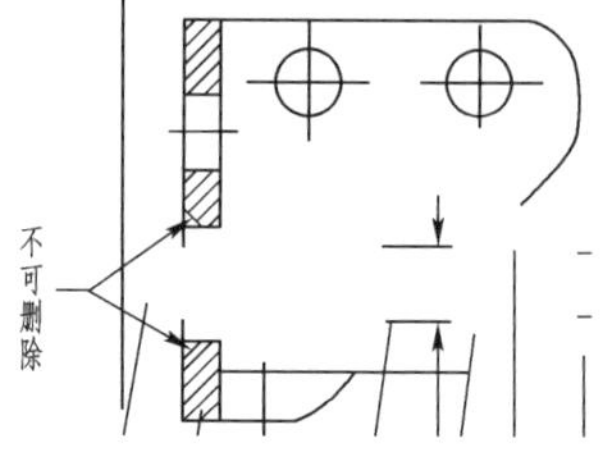

图 5-8　从主视图复制支架并删除定位轴等部分后的图形

小贴士

从装配图中框选删除线条时，一次不要框选得太多，否则会将一些需要的线条删除掉，补画起来比较麻烦。例如图 5-8 标出了支架不可删除的两条斜线。图样越复杂，选取删除的线条就越要谨慎。

步骤三：用“删除”、“修剪”、“直线”等命令删除、修整、补画支架的其他线条，得到如图5-9所示图形。

步骤四：调整支架的左视图。由于已拆除了定位轴等零件，在左视图中要删除支架孔内的定位轴的圆，如图5-10所示。

步骤五：用“缩放”命令将支架零件图放大2倍，使图样大小在A3图纸中的布设看起来较为协调。适当调整主、左视图之间的距离，留出标注尺寸的位置。修整中心线超出图形轮廓的长度均为“3”。最后得到如图5-11所示的图形。

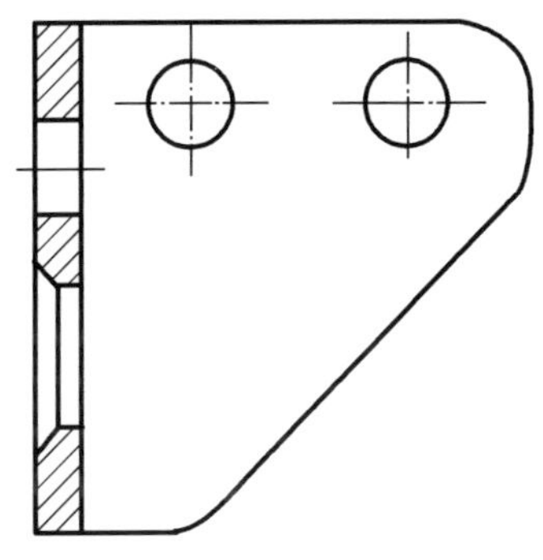

图5-9　调整支架主视图的细节

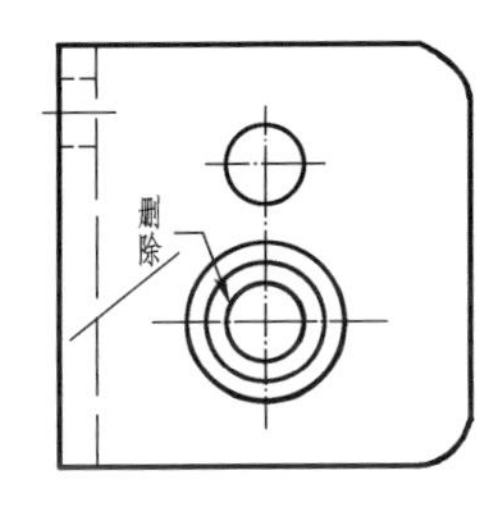

图5-10　删除支架左视图多余线条

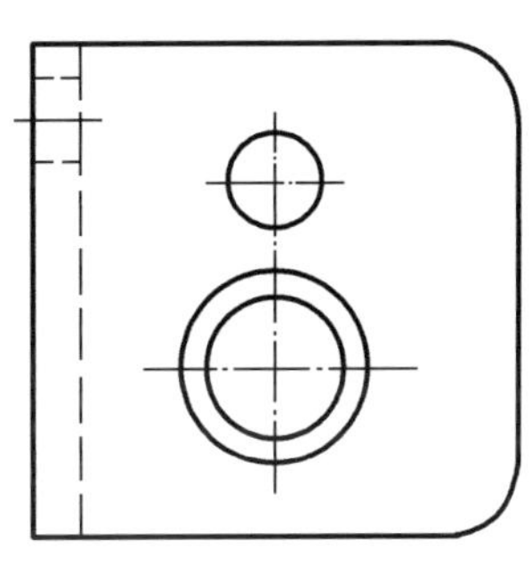

图5-11　调整支架左视图的细节

二、标注支架尺寸

标注步骤简述如下：

步骤一：设置“02”图层(白色)为当前图层，并将标注样式中的“测量单位比例因子”调整为“0.5”。

步骤二：用“线性”、“引线”、“角度”、“直径”、“半径”等命令，进行尺寸标注。有的尺寸文字水平书写，可新建一种水平书写文字的标注样式，将“标注样式管理器”中的“文字”选项卡的“文字对齐”方式改为“水平”即可。标注完成后如图5-12所示。

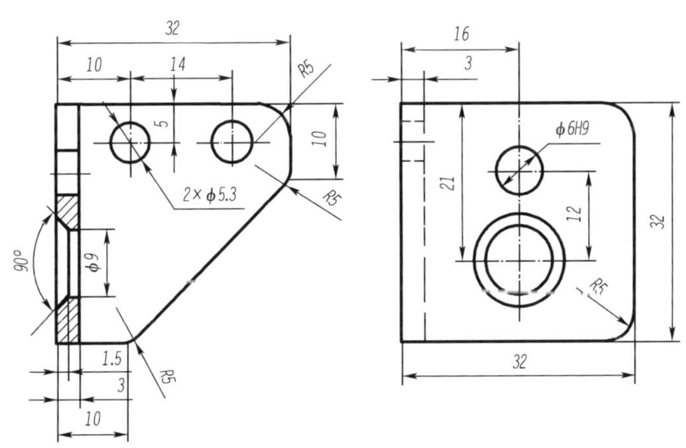

图5-12　标注支架零件图的尺寸

步骤三：标注表面粗糙度。表面粗糙度的标注详见项目四，得到定位轴零件图的完整标注，结果如图5-13所示。

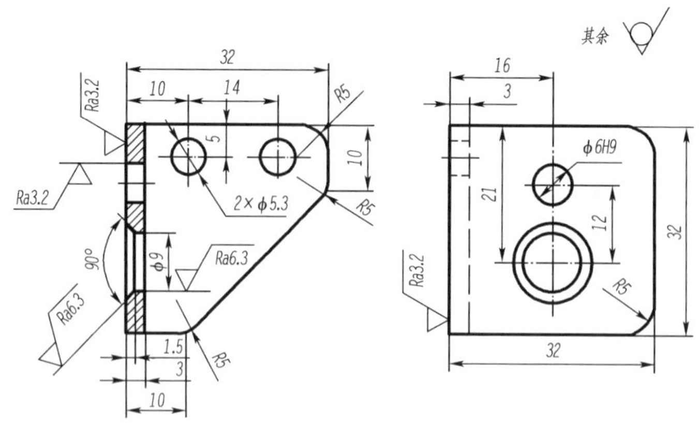

图 5-13　支架的零件图

模块三　读装配图拆画套筒

在拆画套筒零件图时，采用的方法与定位轴、支架的基本类似，即把不属于套筒的部分删除。由于套筒的主体为一柱状物，只要用一个主视图即可表达清楚其结构。由定位器(图5-1)的装配关系可知，套筒与盖之间是通过螺纹“M10”装配连接在一起的。从制图的规范可知，在装配图中内、外螺纹的装配部分应按照外螺纹来绘制。当把套筒拆出后，套筒的螺纹部分应按照它本身的内螺纹来绘制，即大径为细实线，小径为粗实线，并注意剖面线填充的位置。具体套筒的拆画步骤如下：

步骤一：设置绘图环境。调用“项目一”中完成的 A3 样板图，并将它“另存为”名为“套筒. dwg”文件。

步骤二：打开素材中的“定位器装配图. dwg”文件(图 5-1)，用“实时缩放”和“复制”命令框选主视图中包含套筒在内的所有部分，然后采用“粘贴”命令粘贴到“套筒. dwg”文件中，最后采用“删除”等命令删除定位轴、支架、盖等多余部分及尺寸，得到如图 5-14 所示图形。

步骤三：补画线条，并修改内螺纹的粗、细实线，最后重新进行图案填充，套筒零件图放大 5 倍，使图样大小在 A3 图纸中的布设看起来较为协调。修整中心线超出图形轮廓的长度均为“3”。结果如图 5-15 所示。

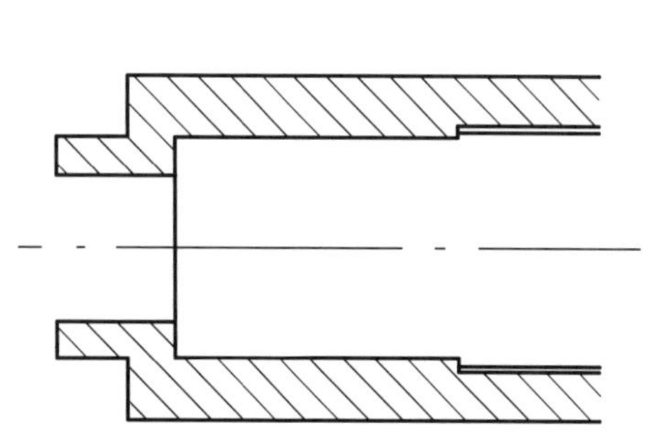

图 5-14　复制套筒主视图并删除多余线条

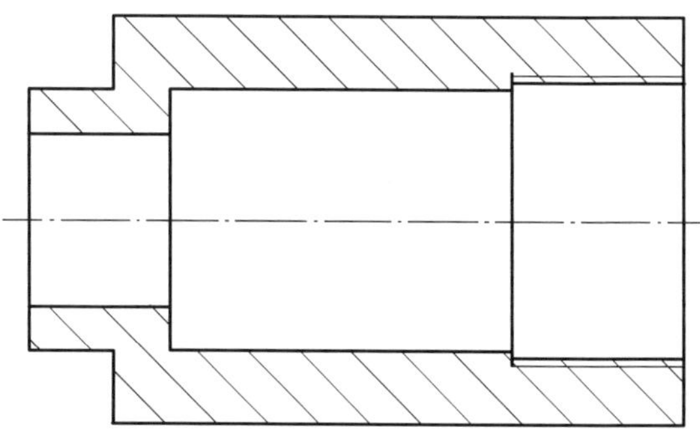

图 5-15　套筒零件图的细节调整

小贴士

内螺纹的图案填充是填充到小径(粗实线)为止,特别注意内螺纹的大、小径之间的两个部分也要填充剖面线,如图 5-15 所示。

步骤四:套筒图形较为简单,尺寸标注较少。首先将标注样式中的“测量单位比例因子”调整为“0.2”。依次标注套筒的外形尺寸、外径、内径、内螺纹及粗糙度。标注方法与定位轴、支架的相同,得到套筒的完整零件图如图 5-16 所示。

以上主要介绍了由定位器的装配图如何拆分“定位轴”、“支架”、“套筒”的零件图,剩余“压簧”、“盖”、“把手”和“螺钉”的零件图的拆分与之类似,由于图形较为简单,读者可自行练习拆画。压簧在定位器中起到使定位轴回复原位的作用,由于簧丝直径较小,在装配图中簧丝的剖面线涂黑。在拆画压簧时,需补画簧丝的剖面线。由定位器装配图(图 5-1)的明细栏可知,“螺钉 M2.5×4”具有国标代号,是标准件。在拆画零件图时,标准件的零件图可以不单独绘制,查取有关的设计手册即可。

根据以上拆画定位轴、支架、套筒的方法,拆画的压簧、盖和把手的零件图如图 5-17、图 5-18和图 5-19 所示。

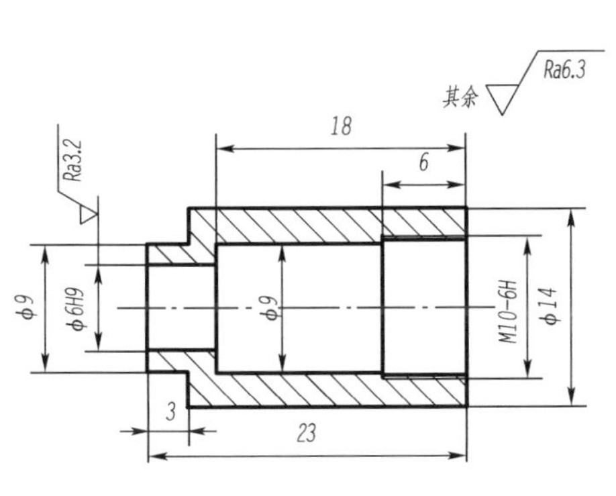

图 5-16　套筒的零件图

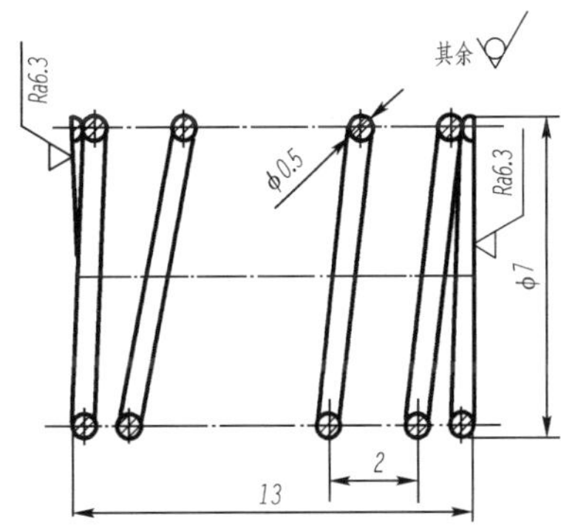

图 5-17　压簧的零件图

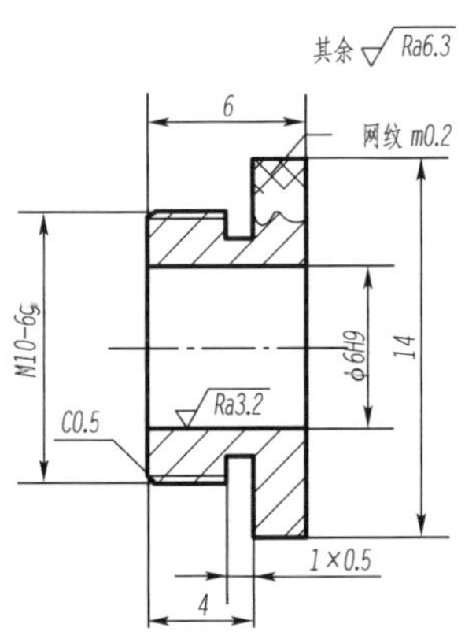

图 5-18　盖的零件图

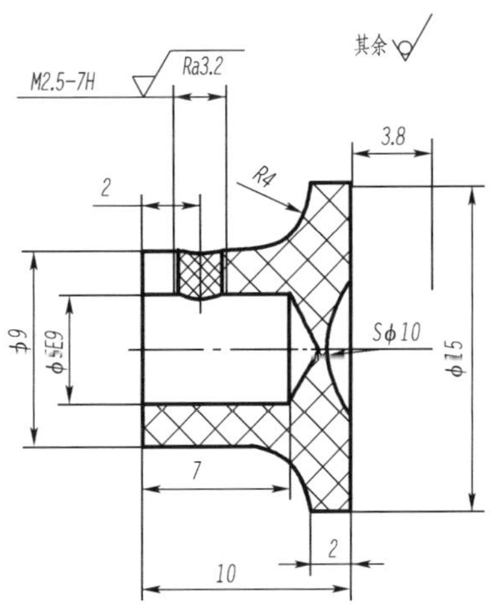

图 5-19　把手零件图

练 习 题

分别调用机械标准 A3 样板图，根据项目五中定位器的装配图（图 5-1），拆分、绘制“压簧”、“盖”和“把手”的零件图，分别保存文件名为“5-1-压簧零件图. dwg”、“5-2-盖零件图. dwg”和“5-3-把手零件图. dwg”。

项目六　拼装设计千斤顶装配工程图

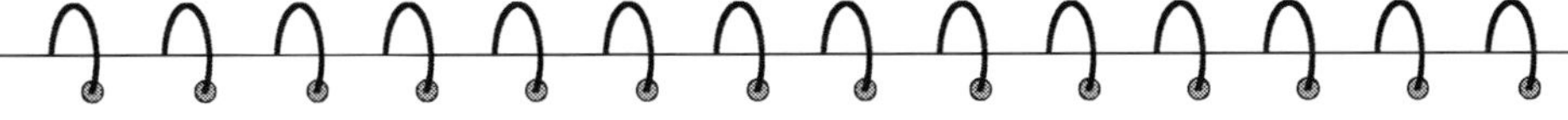

学习目标

1. 掌握 AutoCAD 2008 设计中心的有关知识及使用方法；
2. 利用设计中心拼画装配工程图；
3. 标注装配工程图的尺寸。

模块一　设计中心拼装千斤顶装配工程图

绘制装配图是一项很复杂的工作，当机械部件的主要零件绘制完成后，可以利用 AutoCAD 设计中心的重载功能来拼画装配图。本项目千斤顶各零件的零件图（底座、起重螺杆、旋转杆、顶盖和螺钉）已经绘制完成，如图 6-1 ~ 图 6-5 所示。在绘制装配图时，我们可以利用 AutoCAD2008 设计中心的功能，来简化绘图工作，提高绘图效率。装配图绘制效果如图 6-6 所示。

一、创建零件块

将千斤顶各零件图的主视图建立为零件块（“底座块”、“顶盖块”、“起重螺杆块”、“旋转杆块”和“螺钉块”），另存，保存路径为：“项目六\千斤顶装配图\块”。具体的操作步骤如下：

步骤一：创建底座块。打开素材中的“底座. dwg”（图 6-1）文件，输入“wblock”命令，弹出“写块”对话框，如图 6-7 所示，在“源”选项框中选“对象”，单击“拾取点”按钮，将“基点”设置为如图 6-8 所示的位置。在对象选项区中单击“选择对象”按钮，选择底座的主视图。将目标选项框中“文件名和路径”中路径设定为：“:\项目六\千斤顶装配图\块\底座块. dwg”。点击“确定”完成“底座块”，如图 6-8 所示。

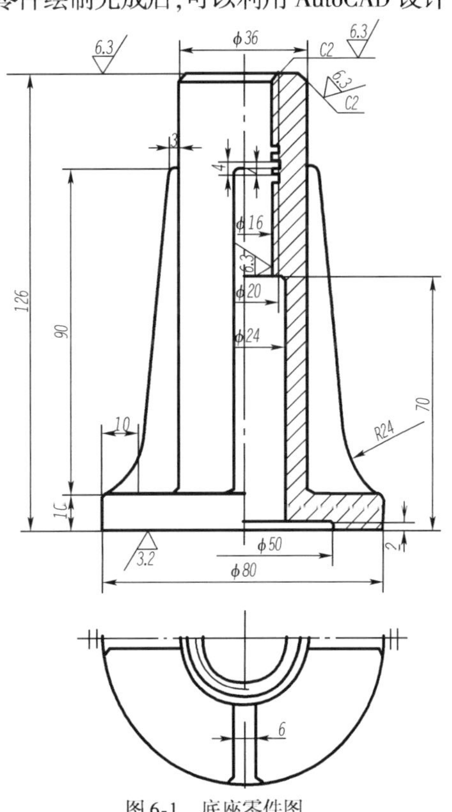

图 6-1　底座零件图

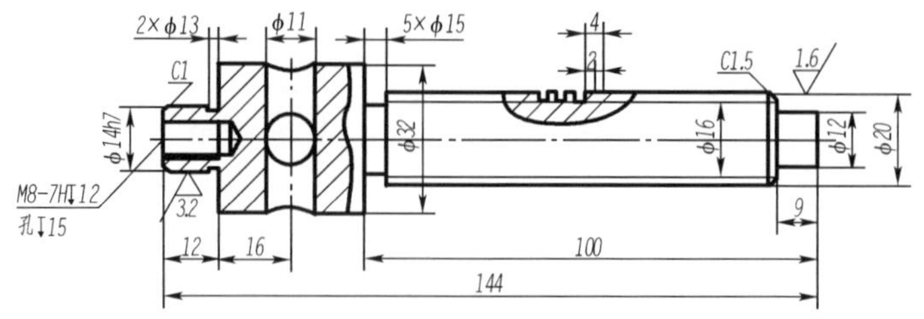

图 6-2　起重螺杆零件图

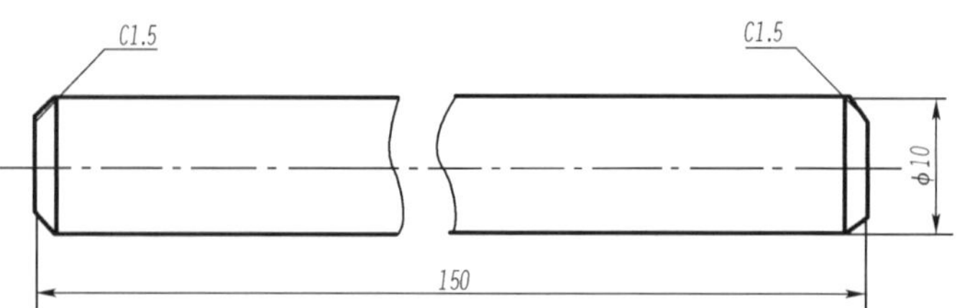

图 6-3　旋转杆零件图

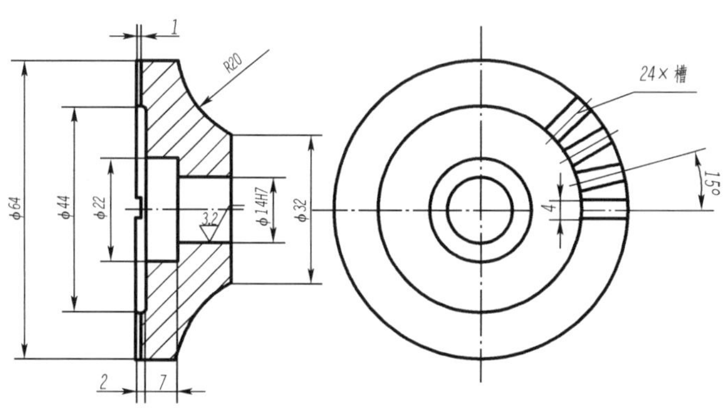

图 6-4　顶盖零件图

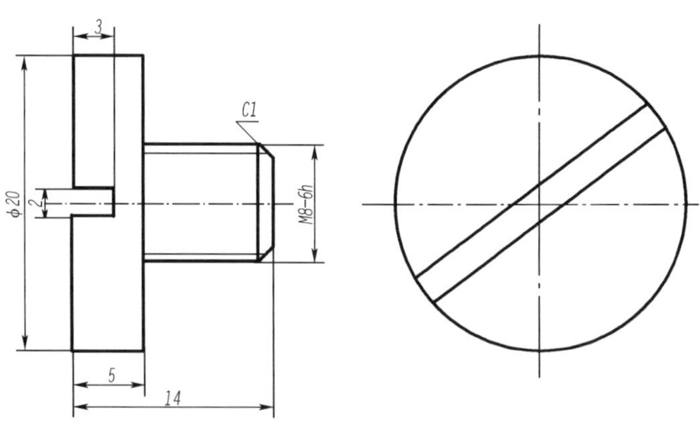

图 6-5　螺钉零件图

步骤二：同理，输入“wblock”命令，依次创建“起重螺杆块（图 6-9）”、“旋转杆块（图 6-10）”、“顶盖块（图 6-11）”和“螺钉块（图 6-12）”。保存路径设定为“项目六\千斤顶装配图\块”。

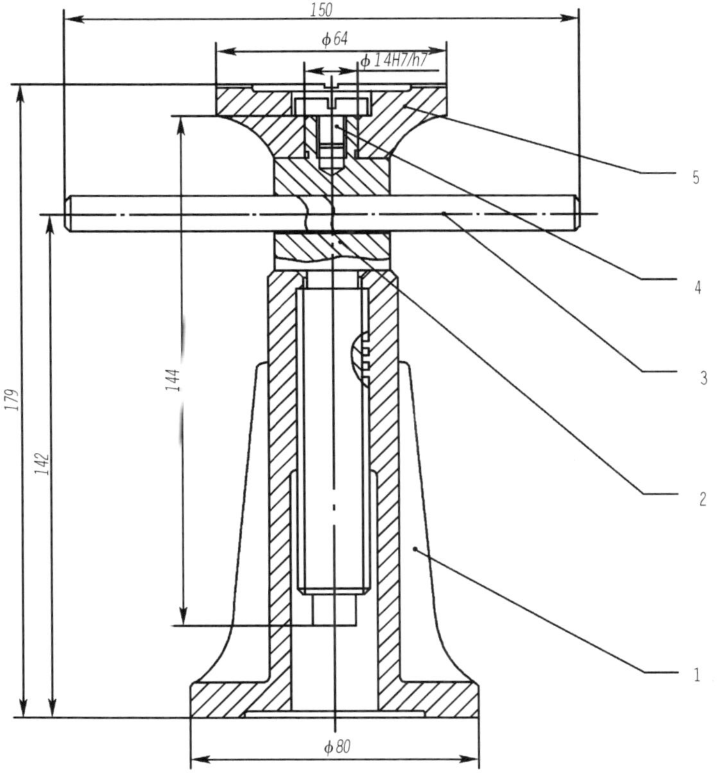

技术要求

1. 最大顶起重量 1.5t；
2. 整机表面涂防锈漆。

5		顶盖	1	45	
4		螺钉	1	45	
3		旋转杆	1	45	
2		起重螺杆	1	45	
1		底座	1	HT 300	
序号	代号	名　称	数量	材料	备注

标记	处数	分区	更改文件号	签名	年、月、日	千斤顶		
设计			标准化			阶段标记	重量	比例
审核								
工艺			批准			共　张　第　张		

图 6-6　千斤顶装配图

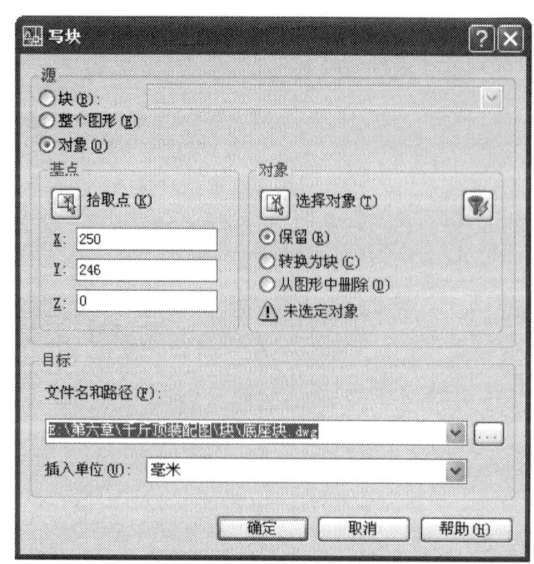

图6-7　创建块的设置

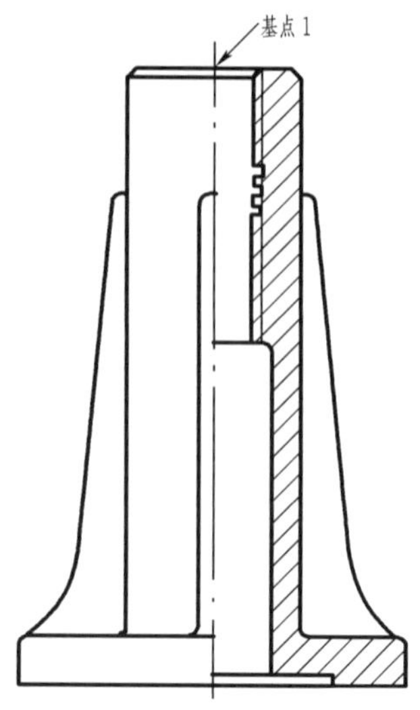

图6-8　底座块

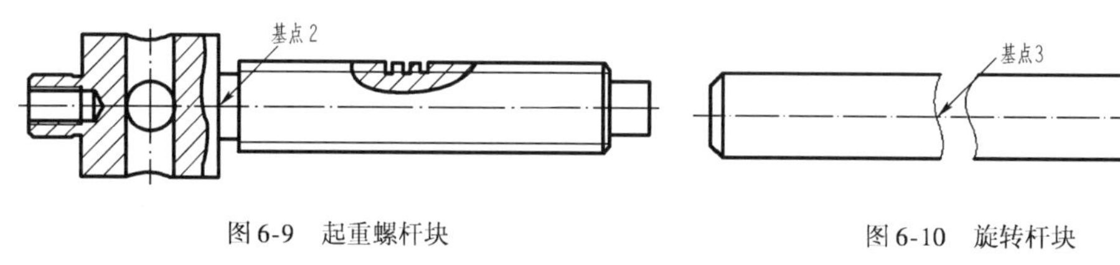

图6-9　起重螺杆块

图6-10　旋转杆块

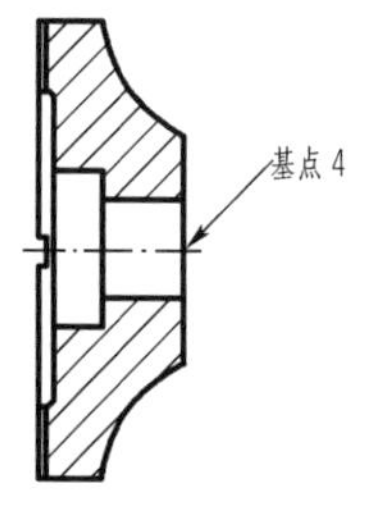

图6-11　顶盖块

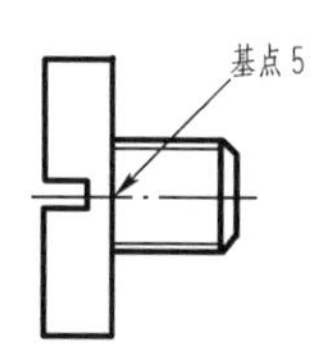

图6-12　螺钉块

小贴士

(1)在使用“设计中心”绘制装配图前,每张零件图的绘图比例一定要相同。

(2)将零件图“写块”前,将尺寸标注所在图层关闭。

二、从设计中心逐一拼入各零件

在创建千斤顶各零件块的基础上,通过设计中心拼入各零件块,实现千斤顶的装配。具体的操作步骤如下:

步骤一:设置绘图环境。调用“项目一”中完成的A3样板图,并将它“另存为”名为“千斤顶装配图.dwg”。

步骤二:先插入“底座块”。单击下拉菜单“工具”→“选项板”→“设计中心”或单击“标准”工具栏中的“设计中心(▦)”按钮,或直接输入“ADCENTER”命令,在打开的“设计中心”对话框中选择“文件夹”选项卡(图6-13),打开文件所在位置,先选择“底座块.dwg”文件,点击鼠标右键弹出快捷菜单,选择“插入为块”命令。打开“插入”对话框(图6-14),在绘图区的合适位置单击鼠标确定底座的插入位置,“比例”为1,“旋转”角度设为0。

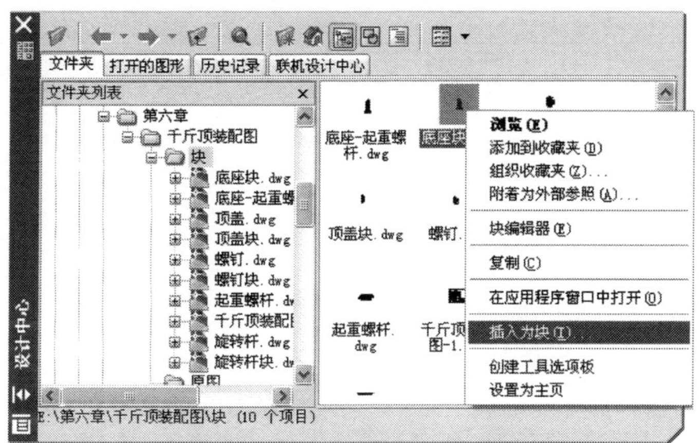

图6-13 从“设计中心”插入底座块

图6-14 “插入”底座块的对话框

步骤三:插入“起重螺杆块”。在“设计中心”的“文件夹”选项卡中选择“起重螺杆块.dwg”文件,“起重螺杆块”的“基点2”与“底座块”的“基点1”重合,设置“比例”为1,“旋转角度”为270°,“起重螺杆块”的插入结果如图6-15所示。

步骤四:用“分解”命令将“底座块”和“起重螺杆块”进行分解。分解后再进行相关线条的修改,主要包括删除底座矩形螺纹的局部剖视图,修改起重螺杆矩形螺纹的局部剖视图[图6-16a)],调整螺纹多余的剖面线,并将底座改为全剖视图。修改后的结果如图6-16b)所示。

步骤五:从设计中心插入“旋转杆块”。在“设计中心”的“文件夹”选项卡中选择“旋转杆块.dwg”文件,“旋转杆块”的“基点3”与图6-17 a)“起重螺杆”的“插入点1”重合,设置“比例”为1,“旋转角度”为0。“旋转杆块”的插入结果如图6-17 b)所示。

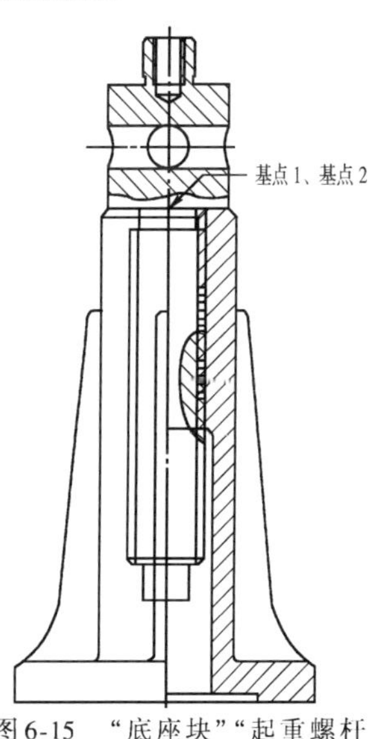

图6-15 “底座块”“起重螺杆块”插入的结果

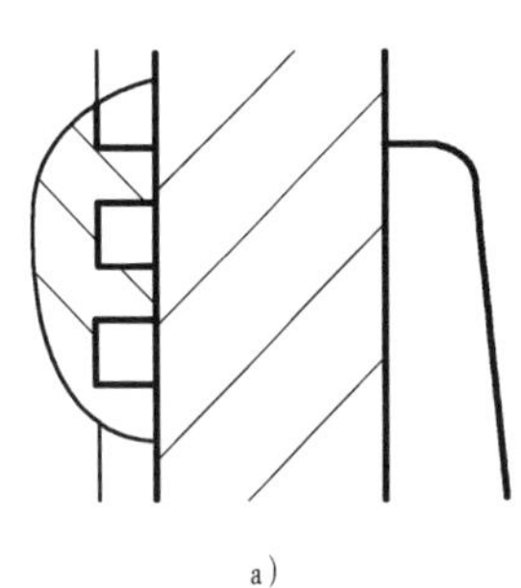
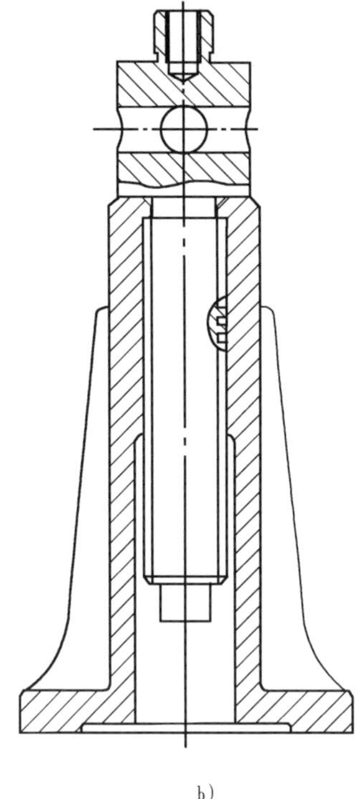
a)　　b)

图 6-16　修改"底座"和"起重螺杆"的线条

a)修改"起重螺杆"矩形螺纹的局部剖视图;b)修改"底座"和"起重螺杆"后的结果

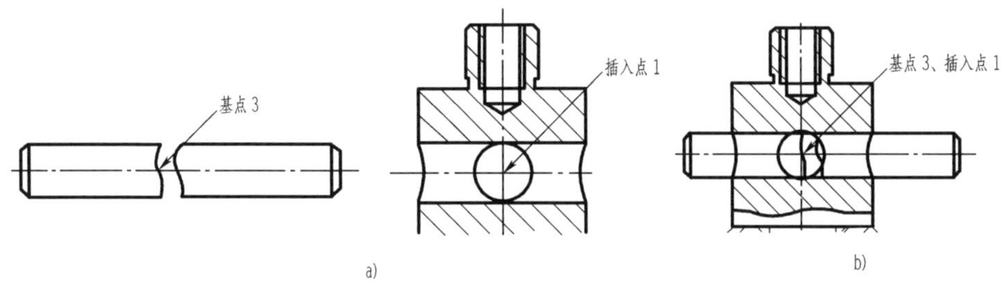

图 6-17　"旋转杆块"插入的结果

a)"旋转杆块"待插入状态;b)"旋转杆块"插入后的结果

步骤六:用"分解"命令将"旋转杆块"分解,再进行图形修整,主要是要删除起重螺杆中被旋转杆遮挡的部分的线条。修改后的结果如图 6-18 所示。

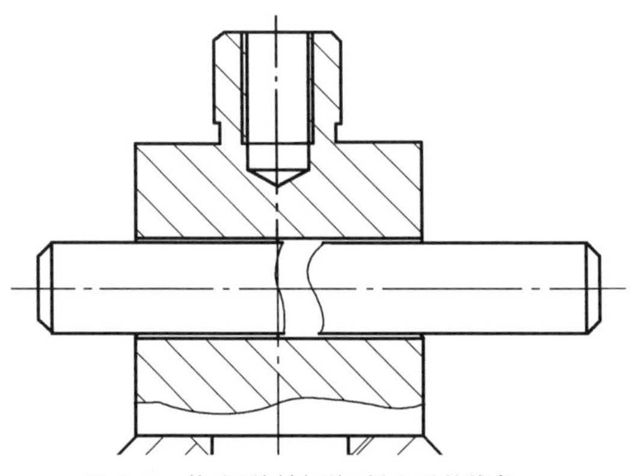

图 6-18　修改"旋转杆块"插入后的线条

步骤七:从设计中心装配"顶盖块"。在"设计中心"的"文件夹"选项卡中选择"顶盖块. dwg"文件,"顶盖块"的"基点 4"与图 6-19a)"起重螺杆"的"插入点 2"重合,设置"比例"为 1,"旋转角度"为 270°,"顶盖块"的装配结果如图6-19b)所示。

步骤八:用"分解"命令将"顶盖块"分解,

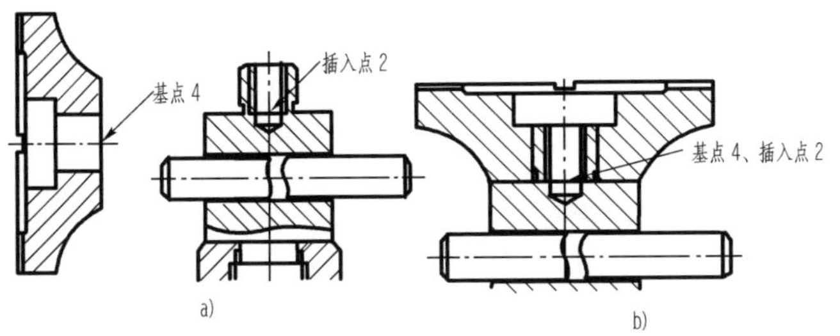

图 6-19 “顶盖块”装配的结果

a)“顶盖块”待装配状态 ;b)“顶盖块”装配后的结果

改变“顶盖”剖面线的角度，以示与“起重螺杆”的区别，修改后的结果如图 6-20 所示。

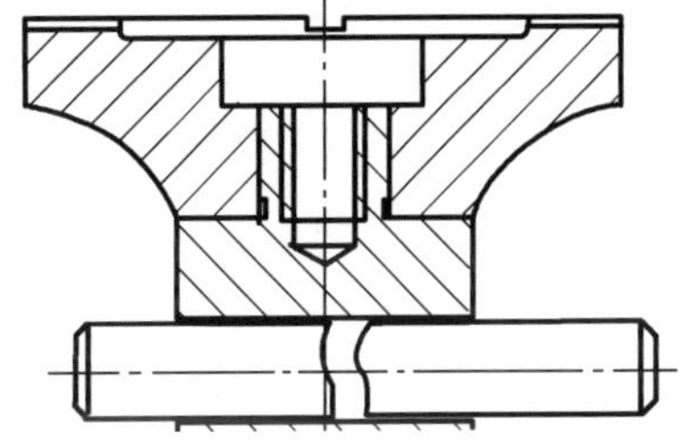

图 6-20 修改“顶盖块”装配后的剖面线

步骤九：从“设计中心”装配“螺钉块”。在“设计中心”的“文件夹”选项卡中选择“螺钉块. dwg”文件，“螺钉块”的“基点 5”与图 6-21a)“顶盖”的“插入点 3”重合，设置“比例”为 1，“旋转角度”为 270°，“螺钉块”的装配结果如图6-21b)所示。

步骤十：用“分解”命令将“螺钉块”分解，注意对内、外螺纹的装配进行修改，修改后的结果如图 6-22 所示。

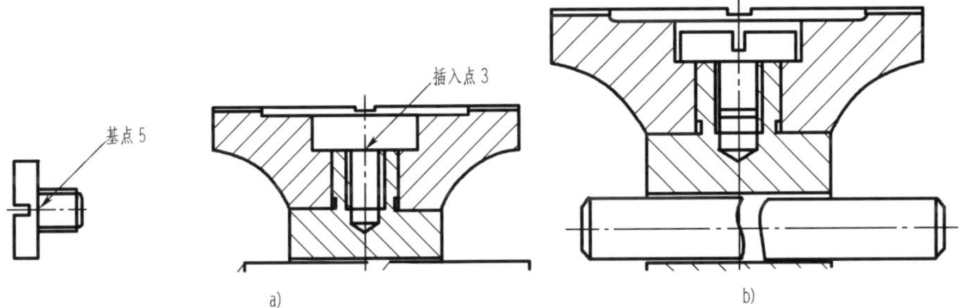

图 6-21 “螺钉块”装配的结果

a)“螺钉块”待装配状态;b)“螺钉块”装配后的结果

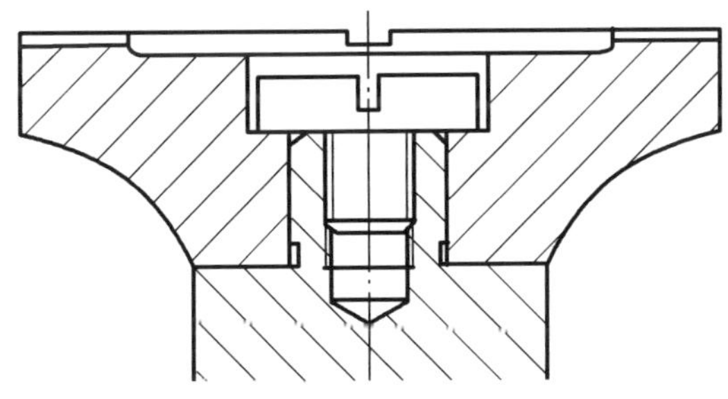

图 6-22 修改“螺钉块”装配后的螺纹线条

小贴士

(1)要使“设计中心”零件块插入成功，应在零件块所在上一级文件夹的位置，并显示零件块缩略图状态时方可完成插入操作(图 6-13)。

(2)每插入一个零件块后，要立即进行编辑和修改。若等零件全部插入后再编辑修改，会因为图线较多使修改困难。

(3)绘制装配图时，先要将各零件间的装配位置(插入点)弄清楚，因此选择正确的基点是关键。

(4)内、外螺纹装配在一起时，应按外螺纹绘制。

修改完成后把装配图缩放到适当大小，最终得到的装配图如图 6-1 所示。

三、AutoCAD 2008 设计中心的操作说明

当用户第一次启动设计中心，会出现在绘图区的左侧(图 6-23)。用鼠标左键拖动图 6-23 中设计中心窗口的标题部位不放，可以将设计中心窗口(图 6-13)调整到屏幕的任意位置，且 AutoCAD 能记忆调整过的设计中心窗口的位置。当再次启动设计中心时，将在最后一次放置设计中心窗口的位置显示。

利用设计中心可以向图形插入图块，总结起来有如下方法：

(1)先选中需要添加的图形文件，用鼠标左键把该图形文件拖到当前图形的绘图区，根据命令行的提示把选择的图形添加到当前图形中。

(2)选中需要添加的图形文件后，点击鼠标右键，弹出如图 6-13 所示的快捷菜单，选择“插入为块”命令，弹出如图 6-14 所示的“插入”对话框，在“插入”对话框把选中的图形插入到当前图形中。

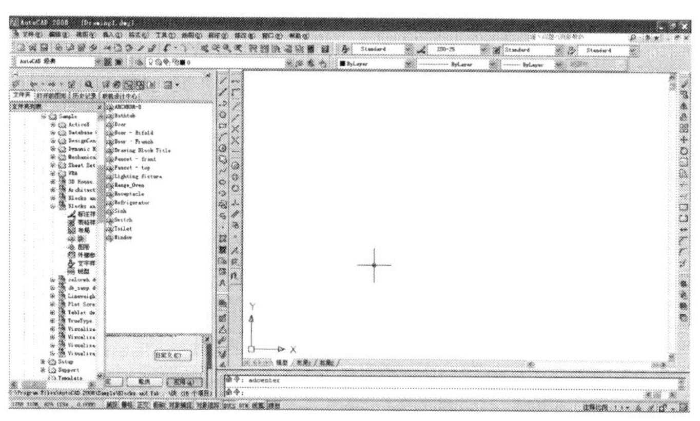

图 6-23　调整“设计中心”窗口的位置

(3)选中需要添加的图形文件后，点击鼠标右键，在图 6-13 所示的快捷菜单中选择“复制”命令，再“粘贴”，根据命令行的提示，把选择的图形添加到当前图形中。

(4)选中需要添加的图形文件后，点击鼠标右键，选择图 6-13 中快捷菜单中的“附着为外部参照”命令，再根据命令行的提示把所选的图形转变成为当前图形的外部参照。

设计中心除了可以向图形插入图块，还可以插入标注样式、文字样式或图层。点击鼠标右键，利用快捷菜单中的“插入”或“复制”命令可以把标注样式、文字样式或图层添加到当前图形中。注意利用“复制”命令后，需要再利用“标准工具栏”中的“粘贴”按钮进行粘贴。

模块二　标注千斤顶装配工程图的尺寸、序号和明细栏

装配工程图完成后，就需要对图形进行尺寸标注。而在装配图中，由于各零件图中已经对各部件的尺寸有详细的标注，因此，在装配图中就无须再标注各零部件的尺寸。根据千斤顶的应用需要，装配工程图主要对千斤顶的总体尺寸、装配尺寸和其他重要尺寸进行标注。

一、千斤顶装配工程图的尺寸标注

1. 标注总体尺寸

总体尺寸主要是指对千斤顶的总长、总宽、总高等尺寸进行标注。具体标注步骤如下：

步骤一：设置“02”图层（白色）为当前图层。选择标注样式“dim1”为当前样式。

步骤二：标注总长、总宽、总高“150”、“Φ64”、“179”、“Φ80”等尺寸。单击“线性”标注按钮，标注结果如图6-24所示。

2. 标注装配尺寸

装配尺寸主要包括主要零件间的相互位置尺寸和配合尺寸。主要零件之间的相互位置尺寸标注步骤如下：

步骤一：标注装配尺寸旋转杆与底座的装配高度“142”、螺钉与起重螺杆的装配高度“144”等尺寸。单击“线性”标注按钮，标注结果如图6-25所示：

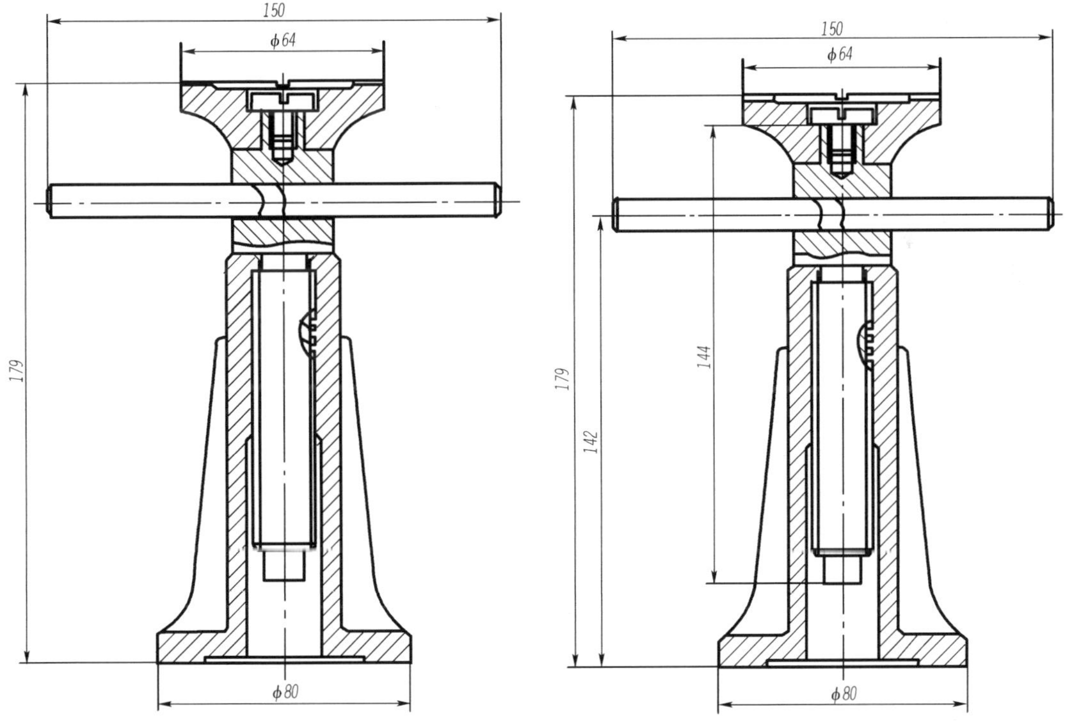

图6-24　标注装配图的总体尺寸　　　　图6-25　标注装配图的装配尺寸

步骤二：标注装配尺寸起重螺杆与顶盖的装配尺寸“Φ14H7/h7”。单击“线性”标注按钮，输入“t”，修改标注的内容为“%%c14H7/h7”，标注结果如图6-26所示：

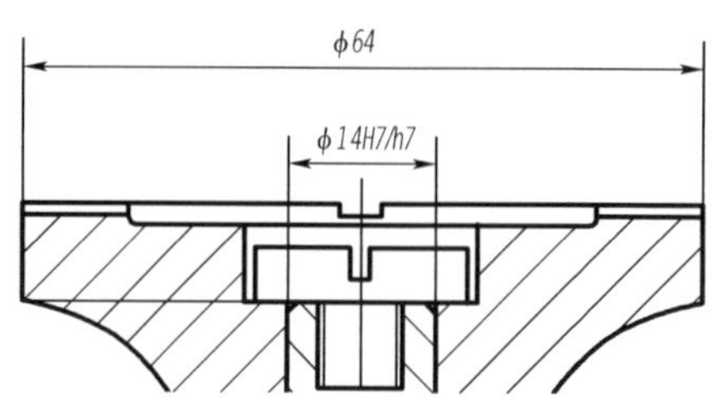

图 6-26　标注带配合代号的装配尺寸

小贴士

两零件间的装配尺寸还可以写成分数形式，例如尺寸“φ14H7/h7”可以写成“φ14 $\frac{H7}{h7}$”，这种分数形式的标注可以先输入“φ14H7^h7”，再在“多行文字编辑器”中将“H7^h7”“堆叠”的方法来完成，具体操作可参见项目四。

二、添加明细栏和技术要求

完成了千斤顶的装配图尺寸标注后，需要对零件编写序号，并书写技术要求。

1. 编写零件序号

对零件添加序号时，需要添加引线。在工具栏的空白处单击鼠标右键，选取需要调出的“多重引线”工具栏，如图 6-27 所示。

调出工具栏后，编写零件序号具体操作步骤如下：

图 6-27　“多重引线”工具栏

步骤一：设置“多重引线样式”。单击“多重线引线样式（ ）”按钮，弹出“多重引线样式管理器”，点击“新建”按钮，输入一新样式名为“qjd”，单击“继续”按钮。弹出“修改多重引线样式”对话框，在“引线格式”选项卡［图 6-28a）］中，“箭头符号”选为“点”类型，“大小”为“1”；在“引线结构”选项卡［图 6-28b）］中，“最大引线点数”为“2”；在“内容”选项卡［图 6-28c）］中，“文字样式”选为“text1”，“文字高度”为“5”。

步骤二：标注“底座”的零件序号。单击“多重引线（ ）”按钮，具体执行过程如下，执行结果如图 6-29 所示：

命令：_mleader　　　　　　　　//标注“底座”的零件序号“1”

指定引线箭头的位置或［引线基线优先（L）/内容优先（C）/选项（O）］〈选项〉：

//鼠标点击底座中适当的位置

指定下一点：〈正交 关〉　　　　　　//鼠标点击下一点，确定引线转折点位置

指定引线基线的位置：〈正交 开〉　　　　　　//用鼠标点击水平位置

覆盖默认文字［是（Y）/否（N）］〈否〉：y

//输入“y”，在弹出的“多行文字编辑器”输入序号“1”

步骤三：同理，可标注千斤顶的“起重螺杆”、“旋转杆”、“顶盖”和“螺钉”的序号。最后执行结果如图 6-30 所示。

a)

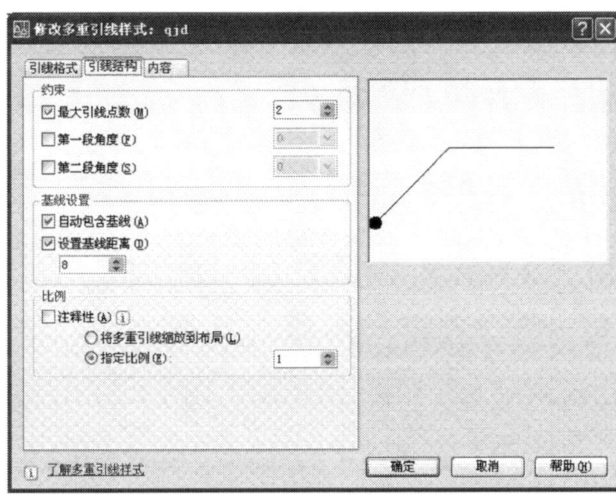

b)

c)

图 6-28 “修改多重引线样式：qjd”对话框的设置

a)“引线格式”选项卡；b)“引线结构”选项卡；c)“内容”选项卡

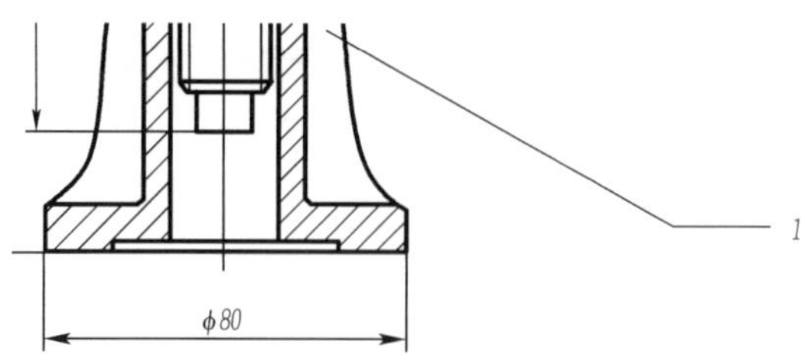

图 6-29 底座序号的“多重引线”标注结果

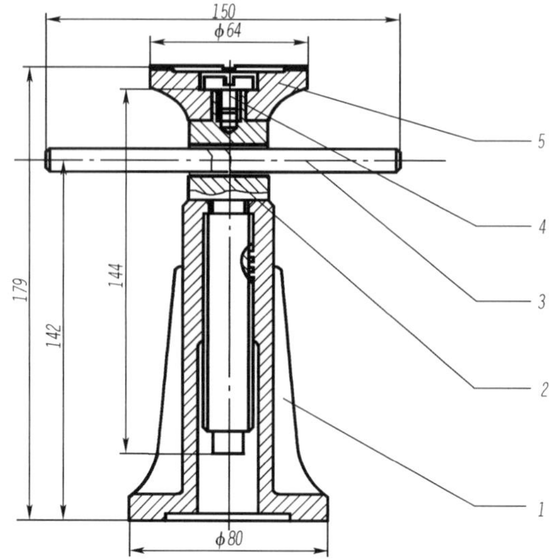

图 6-30 千斤顶装配图零件序号的标注结果

小贴士

(1)装配图的零件序号一般沿水平或垂直方向按逆时针(或顺时针方向)排列(横成一行、纵成一列),各序号的间隔应尽量相等,不能窜号。序号的指引线不得交叉,只能折两次。

(2)装配图序号的字高比尺寸数字大一号,当标注尺寸字高为 3.5mm 时,序号字高为 5mm。

2. 添加明细栏和技术要求

装配图编号标注完成后,最后要添加明细栏和技术要求。明细栏可以用直线、偏移等命令来绘制,明细栏的尺寸如图 6-31 所示,这种方法与“项目一”标题栏的绘制类似。

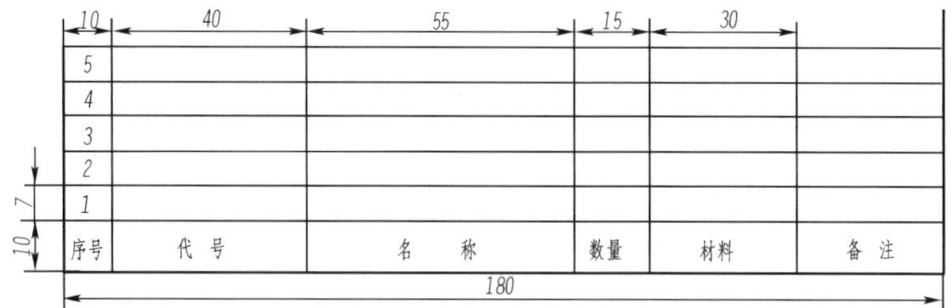

图 6-31 国标规定的装配图明细栏

明细栏也可以用表格方式进行创建,以下将介绍采用表格的方式来创建明细栏,具体操作步骤如下:

步骤一：设置“02”图层（白色）为当前图层。

步骤二：用“多行文字”命令书写技术要求（图 6-1）。

步骤三：先设置明细栏表格的样式。选择下拉菜单“格式”→“表格样式”，弹出“表格样式”对话框（图 6-32），单击“新建”按钮。在“创建新的表格样式”对话框（图 6-33）中，“新样式名”命名为“table1”，单击“继续”按钮。在“新建表格样式：table1”对话框（图 6-34）中，“表格方向”选为“向上”，“基本”选项卡中“对齐”选为“正中”，“文字样式”选为“text1”，“文字高度”为“5”。完成表格样式的设置后，最后将“table1”样式“置为当前”。

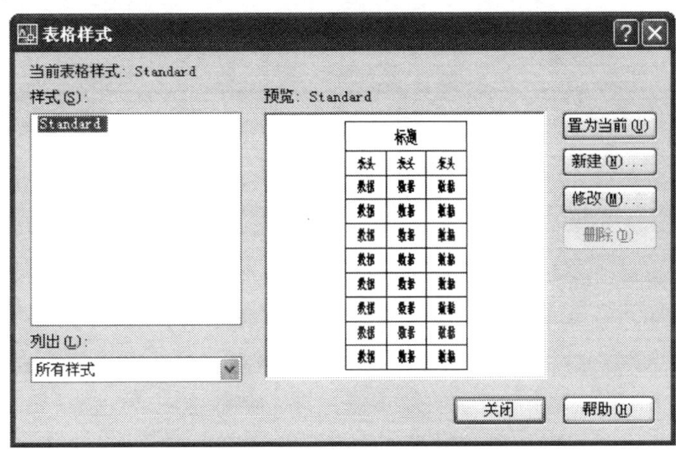

图 6-32 “表格样式”对话框

图 6-33 “创建新的表格样式”对话框

图 6-34 “新建表格样式：table1”对话框的设置

步骤四：绘制明细栏表格。选择下拉菜单“绘图”→“表格”或单击“绘图”工具栏中“表格（ ）”按钮，弹出“插入表格”对话框（图 6-35）中，“表格样式”选为“table1”，“列”为“6”，“列宽”为“30”，“数据行”为“4”，“行高”为“1”，“第一行单元样式”为“表头”，“第二行单元样式”和“所有其他单元格式”均为“数据”。

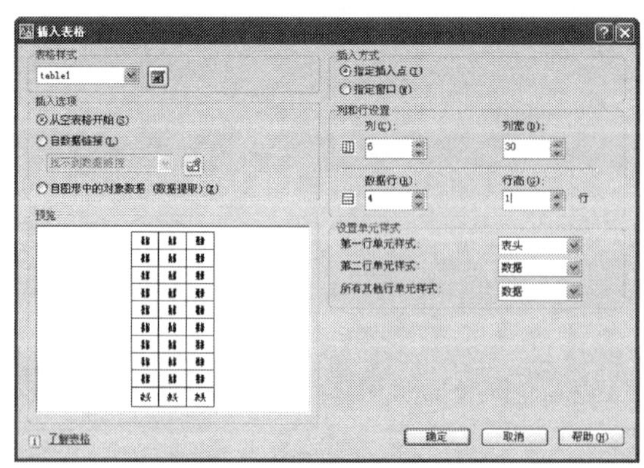

图 6-35 “插入表格”对话框

说明

“插入表格”对话框的设置中,明细栏的列数为 6 列,而总长为 180mm,因此每列的列宽为 180/6 = 30mm,列宽还需要根据明细栏的尺寸进一步修改;由于千斤顶装配图有 5 个零件组成,加上表头需要 1 行,因此千斤顶明细栏的表格共需 6 行。而除去系统自带的两行外,数据行只需 4 行。

步骤五:插入明细栏表格。结合对象捕捉的“端点”,将明细栏表格插入到标题栏的上方,插入结果如图 6-36 所示。

步骤六:根据图 6-31 的尺寸编辑明细栏表格。单击明细栏表格,根据明细栏的尺寸,利用夹点操作修改表格的尺寸;再双击格子,在弹出的“多行文字编辑器”中输入文字内容,字高为“5”。编辑修改的结果如图 6-37 所示。

标记	处数	分区	更改文件号	签名	年、月、日				
设计			标准化			阶段标记	重量	比例	
审核									
工艺			批准			共 张 第 张			

图 6-36 插入明细栏表格的效果

5		顶盖	1	45	
4		螺钉	1	45	
3		旋转杆	1	45	
2		起重螺杆	1	45	
1		底座	1	HT300	
序号	代号	名　称	数量	材 料	备注

图 6-37 编辑并填写明细栏内容

小贴士

表格插入后有三种编辑状态:单击左键出现的是蓝色夹点状态,可更改表格的行高和列宽;当夹点出现后,再单击,会弹出“表格”工具栏(图 6-38),也可以对表格的大小及对齐方式等进行编辑;双击某一格,弹出“多行文字编辑器”,可以输入或修改表格的文字内容。

图 6-38 “表格”工具栏

练 习 题

打开机械标准 A3 样板图，根据千斤顶的装配示意图（图 6-39）和零件图［图 6-40 a）、b）、c）、d）］拼装千斤顶的装配图，并保存文件名为“6-1－千斤顶装配图.dwg”。

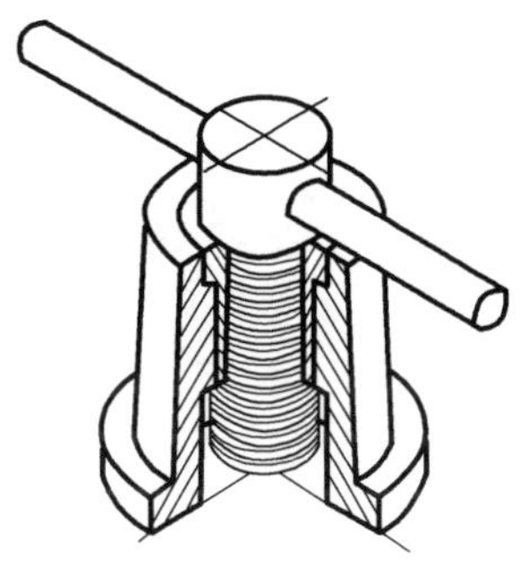

图 6-39 千斤顶的装配示意图

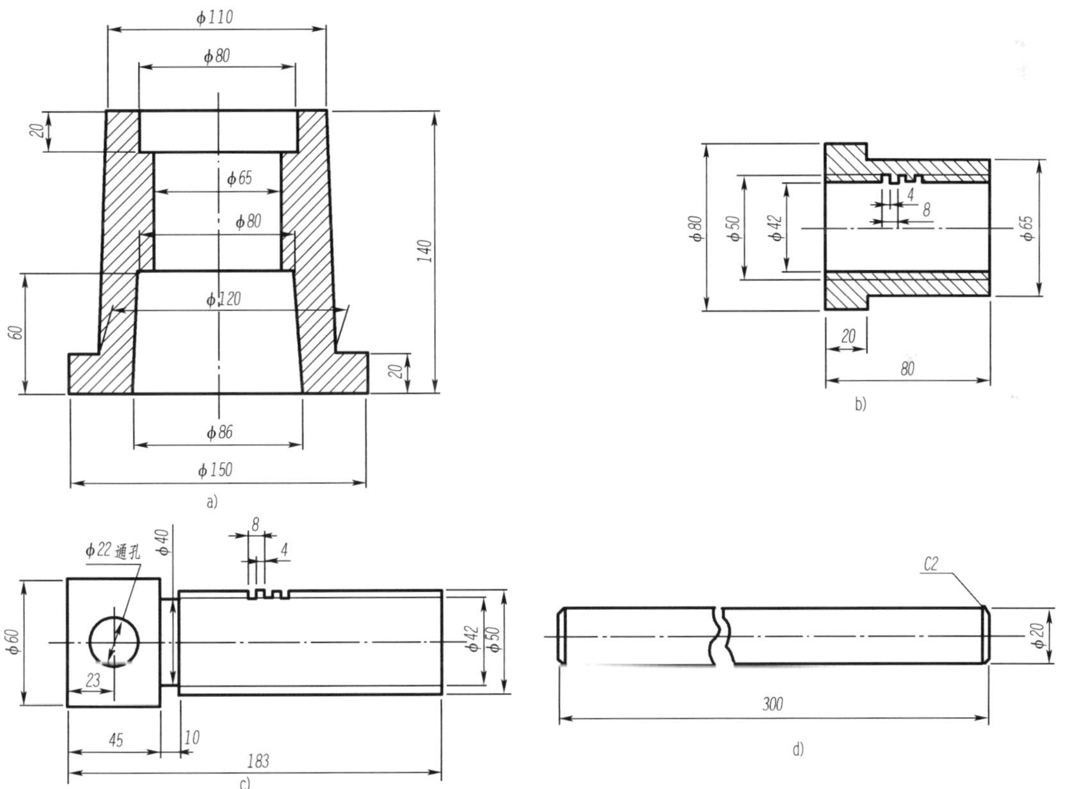

图 6-40 千斤顶的零件图

a）底座零件图；b）螺套零件图；c）螺旋杆零件图；d）绞杠零件图

项目七　绘制、标注建筑施工图

学习目标

1. 学习设置多线样式的设定，多线的绘制；

2. 巩固加强平面绘图、编辑和尺寸标注；

3. 学习建筑平面图、建筑立面图、建筑剖面图和建筑详图绘制及标注的一般方法。

建筑图样绘制的一般方法与机械图样有许多相同的规律，即先整体后局部，先大体后细部的绘图步骤。也是先对绘图环境进行设置，然后确定定位轴网，再绘制墙体、门窗、阳台、楼梯等，最后进行尺寸标注并输入必要的说明文字。建筑施工图主要包括建筑总平面图、建筑平面图、建筑立面图、建筑剖面图和建筑详图等，本项目主要介绍它们的绘制。

建筑图样的绘图环境设置与项目一的模块二机械图样的设置基本相似，不同点主要有：

(1)图层的名称、颜色、线型、线宽和用途不同，具体规定见表1-2。

(2)由于建筑图样相比机械图样较大，绘图时常常会采用一些缩小的比例。例如，采用1:100比例在A3图幅中绘制建筑施工图时，先按普通的A3图纸绘制边框，再从下拉菜单“修改”→“缩放”命令，把A3图幅放大100倍，此时图幅的外框规格为42 000mm×29 700mm。“线型管理器”(图1-8)中“全局比例因子”的值也要做相应地修改，根据经验改为“35”比较合适。

(3)建筑图样“标注样式”的设置中，“线”选项卡中的“起点偏移量”改为“2”(图1-14)；“符号和箭头”选项卡中“箭头”类型选用“建筑标记”，“箭头大小”改为“1.5”(图1-15)。当图样整体比例为1:100时，相应录入的文字也应放大100倍，具体操作就是将图1-21中“标注样式”的“调整”选项卡中“使用全局比例”设定为“100”。

下面先以图7-1为例介绍使用AutoCAD软件绘制建筑施工图的方法。

南立面图1：100
西立面图1：100
平面图1：100
3.600
3.000
0.900
−0.020
−0.300
3.200
房
厅
厨
厕
±0.000
C1
C2
C3
C4
M1
M2
M3
R1800
12540
9960
5
1：20
说明：
1.屋面板厚100mm;
2.屋面板飘出外墙300mm;
3.墙厚均为240mm。

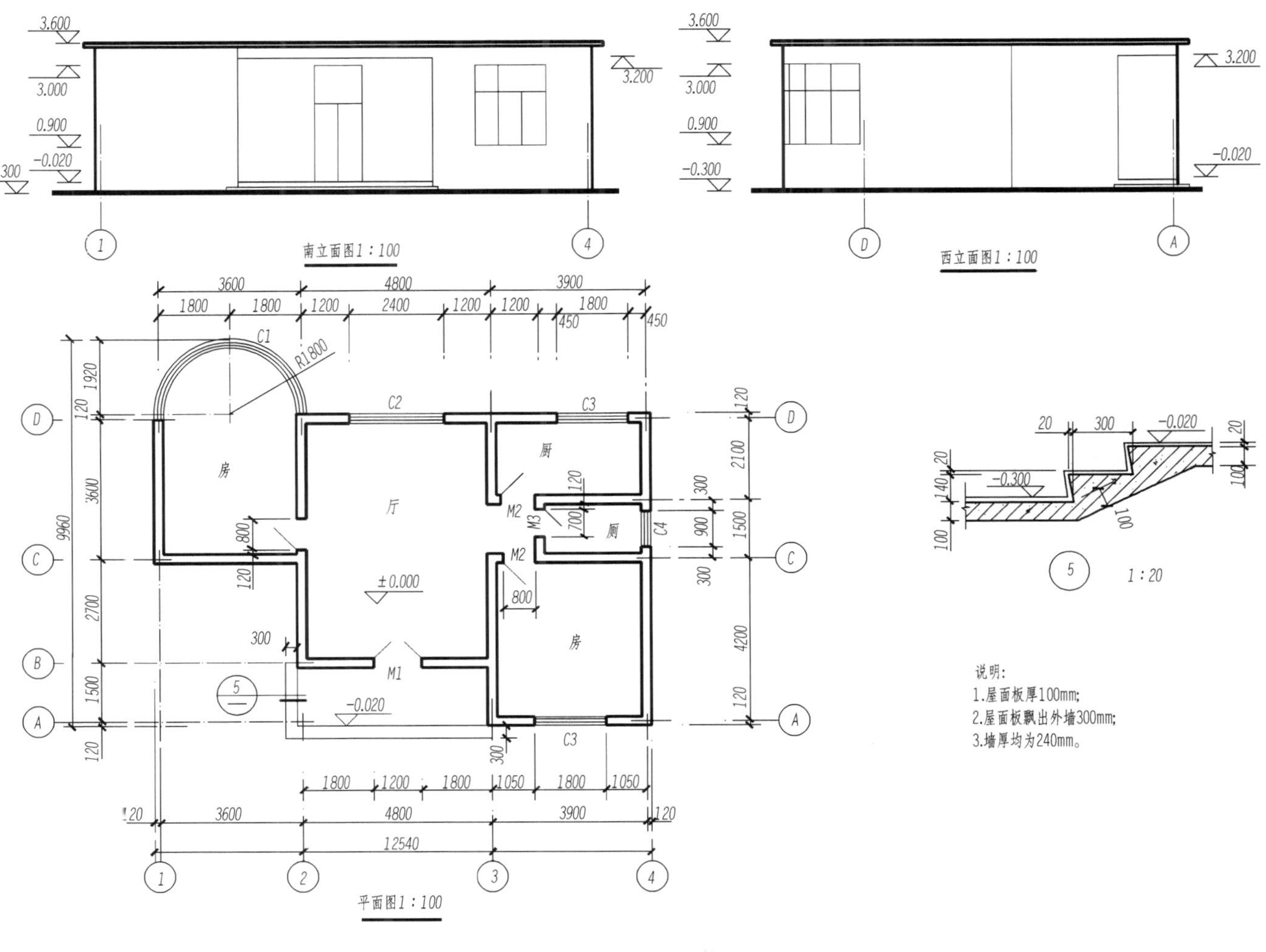

图 7-1　建筑施工图

模块一　绘制、标注建筑平面图

假想用一个水平的剖切平面沿门窗洞的位置将房屋剖开，移去上面部分，向水平投影面作正投影所得的水平剖面图称为建筑平面图。建筑平面图反映了建筑物的平面形状和平面布置，包括墙体、柱、门、窗等。

本模块中首先介绍图 7-1 中的建筑平面图的绘制及尺寸标注。先绘制定位轴网，墙体用粗实线（0 图层，白色）、窗体和家具、设备用细实线（01 图层，红色）、门线用中实线（02 图层，青色）绘制，尺寸标注及文字全部用细实线（01 图层，红色）绘制。

一、绘制建筑平面图

1. 绘制定位轴网

平面图的绘制一般先绘制定位轴网，建筑施工是以轴线为基准定位的，它决定了建筑的承重体系，一般是按柱网或主要墙体为基准进行布置的。具体的绘图步骤如下：

步骤一：设置绘图环境。调用本项目开头提到的、放大了 100 倍的 A3 样板图。

步骤二：设置“03”图层（绿色）为当前图层，打开“正交”、“对象”“对象追踪”辅助工具。

步骤三：绘制定位轴“1”和定位轴“A”。执行结果如图 7-2 所示。

步骤四：按照图 7-3 中的尺寸，平移定位轴“1”，距离分别为“3600”、“4800”、“3900”，得到定位轴“2”、“3”、“4”；平移定位轴“A”，距离分别为“1500”、“2700”、“3600”，得到定位轴“B”、“C”、“D”、“E”。执行结果如图 7-4 所示。

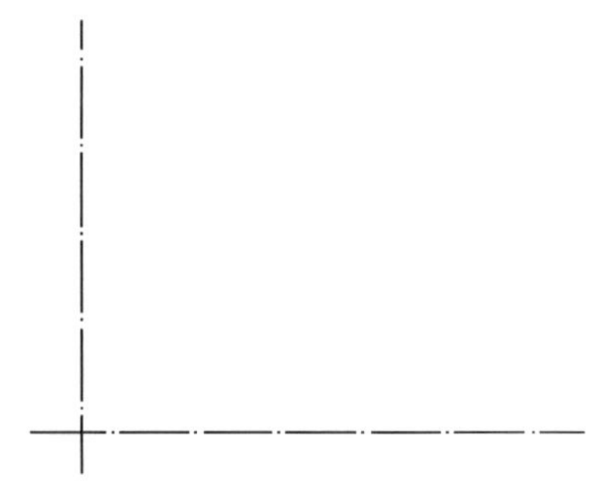
图 7-2　定位轴“1”和定位轴“A”

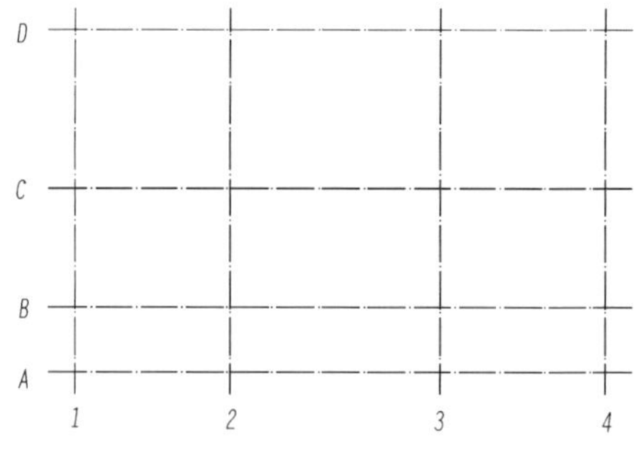

图 7-3　建筑平面图的定位轴网

2. 绘制墙体

参看图 7-1 中的“说明”可知，墙体厚度均匀，采用多线绘制比较方便。具体步骤如下：

步骤一：设置多线的样式。单击下拉菜单“格式”→“多线样式”，打开“多线样式”对话框（图 7-4），单击“新建”按钮，弹出“创建新的多线样式”对话框（图 7-5），新样式名为“WALL”，单击“继续”按钮，弹出“新建多线样式：WALL”对话框（图 7-6），单击选中要修改的图元，将偏移量分别改为“120”和“ −120”，并勾选“起点”和“端点”为“直线”封口，单击“确定”完成。

步骤二：设置“0”图层（白色）为当前图层。绘制外围墙体。单击下拉菜单“绘图”→“多线”，命令执行情况如下，绘制结果如图 7-7 所示：

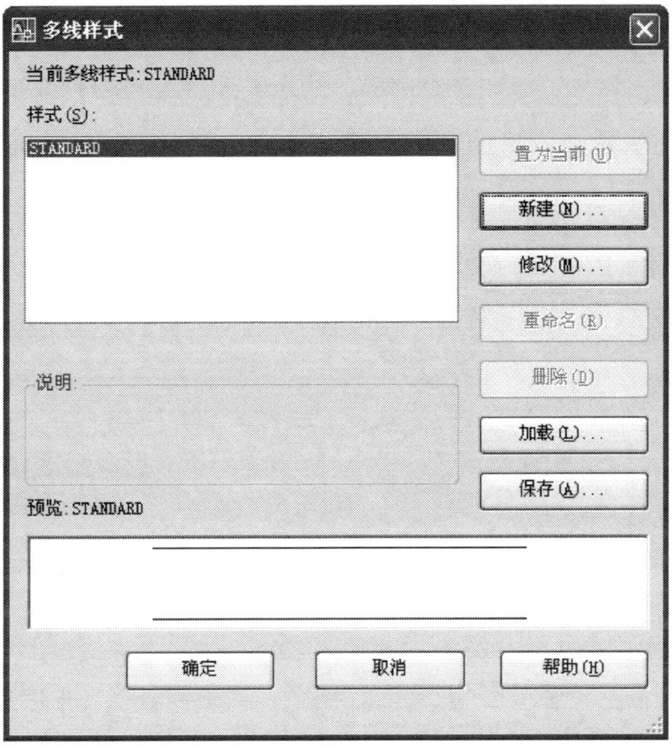

图 7-4 “多线样式”对话框

图 7-5 “创建新的多线样式”对话框

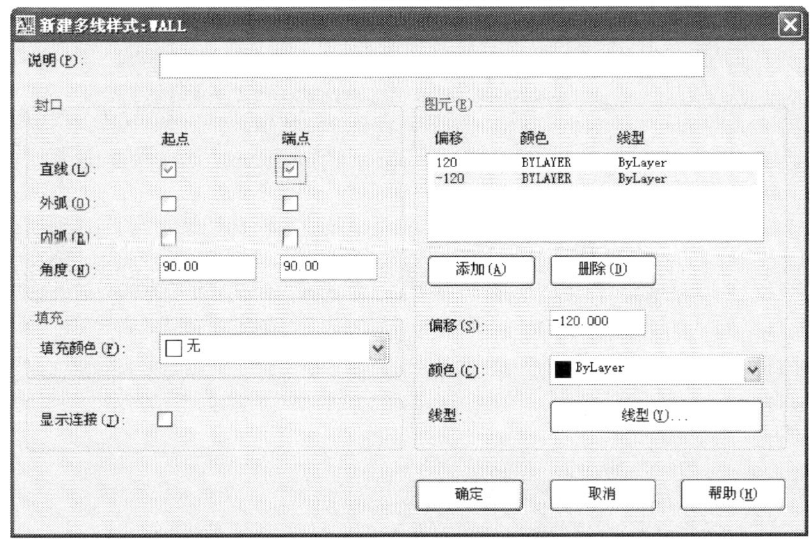

图 7-6 “新建多线样式:WALL”对话框

命令: _mline

当前设置:对正 = 无,比例 = 20.00,样式 = STANDARD

指定起点或[对正(J)/比例(S)/样式(ST)]:ST //输入“ST”,修改样式为“WALL”

输入多线样式名或[?]:WALL

当前设置:对正 = 无,比例 = 20.00,样式 = WALL

指定起点或[对正(J)/比例(S)/样式(ST)]:S //输入“S”,修改比例为“1”

输入多线比例〈20.00〉:1

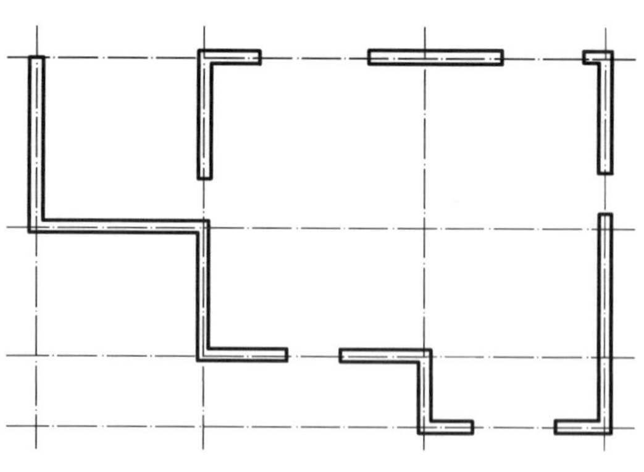

图 7-7 外围墙体的绘制效果

当前设置:对正 = 无,比例 = 1.00,样式 = WALL

指定起点或[对正(J)/比例(S)/样式(ST)]: J //输入“J”,修改对中为“无”

输入对正类型[上(T)/无(Z)/下(B)]〈无〉: Z

当前设置:对正 = 无,比例 = 1.00,样式 = WALL

指定起点或[对正(J)/比例(S)/样式(ST)]:

//点选定位轴 D 和定位轴 1 的交点为起点

指定下一点: 3600

指定下一点或[放弃(U)]: 3600

指定下一点或[闭合(C)/放弃(U)]: 2700

指定下一点或[闭合(C)/放弃(U)]: 1800

……

步骤三:同理,依据尺寸用“多线”绘制内部墙体,绘制结果如图 7-8 所示:

步骤四:用“分解”命令将外围墙体、内部墙体进行分解。

步骤五:用“修剪”命令将内、外墙体重叠部分修剪为如图 7-9 所示的效果。

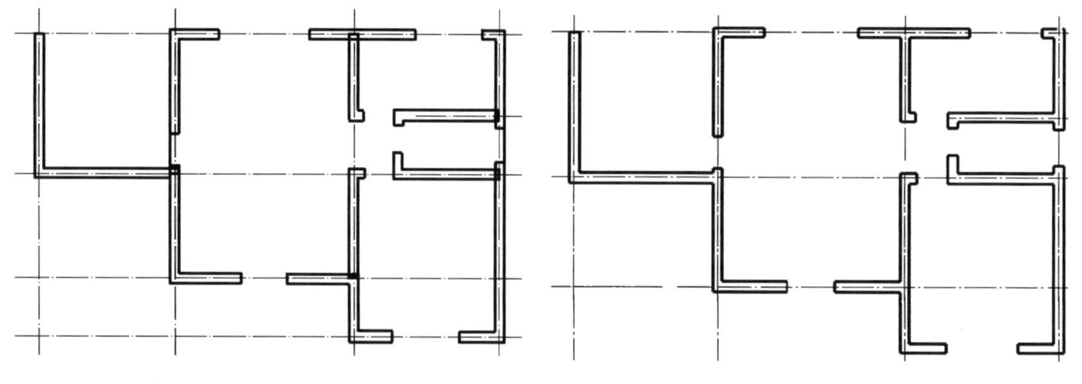

图 7-8 内部墙体的绘制效果

图 7-9 内、外墙的分解、修剪效果

小贴士

(1)墙体绘制的起点应选择标有尺寸的一端,如定位轴的交点,并结合“正交模式 + 给定线长 + 对象追踪”绘制,注意留出窗洞位置。

(2)有的外围墙体虽然是在同一直线方向(水平或垂直),也要分几段来画。这样内部墙体的分隔位置更容易确定,只要捕捉各分段的端点即可。例如上文中厕所与厨房的外墙就应分“300”和“2100”两段,而不是直接绘制长“2400”的一段垂直线。

(3)建筑平面图的尺寸标注有的是以墙中定位(中心线与轴线重合),有的是以墙外定位(墙外边线与轴线重合),图 7-1 是墙中定位的,绘制时应特别注意。

3.绘制窗体

窗体也采用多线绘制,方法与墙体类似。只是在多线设置上稍有不同:

(1)窗体应在“01”图层(红色)中绘制;

(2)新建多线的样式名为“WIN”,在“新建多线样式:WIN”对话框中“添加”两个直线图元,将偏移量分别为“40”和“-40”,不选“起点”和“端点”封口,窗体的设置情况如图 7-10 所示,窗体的绘制效果如图 7-11 所示(为显示清晰,暂时关闭定位轴网图层)。

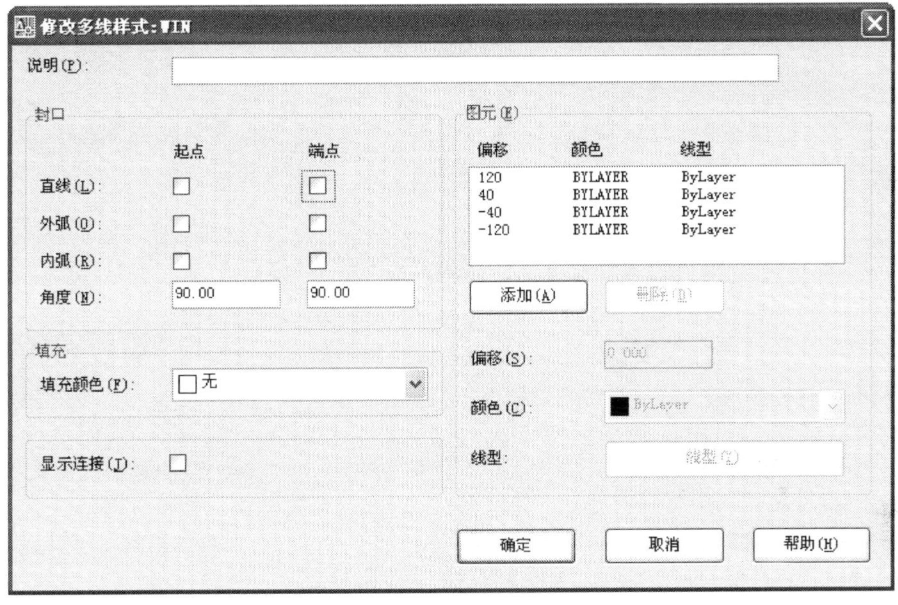

图 7-10　窗体的多线设置

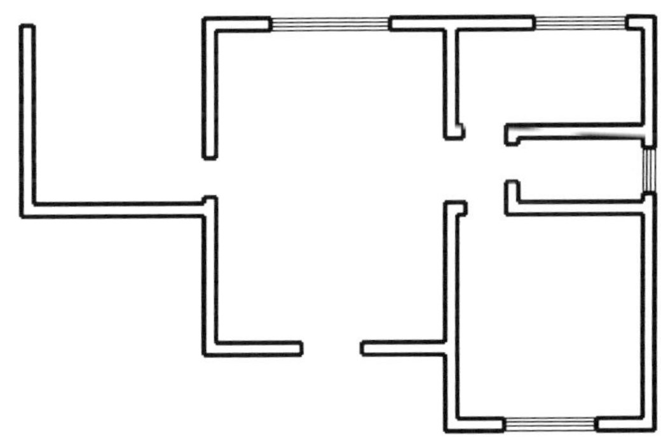

图 7-11　窗体的绘制效果

小贴士

建筑平面图的窗体是由四条线的多线构成，这四条线之间的距离相等。如上例中墙体厚度为240，偏移就分别为“120”、“40”、“－40”、“－120”。

4. 绘制门线、弧形窗和台阶

门线在“02”图层（青色，中实线）中绘制，采用相对极坐标方式（表1-3），极轴角为45°的斜线、长度等于图样中标注的门洞宽度，双开门的宽度等于门总宽度的一半，门线绘制效果如图7-12所示。

弧形窗在“01”图层（红色，细实线）中绘制，它是由四个半圆组成，图7-1标注的“R1800”是指弧形窗中间定位轴线的半径而不是图中任一半圆中的半径。因此，经计算，最大圆的半径应在此基础上增加墙体厚度的一半，为“R1920”，其余三个圆的半径应分别为“R1840”、“R1760”和“1680”。弧形窗的圆心在与“定位轴D”距离为“120”的一条定位轴上。最后修剪完成绘制，具体的绘制效果及尺寸如图7-13所示。

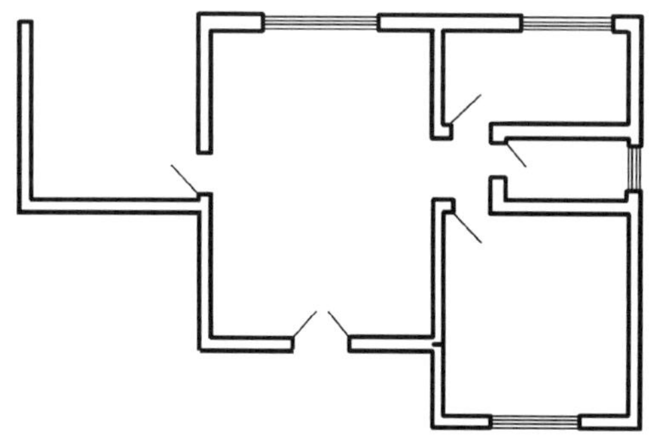

图7-12　门线的绘制效果

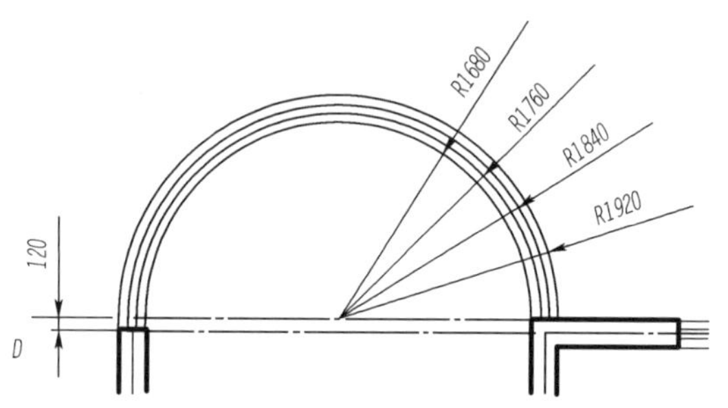

图7-13　弧形窗的绘制效果

台阶应在“01”图层（红色），用“直线”命令绘制，注意图7-1台阶的标注宽度为300mm。

5. 布置家具和设备

一般平面图中还需要布置一些常用家具（如沙发、茶几、床、衣柜、植物等）和设备（如炉具、坐便器、电视、冰箱等），这些图形可以有三种方式来插入：一是由“设计中心”调用标准图块插入；二是由“工具选项板”调用标准图块插入；三是事先绘制好这些常用图形，创建为图块并保存到专门的目录下，以备调用。

（1）由“设计中心”调用的具体步骤如下：

步骤一：设置“01”图层（红色）为当前图层。

步骤二：单击下拉菜单“工具”→“选项板”→“设计中心”，打开“设计中心”选项卡如图7-14所示，拖动其中的“Home-Space Planner. dwg”或“Kitchens. dwg”文件到空白绘图区。

步骤三：再用“分解”命令将插入的文件分解，选择适当的家具或设备，以适当比例拖入建筑平面图中，如图7-15所示。

（2）在下拉菜单“工具”→“选项板”→“工具选项板”的“建筑”选项卡中也有一些图块可以选用。

（3）若以上两种方式均不能满足需要，可以重新绘制图块，单独保存，以备调用，如图7-16即为这种方法布置的主卧室。

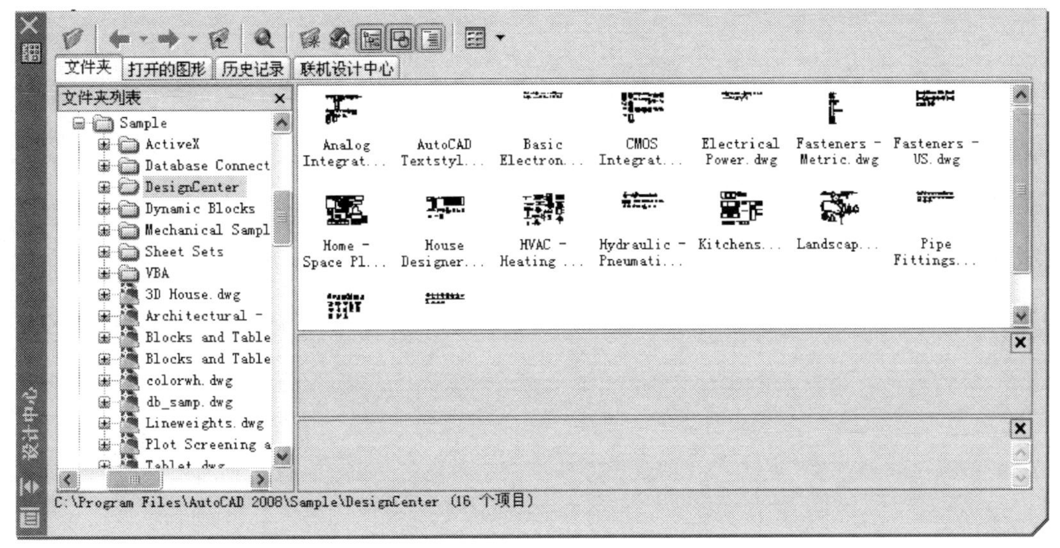

图 7-14 “设计中心”选项卡

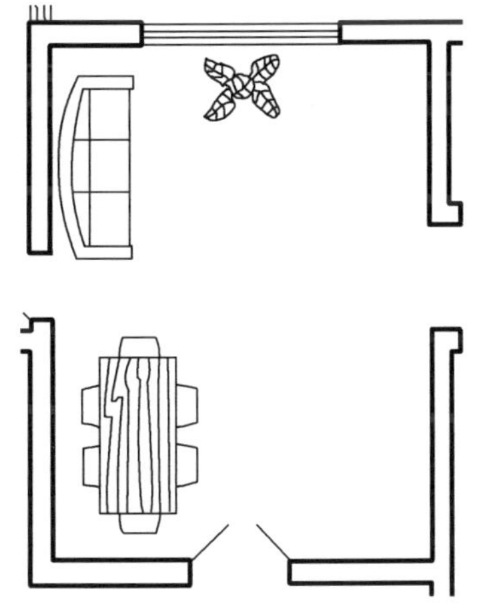

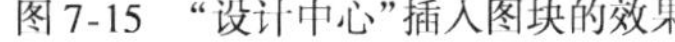

图 7-15 “设计中心”插入图块的效果

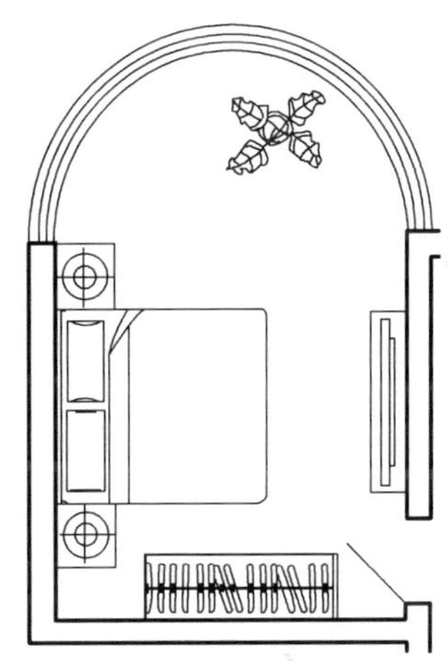

图 7-16 主卧室的家具布置效果

二、标注平面图

平面图中大部分尺寸都是线性尺寸，因此标注较为简单。根据前文所述的建筑图样“标注样式”的设置，用“线性标注”、“连续标注”和“基线标注”命令即可完成。以图 7-1 平面图尺寸标注为例：

步骤一：设置“01”图层（红色）为当前图层，采用“建筑标记”的标注样式“dim1”为当前样式。

步骤二：单击下拉菜单“标注”→“线性”或“标注”工具栏中的“线性( )”，再单击下拉菜单“标注”→“连续”或“标注”工具栏中的“连续( )”，最后单击下拉菜单“标注”→“基线”或“标注”工具栏中的“基线( )”，具体执行过程如下，标注效果如图 7-17 所示。

命令：_dimlinear //线性标注尺寸“120”

指定第一条尺寸界线原点或〈选择对象〉：

指定第二条尺寸界线原点：

指定尺寸线位置或[多行文字(M)/文字(T)/角度(A)/水平(H)/垂直(V)/旋转(R)]：

标注文字 = 120

＊＊拉伸＊＊　　//夹点操作调整尺寸数字"120"的位置

指定拉伸点或[基点(B)/复制(C)/放弃(U)/退出(X)]:

命令:_dimcontinue

//连续标注尺寸"1500"、"2700"、"3600"、"120"、"1920"

指定第二条尺寸界线原点或[放弃(U)/选择(S)]〈选择〉:

标注文字 = 1500

指定第二条尺寸界线原点或[放弃(U)/选择(S)]〈选择〉:

标注文字 = 2700

指定第二条尺寸界线原点或[放弃(U)/选择(S)]〈选择〉:

标注文字 = 3600

指定第二条尺寸界线原点或[放弃(U)/选择(S)]〈选择〉:

标注文字 = 120

指定第二条尺寸界线原点或[放弃(U)/选择(S)]〈选择〉:

标注文字 = 1920

图 7-17　线性、连续、基线标注的效果

命令:_dimbaseline　　//"基线"标注尺寸"9660"

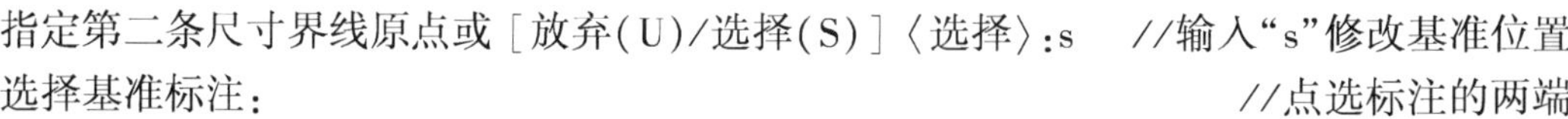

指定第二条尺寸界线原点或[放弃(U)/选择(S)]〈选择〉:s　　//输入"s"修改基准位置

选择基准标注:　　//点选标注的两端

指定第二条尺寸界线原点或[放弃(U)/选择(S)]〈选择〉:

标注文字 = 9960

＊＊拉伸＊＊　　//夹点操作调整尺寸数字"9660"的位置

指定拉伸点或[基点(B)/复制(C)/放弃(U)/退出(X)]:

步骤三:采用"实心闭合"类型箭头的标注样式"dim2"为当前样式,标注阳台半径"R1800",建筑平面图尺寸标注效果如图 7-18 所示。

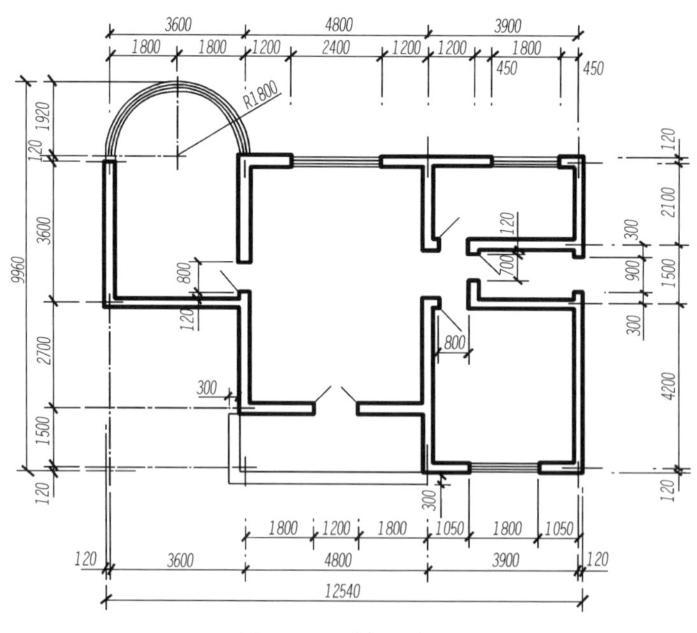

图 7-18　尺寸标注效果

小贴士

(1)标注弧形窗“R1800”时，需要先绘制一个半径为1800的辅助圆，待标注完成后再将其删除。

(2)建筑平面图中的高程符号较少，可以与下面项目模块中立面图或剖面图的高程一同标注。

以上平面图中还有大量的文字需要注写，可以用“单行文字”或“多行文字”命令录入，并进行适当的旋转、复制、编辑等操作。如“厅”、“房”、“厨”、“厕”、表示门窗的“M1、C1”、“1:100”等字样高度为350mm，图下方“平面图”字样的字高为700mm[如图7-19a]；标注定位轴线编号圆的直径为800mm，字高为500mm[如图7-19b)]。

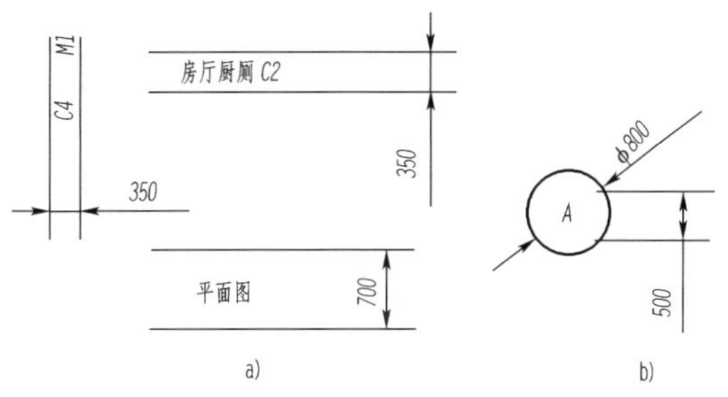

图7-19 录入文字的高度

a)图中一般文字高度；b)定位轴线编号圆的尺寸

完成的平面图标注效果如图7-20所示。

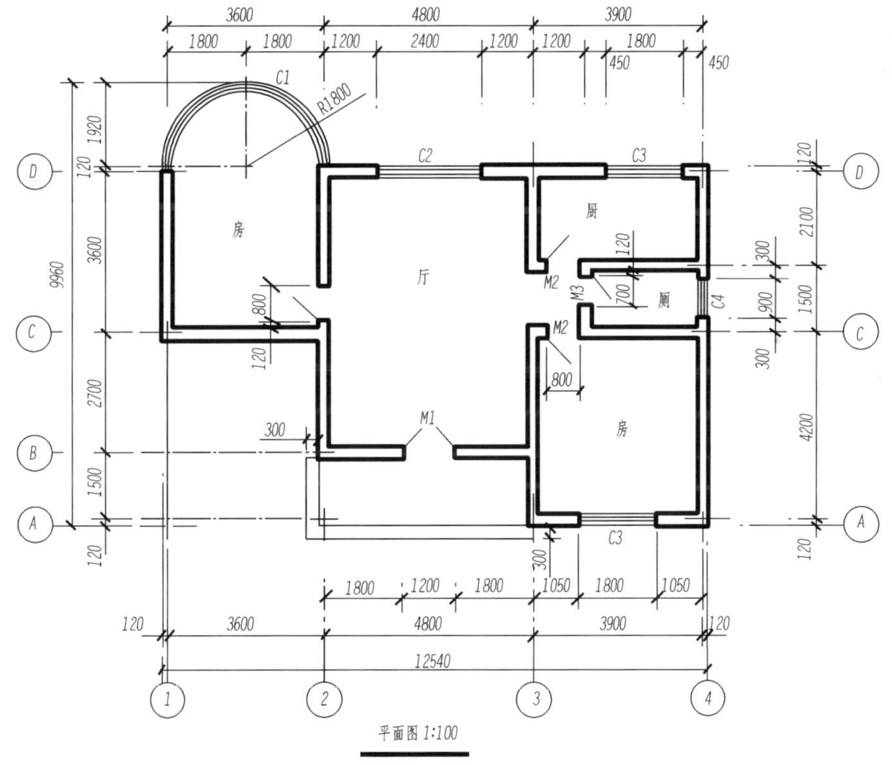

图7-20 平面图的绘制效果

模块二 绘制、标注建筑立面图

建筑立面图是建筑物的正投影图，一般建筑的主要入口或能比较显著地反映出建筑物外貌特征的那一面为正立面图,其余的为背立面图、左侧立面图或右侧立面图,也可以根据建筑的朝向来命名(图7-1),如南立面图、北立面图、东立面图或西立面图。

立面图中,一般只绘制两端的定位轴线及编号,以便与建筑平面图对应。建筑立面的最外轮廓线用粗实线(0图层,白色)绘制,室外地坪线用加粗线(粗实线的1.4倍)绘制,门窗、阳台、台阶、窗台、檐口等用中实线(02图层,青色)绘制,门窗分隔线、局部尺寸、高程用细实线(01图层,红色)绘制。本模块以图7-1中的南立面图和西立面图为例介绍立面图的绘制和标注。

一、绘制立面图

1. 绘制南立面图

具体绘制步骤如下:

步骤一:设置"03"图层(绿色)为当前图层,打开"正交"、"对象捕捉"、"对象追踪"等辅助工具。在与平面图对齐的适当位置绘制定位轴线"1"和定位轴线"4"。

步骤二:绘制一条与定位轴线"1"和定位轴线"4"均相交的辅助线,作为高程" ±0.000"位置,绘制结果如图7-21所示。

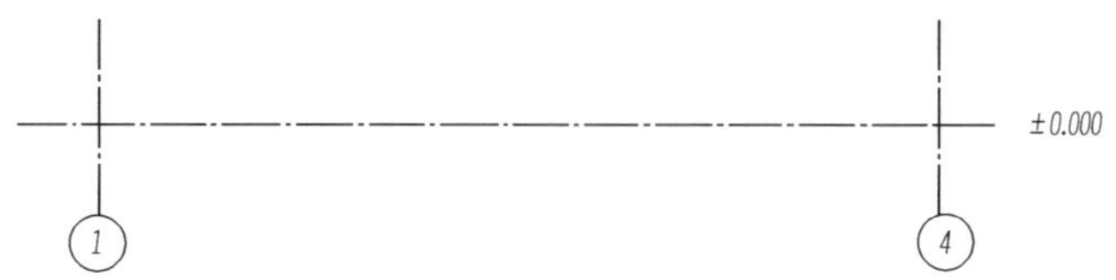

图7-21 南立面图的定位轴线与" ±0.000"辅助线

步骤三:设置"0"图层(白色)为当前图层,根据图7-1标注的高程、技术说明以及与平面图的对应关系,用"直线"绘制房屋的轮廓线,执行过程如下,绘制结果如图7-22所示(注:图中尺寸是绘制时的提示尺寸,非标注尺寸)。

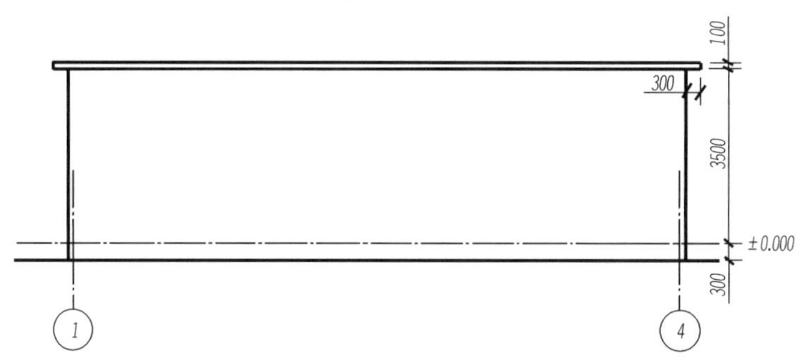

图7-22 南立面图的外墙轮廓效果

命令:_line 指定第一点: 120 //沿着定位轴1向左与辅助线交点追踪墙体厚度的一半

指定下一点或[放弃(U)]:〈正交 开〉3500

//向上绘制墙体,房屋总高高程"3.6m"减去"屋面板"厚度"100mm"

指定下一点或[放弃(U)]:300 // "屋面板飘出外墙300mm"

指定下一点或[闭合(C)/放弃(U)]:100 // "屋面板厚度100mm"

命令:_line 指定第一点: 120 //绘制右边墙体

指定下一点或[放弃(U)]:3500

指定下一点或[放弃(U)]:300

指定下一点或[闭合(C)/放弃(U)]:100

指定下一点或［闭合(C)/放弃(U)］:c　　　　　　　　　　//闭合屋顶

＊＊拉伸＊＊　　　　　　　　　　　　　　　　　　//夹点操作"拉伸"屋檐

指定拉伸点或［基点(B)/复制(C)/放弃(U)/退出(X)］:

命令:_line 指定第一点:　　　　//根据房屋地坪高程"-0.3"m 补齐辅助线以下的墙体

指定下一点或［放弃(U)］:300

命令:_line 指定第一点:

指定下一点或［放弃(U)］:300

命令:_pline　　　　　　　　　　　　　　　　　//用"多段线"绘制地坪线

指定起点:

当前线宽为 10.0000

指定下一个点或［圆弧(A)/半宽(H)/长度(L)/放弃(U)/宽度(W)］:w

//输入"w",修改线宽为"85"

指定起点宽度〈10.0000〉:85

指定端点宽度〈85.0000〉:

指定下一个点或［圆弧(A)/半宽(H)/长度(L)/放弃(U)/宽度(W)］:

步骤四:设置"02"图层(青色)为当前图层,根据图 7-1 标注的高程、技术说明以及与平面图的对应关系,用"直线"绘制房屋的南立面墙的门窗轮廓线,绘制结果如图 7-23 所示(注:图中尺寸是绘制时的提示尺寸,非标注尺寸),台阶尺寸如图 7-24 所示。

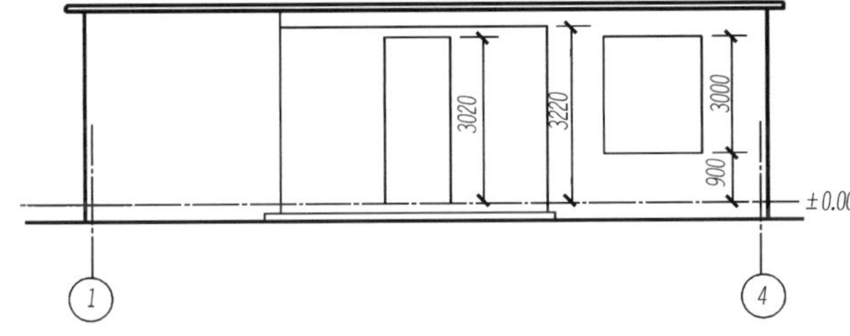

图 7-23　南立面图的门窗　　　　图 7-24　南立面图的台阶尺寸

步骤五:设置"01"图层(红色)为当前图层,绘制门窗的分隔线如图 7-25 所示(注:图中尺寸是绘制时的提示尺寸,非标注尺寸)。南立面图的绘制效果如图 7-26 所示。

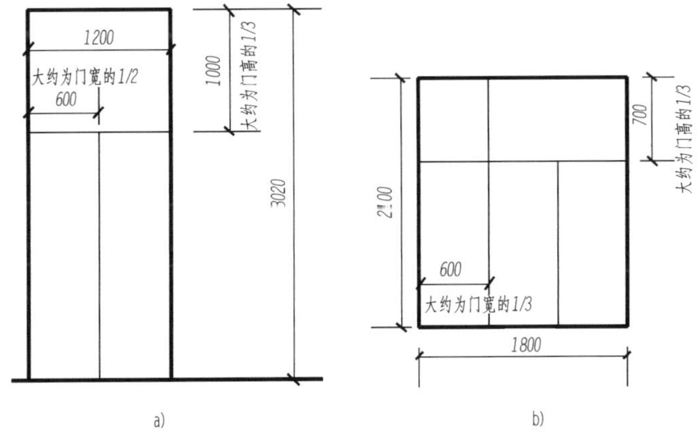

图 7-25　南立面图的门窗分隔线尺寸

a)门分隔线尺寸;b)窗分隔线尺寸

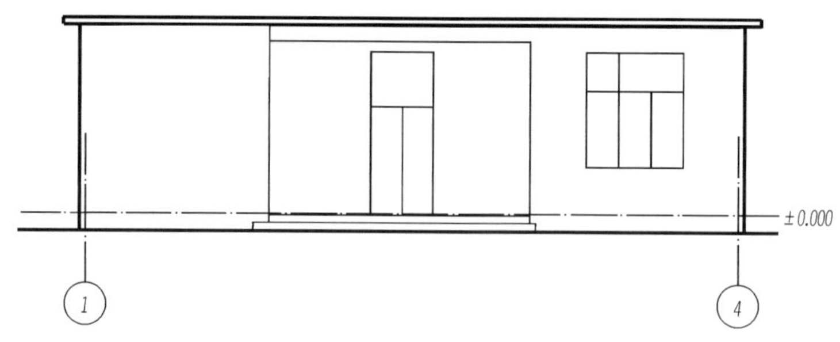

图 7-26　南立面图的绘制效果

小贴士

(1)门的底部应到第二级台阶处,门的总高度为 3020mm,在 ±0.000 以下 20mm 处。

(2)绘制“ ±0.000”辅助线是为了使根据高程计算高度时方便,待绘制完成后应予以删除。

2. 绘制西立面图

具体绘制步骤如下:

步骤一:设置“03”图层(绿色)为当前图层,打开“正交”、“对象捕捉”、“对象追踪”等辅助工具。在与平面图对应的适当位置绘制定位轴线“A”和定位轴线“D”。

步骤二:绘制与南立面图“ ±0.000”辅助线平齐的辅助线一条,并与定位轴“A”和定位轴“D”相交,绘制结果如图 7-27 所示。

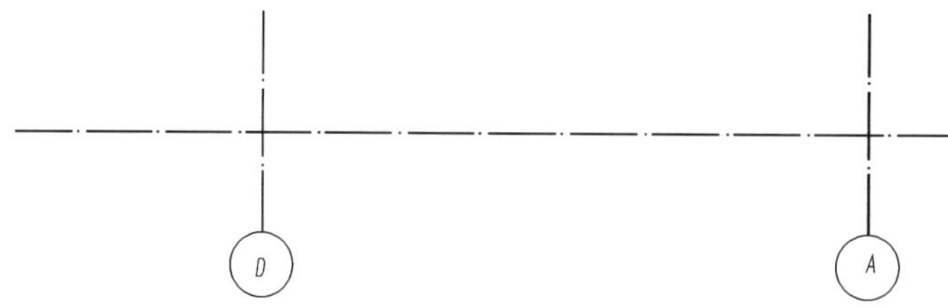

图 7-27　西立面图的定位轴线与“ ±0.000”辅助线

步骤三:设置“0”图层(白色)为当前图层,根据图 7-1 标注的高程、技术说明以及与南立面图的对应关系,用“直线”绘制房屋的轮廓线,绘制结果如图 7-28 所示(注:图中尺寸是绘制时的提示尺寸,非标注尺寸)。

图 7-28　西立面图的外墙轮廓效果

步骤四：设置“02”图层（青色）为当前图层，根据图7-1标注的高程、技术说明以及与南立面图的对应关系，用“直线”绘制房屋的西立面的台阶，台阶尺寸如图7-29所示（注：图中尺寸是绘制时的提示尺寸，非标注尺寸）。

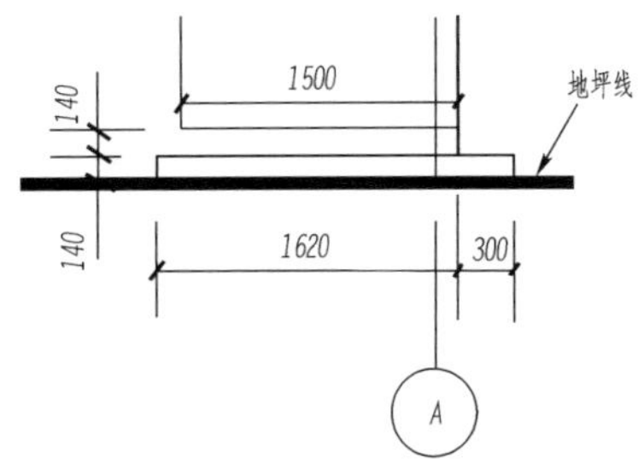

图7-29 西立面图的台阶尺寸

步骤五：设置“02”图层（青色）为当前图层，绘制弧形窗的西立面图。在距定位轴线左侧“120”处绘制与南立面图平齐的弧形窗外轮廓线[图7-30 a)]。设置“01”图层（红色）为当前图层，绘制弧形窗的分隔线。在与弧形窗下方对齐的空白绘图区域，绘制一个半径为“1920”辅助圆。将这个圆每隔“22.5°”进行等分，再将等分线与圆弧的交点一一向上投影，得到弧形窗垂直方向的分隔线[图7-30 b)]。再在距弧形窗上端“700”处（1/3），绘制水平分隔线。修剪、删除辅助线，完成效果如图7-31所示。

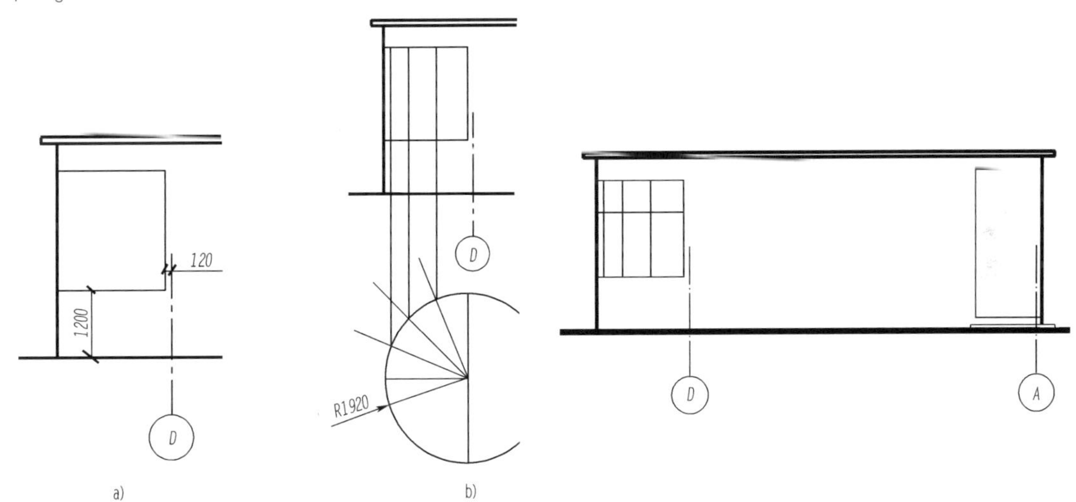

图7-30 西立面图的弧形窗分隔线的画法
a）弧形窗的外轮廓；b）弧形窗垂直分隔线

图7-31 西立面图的绘制效果

二、标注建筑立面图

立面图的尺寸主要是高程，还有一些详图中未标出的局部尺寸，如外墙留洞除注出高程外，还应注出其大小尺寸及定位尺寸。而图7-1的南立面图中主要是高程的标注。

1. 高程的绘制

在“01”图层（红色）绘制高程符号，高程的三角高度为300mm，高程数字高度为350mm。高程符号的绘制尺寸如图7-32所示。

2. 插入高程符号

由于高程的符号、数字的位置不尽相同，可采用“复制”、“镜像”、“编辑文字”等命令在南立面图、西立面图和平面图的对应位置插入高程符号。

南立面图的标注如图7-33a)，西立面图的标注如图7-33b)。

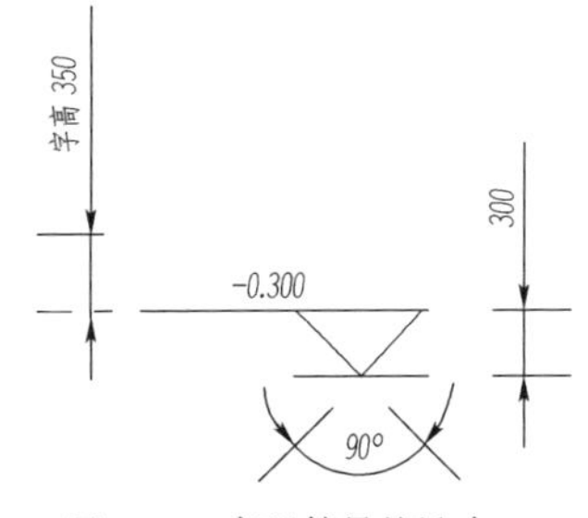

图7-32 高程符号的尺寸

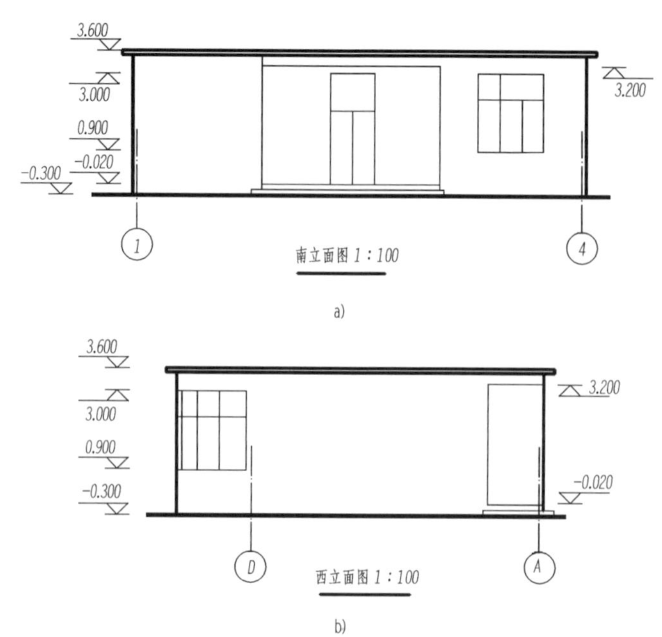

图 7-33 南立面图和西立面图的标注

a)南立面图的标注;b)西立面图的标注

小贴士

为了使高程的标注位置准确,应使用"对象追踪"等辅助工具。

模块三 绘制、标注建筑剖面图和建筑详图

假想用一个或多个垂直于外墙轴线的铅垂剖切面将建筑物剖开,得到的投影称为建筑剖面图。剖面图用来表示建筑物内部的主要结构形式、分层情况、构造做法、材料及高度等,是与建筑平面图、立面图相互配合的重要图样之一。剖面图的剖切位置应选择平面图上能反映建筑物内部全貌的构造特征或具有代表性的部位,如通过门厅、门窗、楼梯、阳台和高低变化较多的地方。如果是不止一层的建筑,应在首层平面图中标明剖切的位置。剖面图可以用横向剖切,即剖切平面平行于侧立投影面;也可以纵向剖切,即剖切平面平行于正投影面。

建筑平面图、立面图、剖面图的绘图比例较小,许多局部的详细构造、尺寸、做法及施工要求都无法在图上注写。为满足施工需要,就要用较大的比例将一些细部的形状、大小、材料和做法,按正投影图的画法详细地绘制出来,称为建筑详图。

一、绘制、标注建筑详图

先绘制、标注图 7-1 中建筑详图。图 7-1 详图的比例为 1:20,而已绘制的平面图和立面图的比例为 1:100,因此详图可先按 1:1 比例绘制,再将图放大 5 倍。

1. 绘制详图

具体绘制步骤如下:

步骤一:设置"0"图层(白色)为当前图层,用"直线"命令绘制如图 7-34 所示的台阶面图

形(注:图中尺寸是绘制时的提示尺寸,非标注尺寸)。

步骤二:连接A、B两点绘制一条辅助线AB,并将辅助线AB向右下方偏移屋面板的厚度"100";再将AC、DE向下平移"100",将平移后的这三条直线延伸直至相交,此三条直线应修改特性为"0"图层(白色,粗实线),绘制结果如图7-35所示。

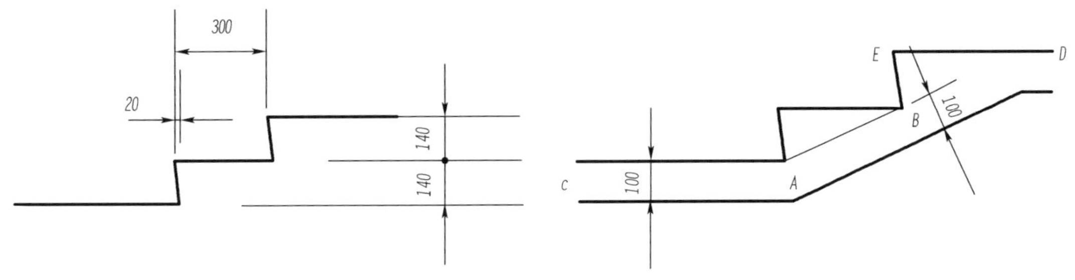

图7-34　详图中台阶面的尺寸　　　　图7-35　详图台阶底部平移的效果

步骤三:绘制折线将详图的台阶两端封闭,并将台阶面向全部向上平移"20",并修改特性为"01"图层(红色,细实线),绘制结果如图7-36所示。

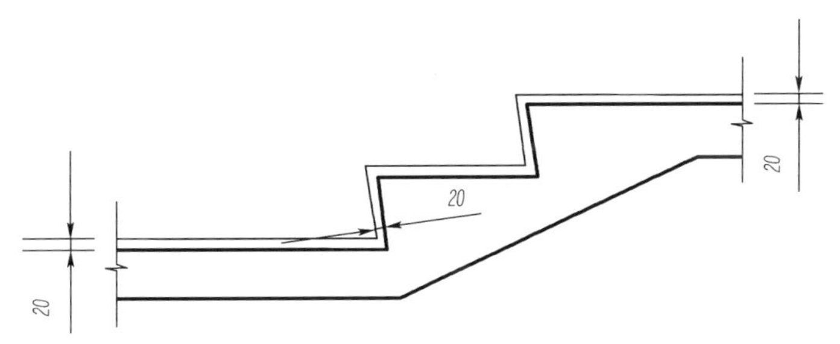

图7-36　详图中台阶面向上平移的效果

步骤四:将所绘制的图形用"缩放比例"命令将以上图形放大5倍。

步骤五:"图案填充"钢筋混凝土。单击下拉菜单"绘图"→"图案填充",在弹出的"图案填充和渐变色"对话框中,选择"图案"时,打开"填充图案选项板"对话框的"其它预定义"选项卡,单击选取"AR-CONC"类型,并将"比例"值修改为"5",完成第一次填充。再执行一次"图案填充"命令,选择"图案"为"ANSI"选项卡中的"ANSI31"类型,并将"比例"值修改为"80",完成第二次填充。经过两次填充的效果如图7-37所示。

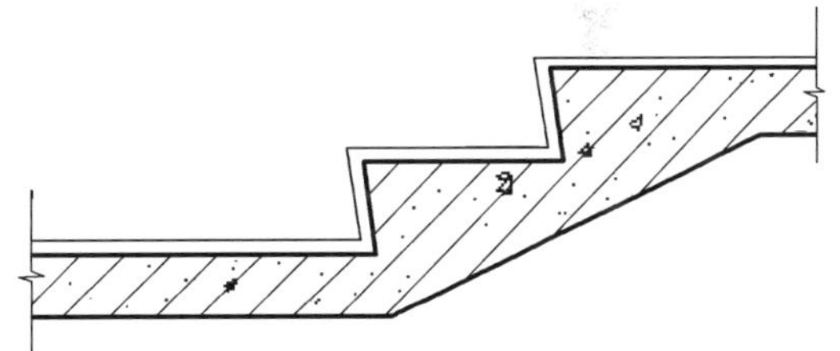

图7-37　详图中两次图案填充的效果

小贴士

钢筋混凝土的"图案填充"需要填充两次才能完成,分别使用"AR-CONC"、"ANSI31"两种类型的图案,具体"比例"的大小一般是随着图样大小不同而有所变化,以能够清晰读图为准,有关的经验数据见表2-1。

2. 标注详图

详图的尺寸标注主要有细节尺寸和高程，由于详图的比例比平面图、立面图大，一般需要在采用"建筑标记"的标注样式基础上新建一个标注样式，将"主单位"选项卡中的"测量单位比例因子"作相应的修改。"比例因子"的默认值为"1"，表示按实际测量值标注尺寸标注，即标注尺寸 = 实际绘图尺寸 × 比例因子。图 7-1 的详图比例为 1∶20，比原图比例放大了 5 倍，因此"测量单位比例因子"应改为"0.2"（1/100 ÷ 1/20，即全图比例 ÷ 详图比例），即将图 1-17 的"主单位" 选项卡中"测量单位比例因子"改为"0.2"，并将这个标注样式"置为当前"。

再执行"线性"、"连续"和"对齐"标注命令，并使用"夹点操作"适当调整自动生成的标注数字的位置，使之美观清晰，在此不再赘述。将平面图或立面图标注中的"高程"符号进行复制、编辑，完成高程的标注。执行结果如图 7-38 所示。

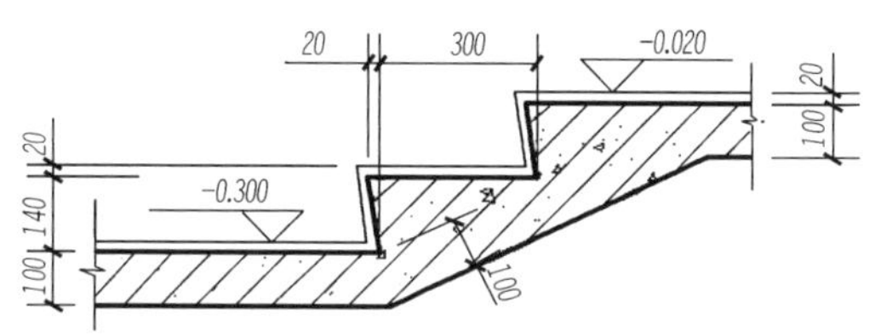

图 7-38　详图的尺寸、高程标注

最后绘制索引符号和详图符号。图 7-1 的详图索引符号在平面图中用"01 图层"（红色，细实线）绘制，当索引出的详图与被索引的图样在同一张图纸上时，索引符号的上半圆内写上数字表示该详图的编号，下半圆内画一段水平细实线。索引符号用于索引剖面详图，还应用粗实线绘制剖切的位置线。索引符号的圆的直径为 1000mm 的细实线；详图符号的直径为 1400mm 的粗实线。图 7-39a）、b）是详图的索引符号和详图符号的绘制效果。

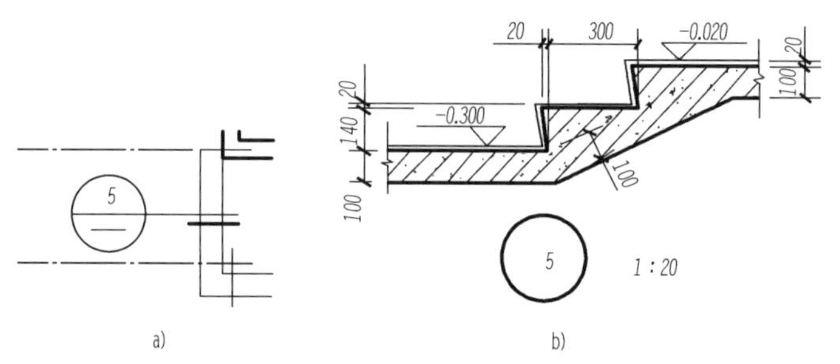

图 7-39　详图的索引符号和详图符号的绘制效果

a）索引符号；b）详图符号

用"多行文字"命令录入技术说明的文字内容（字高 350mm），具体说明内容见图 7-1 所示。由于项目一"填写标题栏"中已详细讲解文字的录入操作，在此不再赘述。

二、绘制、标注建筑剖面图

图 7-40 也是一幅较完整的建筑施工图，与图 7-1 的不同在于它是用平面图、南立面图和 1-1剖面图的表达方式。

图 7-40 的平面图绘制与图 7-1 大体相似，但有一些问题需要引起特别注意：

（1）图中一些定位轴是以墙外定位（墙边线与轴线重合）的，如定位轴 1、定位轴 4、定位轴 A 和定位轴 C 是以墙外定位的，而定位轴 2、定位轴 3 和定位轴 B 是墙中定位的，绘制时应特别注意。

（2）平面图中涂黑的是钢筋混凝土方柱，是主要的承重构件，断面尺寸为 360mm × 360mm，承重柱绘制时外框用"0 图层"（白色），里面用"solid"图案，在"01 图层"（红色）填充。

南立面图 1:100
1-1剖面图 1:100
二层平面图 1:100
书房
厕
厅
卧室
主卧室
阳台
说明：
1.屋面板厚100mm;
2.屋面板飘出外墙300mm;
3.墙厚180mm;
4.阳台压顶厚100mm。

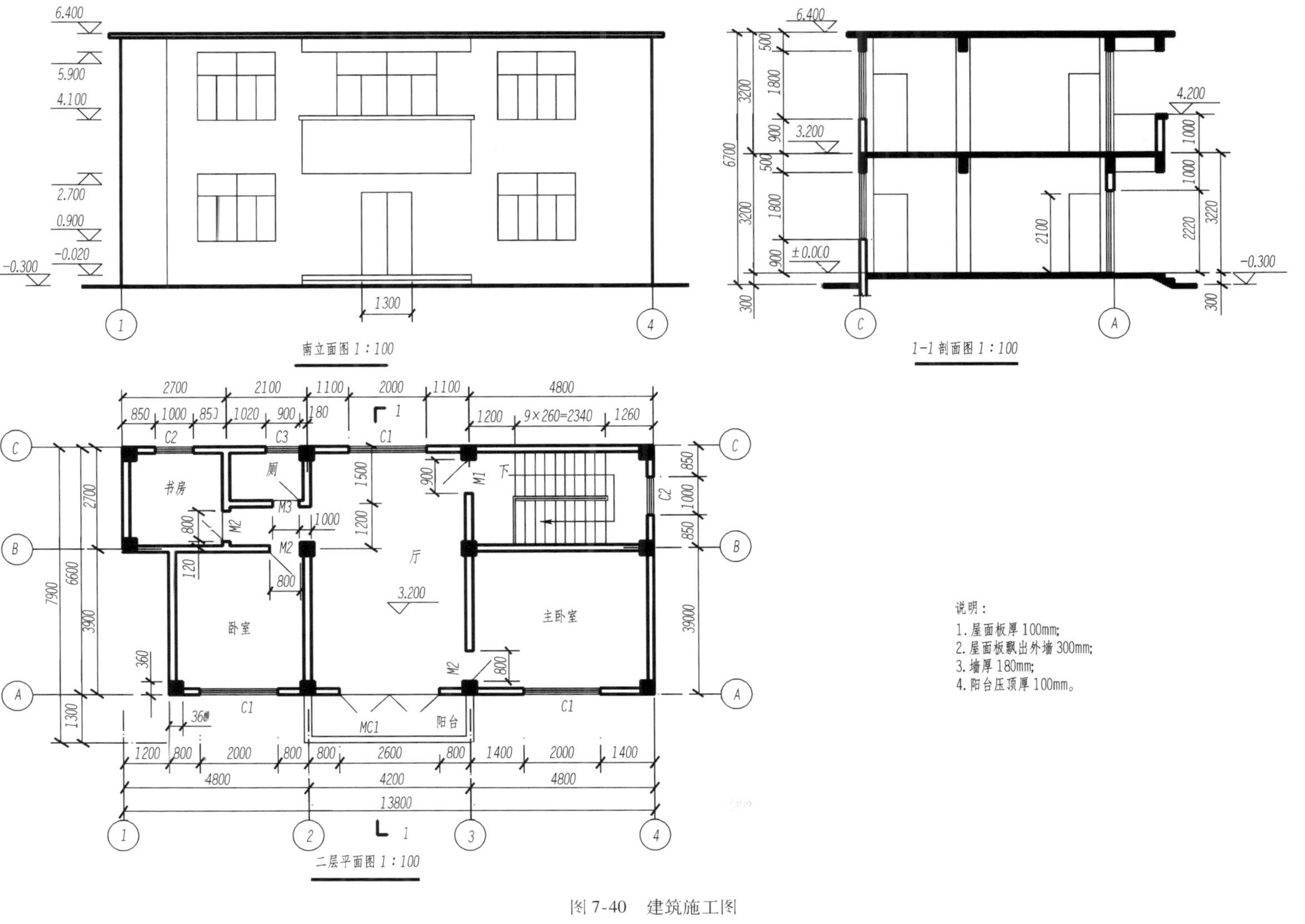

图 7-40 建筑施工图

(3)平面图的楼梯绘制：楼梯主要是由楼梯段(简称梯段)、平台和栏板(或栏杆)组成，梯段是联系两个不同高程平面的倾斜构件，上面做有踏步。踏步的水平面称为踏面，铅垂面称为踢面。例如在图 7-40 中，“9×260 = 2 340”表示该梯段每一踏面宽为 260mm，有 9 个踏面，梯段长为 2 340mm。用“直线”、“偏移”、“修剪”等命令，在“01 图层”(红色)即可完成楼梯的绘制。梯段中表示“上”、“下”方向直线，用“多段线”绘制，箭头的起点宽度设定为“30”，终点宽度设定为“0”。具体楼梯各部分的尺寸如图 7-41 所示(注意：图中尺寸是绘图时的提示尺寸，非标注尺寸)，绘制过程与前文的绘图过程类似，在此不做详细叙述。

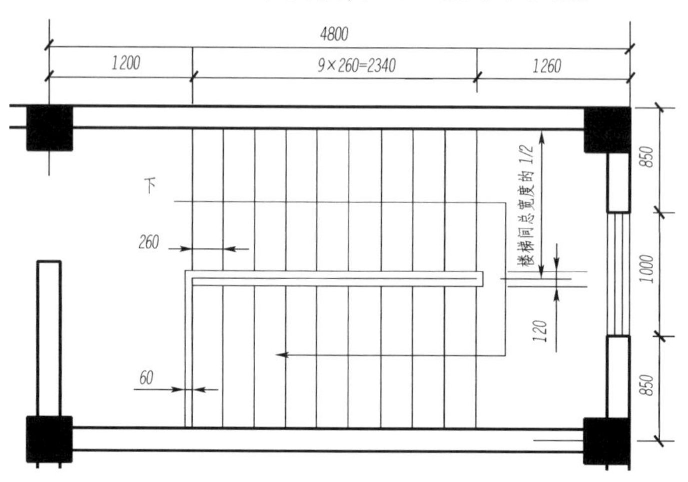

图 7-41 楼梯平面图

图 7-40 的南立面图的绘制与标注与图 7-2 也基本相似，由于南立面投影的窗户全部是“C1”型，因此可先绘制一个窗户，其余“复制”完成。

1. 绘制剖面图

与立面图类似，剖面图一般只画出两端的定位轴线，并与平面图一一对应。被剖到的墙、楼面、屋面的轮廓线用“0”图层(白色、粗实线)绘制，钢筋混凝土的梁、楼面、屋面和柱的断面都要用“01”图层(红色、细实线)、“solid”图案填充，未剖到的可见轮廓线，如门窗洞、楼梯栏杆、扶手等用“02”图层(青色、中实线)绘制，尺寸用“02”图层(红色、细实线)绘制。下面以图 7-40 中的“1-1 剖面图”为例，介绍剖面图的绘制步骤：

步骤一：设置“03”图层(绿色)为当前图层，打开“正交”、“对象”“对象追踪”等辅助工具。在与南立面图对齐的适当位置绘制定位轴线“A”和定位轴线“C”(两定位轴距离为 6600mm)。

步骤二：设置“0”图层(白色)为当前图层，绘制一条与定位轴线“A”和定位轴线“C”均相交的、高程为“±0.000”的室内地坪线，绘制结果如图 7-42 所示。

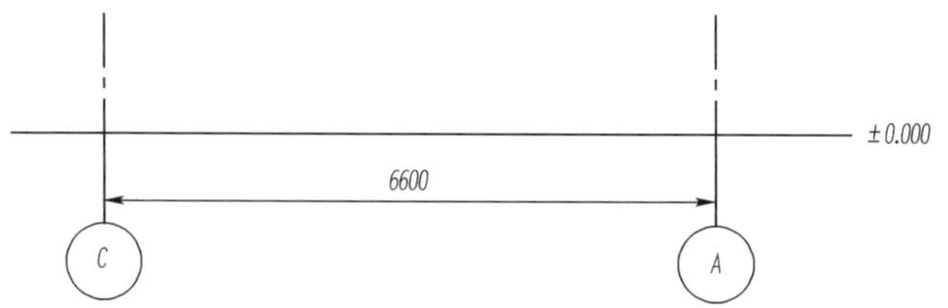

图 7-42 1-1 剖面图的定位轴线与室内地坪线

步骤三：根据图 7-40 标注的高程、技术说明以及与平面图的对应关系，用“直线”绘制房屋室内、室外地坪线，简单的执行过程如下，绘制结果如图 7-43 a)、b) 所示(注：图中尺寸是绘制时的提示尺寸,非标注尺寸)。

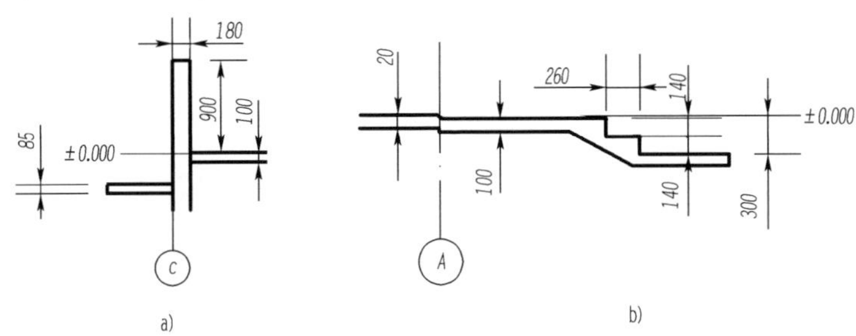

图 7-43　1-1 剖面图的室内、外地坪线的绘制

a) 剖面图左边的绘制效果;b) 剖面图右边的绘制效果

命令:_line 指定第一点:300

//绘制室外地坪线剖开后的左边部分,追踪“ ±0.000”向下距离为“300”

指定下一点或[放弃(U)]:

指定下一点或[放弃(U)]:85　　//绘制室外地坪线的厚度,约为 1.4b = 1.4 ×0.6

命令:_line 指定第一点:20

//绘制室外地坪线剖开后的右边部分,追踪“ ±0.000”向下距离为“20”达第二级台阶的顶部

指定下一点或[放弃(U)]:1300　　//第二级台阶外伸的距离为“1300”

指定下一点或[放弃(U)]:140　　//第二级台阶的高度为“140”

指定下一点或[闭合(C)/放弃(U)]:260　　//第二级台阶的宽度为“260”

指定下一点或[闭合(C)/放弃(U)]:140　　//第一级台阶的高度为“140”

指定下一点或[闭合(C)/放弃(U)]:

指定下一点或[闭合(C)/放弃(U)]:85　　//室外地坪线的厚度,约为 1.4b = 1.4 ×0.6

命令:_line 指定第一点:100　　//绘制屋面厚度“100”

……

命令:_offset　　//按照前文详图中台阶的绘制绘制台阶

当前设置:删除源 = 否　图层 = 源　OFFSETGAPTYPE = 0

指定偏移距离或[通过(T)/删除(E)/图层(L)]〈100.0000〉:

命令:_extend

当前设置:投影 = UCS,边 = 无

选择边界的边...

选择对象或〈全部选择〉: 找到 1 个

选择要延伸的对象,或按住 Shift 键选择要修剪的对象,或

[栏选(F)/窗交(C)/投影(P)/边(E)/放弃(U)]:

命令:_trim　　//修剪、删除线条

当前设置:投影 = UCS,边 = 无

选择剪切边...选择对象:找到 1 个,总计 2 个

选择要修剪的对象,或按住 Shift 键选择要延伸的对象,或

[栏选(F)/窗交(C)/投影(P)/边(E)/删除(R)/放弃(U)]:

命令:_. erase 找到 1 个

……

步骤四:绘制首层窗(01 图层)、门和承重柱(02 图层),楼面隔板(0 图层)。绘制效果如图 7-44 所示(注:图中尺寸是绘制时的提示尺寸,非标注尺寸)。

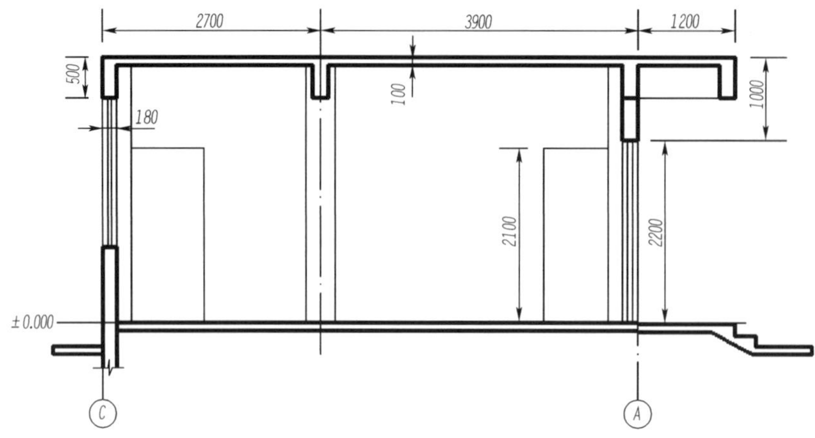

图 7-44 1-1 剖面图首层的绘制效果

步骤五:绘制二层窗(01 图层)、门和承重柱(02 图层),楼顶(0 图层)。绘制效果如图 7-45所示(图中尺寸是绘制的提示尺寸,非标注尺寸)。

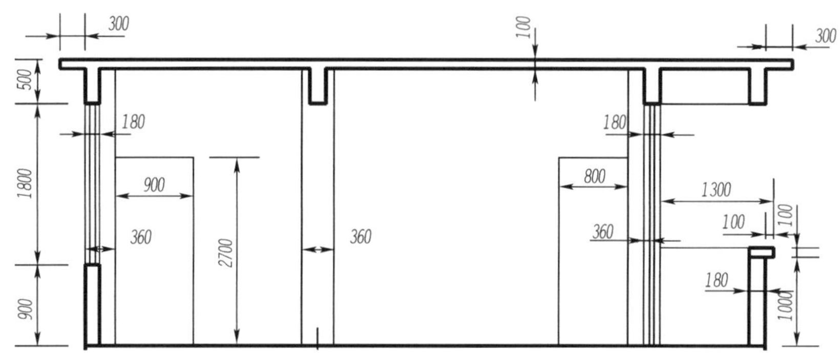

图 7-45 1-1 剖面图二层的绘制效果

步骤六:将断面填充"solid"图案(01 图层),填充效果如图 7-46 所示。

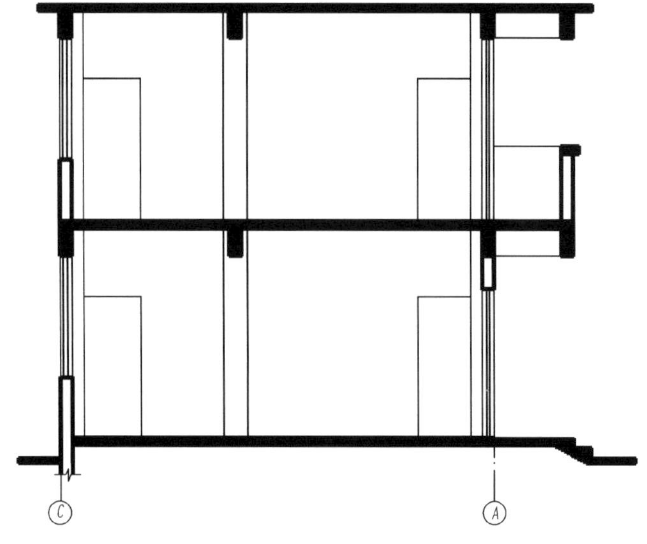

图 7-46 1-1 剖面图的填充效果

小贴士

屋内地坪比屋外第二级台阶高20mm，由于相差较小，比较容易被忽视。

2. 标注剖面图

剖面图的尺寸全部在“01”图层(红色)中绘制。剖面图的尺寸除高程外，还包括一些外部和内部的局部尺寸，标注时应注意与平面图、立面图一致。局部尺寸主要用到的有“线性”、“连续”标注，高程的标注可以从立面图中“复制”高程符号，并进行编辑修改即可。用多行文字或录入“1-1 剖面图”的文字，字高为700mm，“1:100”字高为350 mm，在“01 图层”(红色)中绘制。标注结果如图 7-47 所示。而平面图中的剖切符号在“0”图层(白色)中用粗实线绘制。

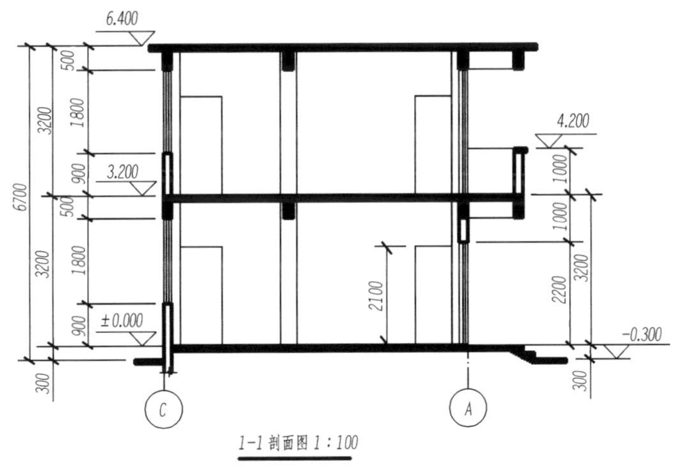

图 7-47　1-1 剖面图的尺寸标注效果

练习题

1. 打开放大 100 倍的建筑 A3 样板图，绘制图 7-48 的建筑施工图练习一，保存文件名为“7-1. dwg”。

2. 打开放大 100 倍的建筑 A3 样板图，绘制图 7-49 的建筑施工图练习二，保存文件名为“7-2. dwg”。

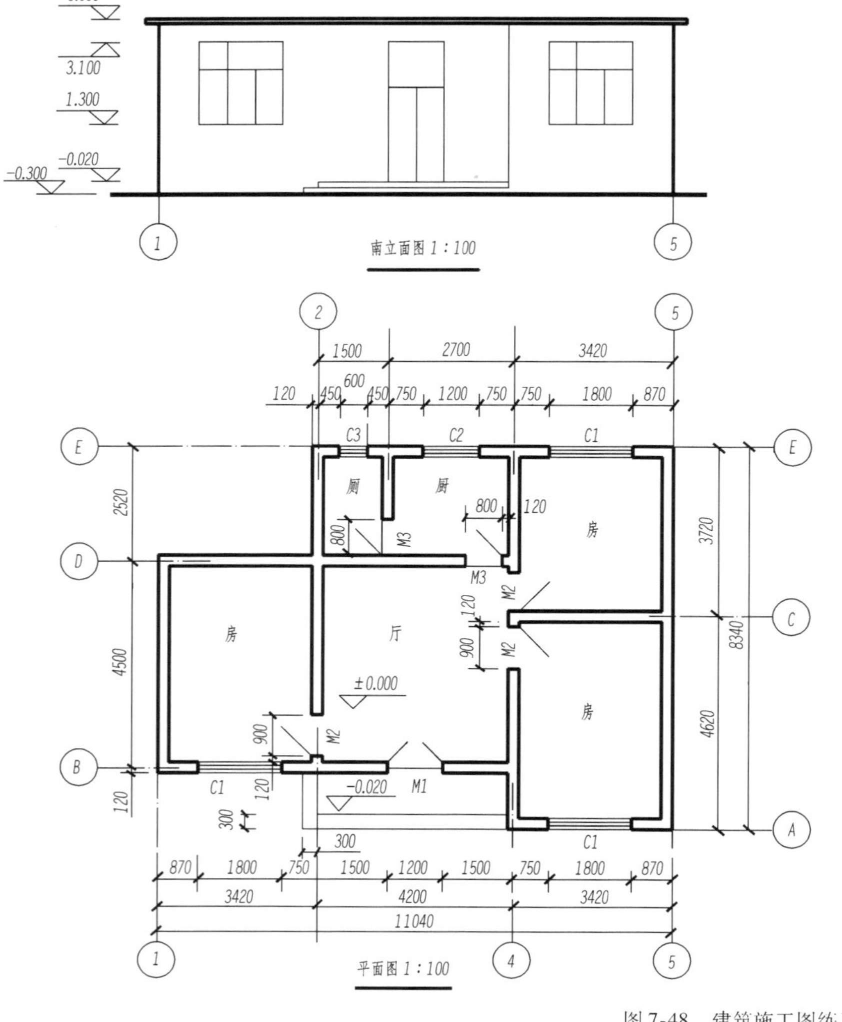

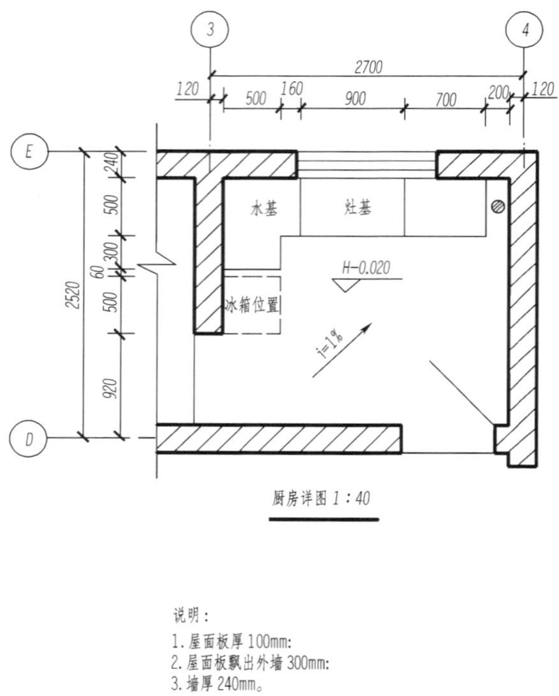

图7-48 建筑施工图练习

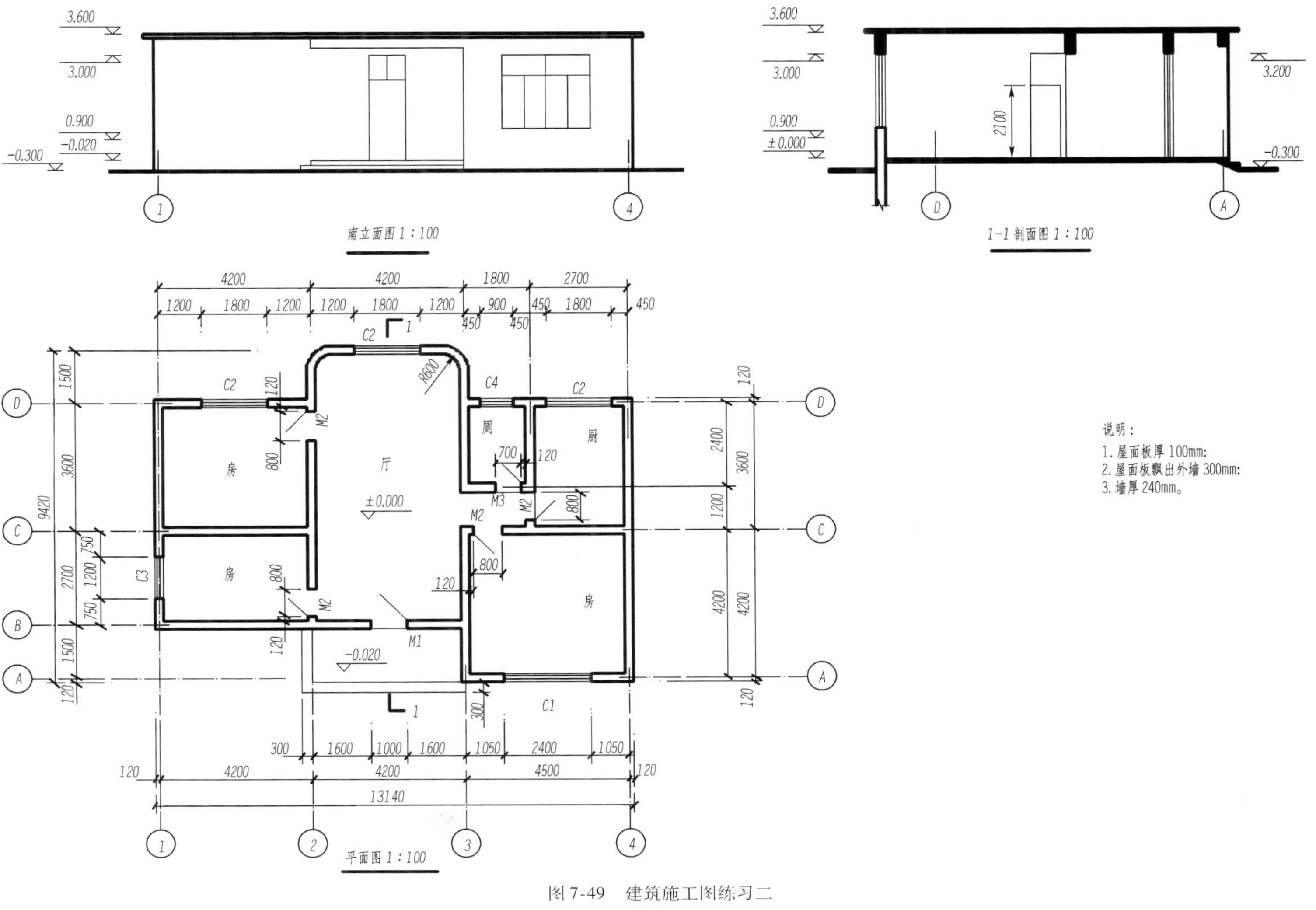

图 7-49　建筑施工图练习二

说明：

1. 屋面板厚 100mm;
2. 屋面板飘出外墙 300mm;
3. 墙厚 240mm。

项目八　兔子削铅笔机的3D设计

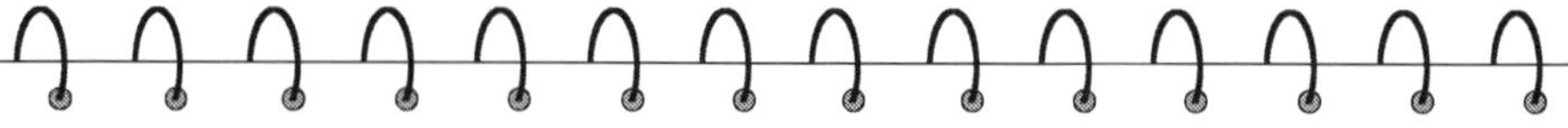

学习目标

1. 学习分析零件的结构或者产品的造型特征，并进行简单标记；

2. 根据零件结构和产品造型特征设置图层，包括名称、颜色、线型和样式；

3. 能够快速识别零件或者产品的三视图，善于利用现有三视图中的轮廓进行三维造型；

4. 掌握三维基本建模如拉伸、旋转、倒角和通过简单的并、交、差运算生成复杂的造型。

在众多的辅助绘图软件中，AutoCAD的平面二维图板功能是首屈一指的。在三维建模方面，虽然有所欠缺，但随着AutoCAD版本的不断升级，其三维建模功能也越来越完善。在"渲染"方向也有了很大的进步，越来越接近3DMAX的渲染方式。

本项目将重点学习AutoCAD的三维建模。AutoCAD专门为三维建模设计了一个界面：单击下拉菜单"工具"→"工作空间"选择"三维建模"进入AutoCAD三维建模界面，或在工具栏空白处点右键，调出"工作空间"工具条，单击下拉箭头选择"三维建模"工作空间。本项目增加几个工具条的使用：视图、建模和实体编辑，并"将当前工作空间另存为……"："My work"，如图8-1所示。

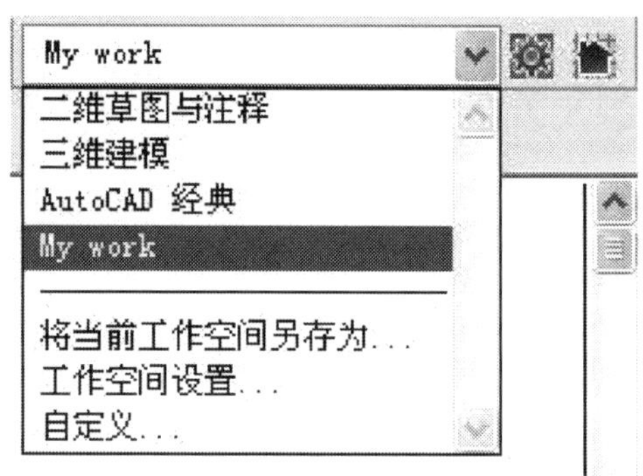

图8-1　另存当前工作空间为"My work"

小贴士：AutoCAD界面转换

在AutoCAD界面转换时，最好先保存自己布置好的工作空间"将当前工作空间另存为…"，否则离开"三维建模"界面时，会丢失自己曾经布局好的界面。

模块一　分析削铅笔机的造型结构

一、分析削铅笔机造型特征

削铅笔机采用可爱动物—兔子的造型，如图 8-2，具体包括：1-兔子脸，2-耳朵和手，3-上部和脚，4-集屑器，5-摇手五个部分。

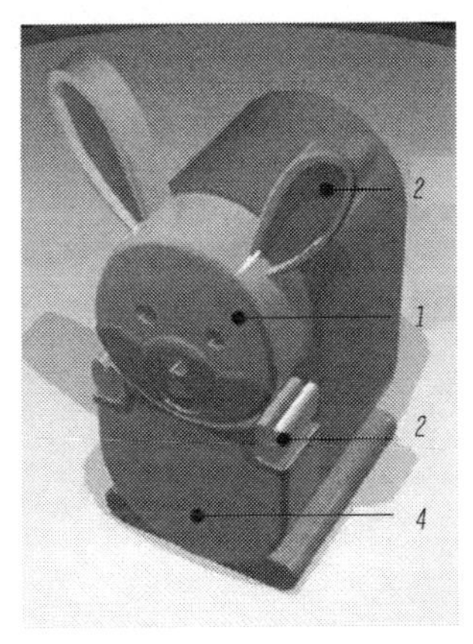

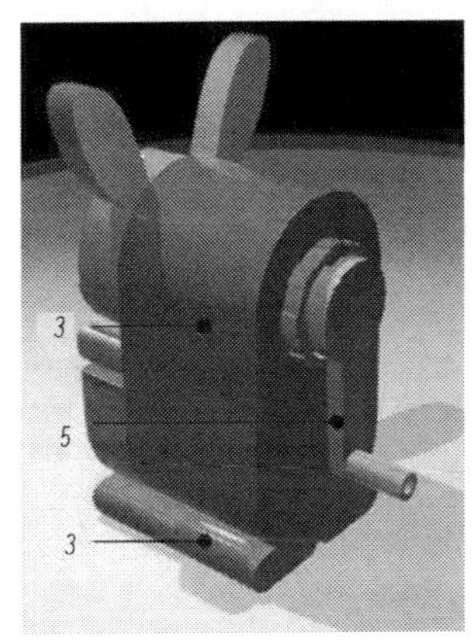

图 8-2　削铅笔机

二、熟悉削铅笔机的尺寸

在三维建模前，还应充分熟悉产品或零件的尺寸（图 8-3），了解各部分间相互的装配关系。

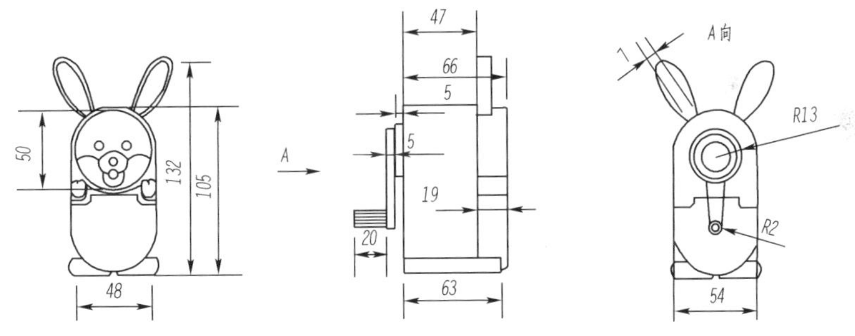

图 8-3　削铅笔机尺寸图

三、规划削铅笔机建模的图层

在三维建模前，要做好两项准备工作：一是按尺寸绘制产品平面图，二是按照产品造型结构特征来规划图层（包括图层的名称、线型和线宽），分“1-兔子的脸”、“2-耳朵和手”、“3-上部和脚”、“4-集屑器”、“5-摇杆”、“参照”和“隐藏”七个图层。具体操作步骤如下：

步骤一：绘制削铅笔机的平面图（步骤参照项目三或项目四），具体尺寸见图 8-3。

步骤二：单击工具栏中的“图层特性管理器（ ）”，弹出“图层特性管理器”对话框，按照削铅笔机造型结构对图层进行规划，如图 8-4 所示。

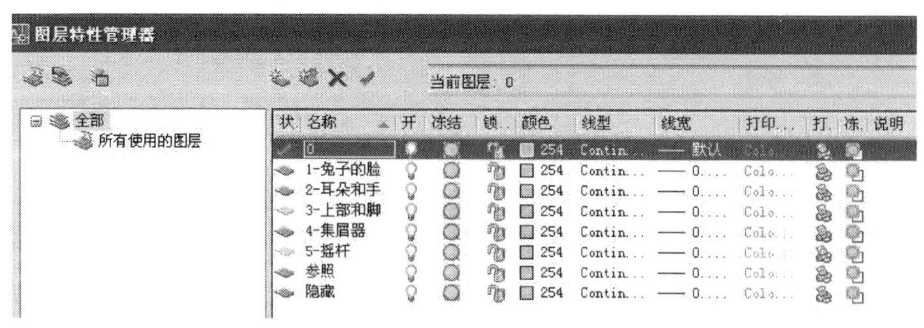

图 8-4　削铅笔机图层规划

小贴士

(1)二维绘图图层应该按照国标规定建立，应将具有相同属性(如颜色、线型、线宽等)的实体放在同一图层上，一幅图可以分解为若干个不同的图层。

(2)三维建模图层应该按照三维造型结构特征来规划，把每个独立的造型作为一个图层，不同图层可以用相同颜色，也可以用不同颜色。

步骤三：为方便三维建模操作观察，单击下拉菜单“视图”→“视口”→“2 个视口”，左边为主视图(二维编辑)，右边为西南等轴侧图(三维编辑)，效果如图 8-5 所示。

图 8-5　设置视口

步骤四：从图 8-3 中复制“主视图”到“参照”图层中，并删除尺寸，如图 8-6。

说明

本项目所有二维操作是在主视图完成的，“拉伸”、“布尔”(主要是“并集”和“差集”)、“抽壳”等是在西南等轴侧图完成的。

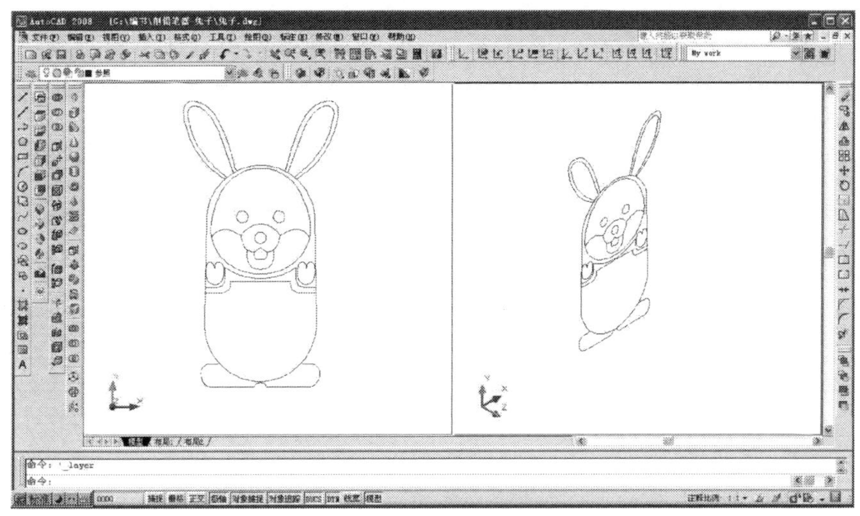

图 8-6　复制主视图到“参照”图层

模块二　兔子削铅笔机的 3D 建模

一、兔子的脸 3D 建模

兔子脸的 3D 建模效果如图 8-7 所示，具体操作步骤如下：

步骤一：从“参照”图层复制兔子脸的外轮廓到“兔子的脸”图层，沿 X 轴正方向移动“20”，并用“分解( )”命令炸开，如图 8-8 所示。

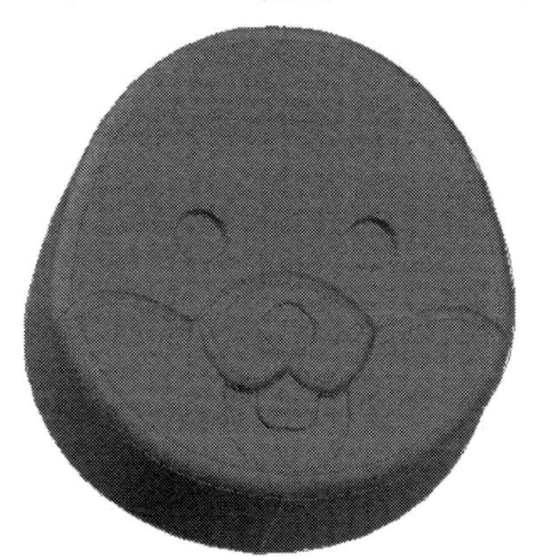

图 8-7　兔子的脸的 3D 建模

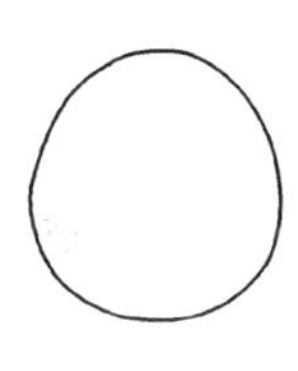

图 8-8　复制兔子脸的外轮廓

小贴士

(1) 复制后二维线稿都是块，用“分解”后才可以编辑；

(2) 复制时可同时按下“Ctrl + Shift + C”，提示“指定基点”，选定一个基点并单击，再按下“Ctrl + V”粘贴，此时会再次提示“指定基点”，这次无需单击，只需重合在上次基点上，然后水平(垂直)移动一定的距离。按照这种复制方法，每次指定基点可以不同，但只要移动距离相同，就可以保证图形的重合。这样比指定零点更加方便、实用。

步骤二:脸部外轮廓除外,其他全部置于“隐藏”图层,如图 8-9 所示。

步骤三:单击“绘图”工具栏的“面域( )”按钮创建面域。再单击“建模”工具栏的“拉伸( )”按钮,拉伸高度为“19”,执行过程如下,执行结果如图 8-10。

命令:_ region //执行“面域”命令

选择对象:找到 1 个

选择对象:找到 1 个,总计 2 个 //点选左边线

选择对象: //回车确定

已提取 1 个环。

已创建 1 个面域。

命令:extrude //执行“拉伸”命令

当前线框密度: ISOLINES =4

选择要拉伸的对象:找到 1 个 //点选面域

指定拉伸的高度或[方向(D)/路径(P)/倾斜角(T)] <2.0000 >:19

//输入高度,回车确定

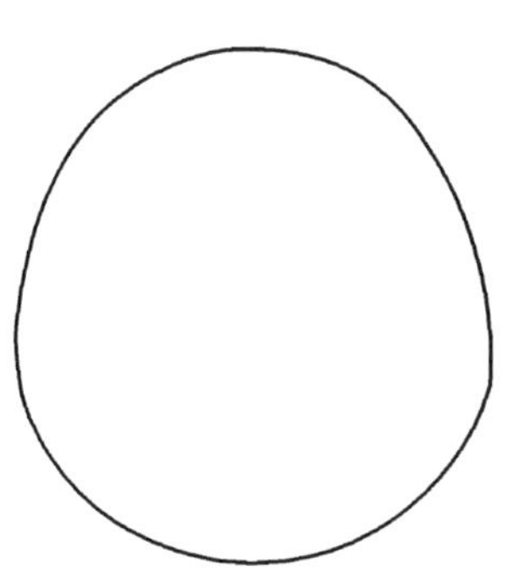

图 8-9 兔子脸的外轮廓

图 8-10 兔子脸的外轮廓的拉伸结果

小贴士

“拉伸( )”与“拉伸面( )”的图标按钮完全相同,但功能不同,“拉伸”在“建模”工具栏,是指拉伸一个面域;“拉伸面”在“实体编辑”工具栏,是指对已有的三维立体的某一个面进行拉伸。

步骤四:从“隐藏”图层再复制一份脸部表情轮廓线到“兔子的脸”图层,如图 8-11 所示。

步骤五:单击“修改”工具栏的“打断于点( )”按钮,将兔子的脸下半部分打断,如图 8-12所示。

步骤六:利用“面域”命令创建兔子的脸下半部分的面域,如图 8-13a)所示。用“拉伸”命令拉伸实体,拉伸高度为“20”,如图 8-13b)所示。

步骤七:利用“面域”命令创建鼻子的面域如图 8-14a)所示。用“拉伸”命令拉伸拉伸实体,拉伸高度为“21”,如图 8-14b)所示。

步骤八:利用“打断于点”命令将鼻子与嘴巴相连的轮廓线打断,如图 8-15 所示。

步骤九:利用“面域”命令创建嘴巴面域如图 8-16a) 所示。利用“拉伸”命令拉伸立体,拉伸高度为“20”,如图8-16 b) 所示。

步骤十:利用“移动( )”命令将嘴巴沿 Z 轴正方向移动“18”,如图 8-17 所示。

步骤十一:单击“实体编辑”是的“差集( )”按钮,用上面几步中的“脸的下半部分”减去“嘴巴”,执行过程如下,效果如图 8-18。

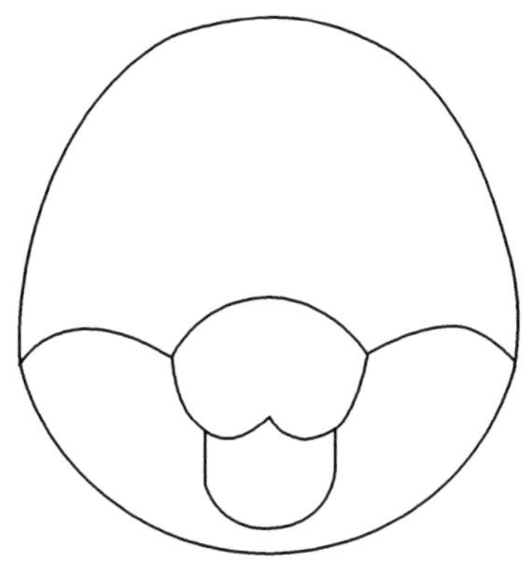

图 8-11　兔子的脸部表情轮廓线

命令:_ subtract
选择要从中减去的实体或面域. . .　　　　　　　　//点选“脸的下半部分”实体
选择对象:找到 1 个
选择要减去的实体或面域. .　　　　　　　　　　//点选“嘴巴”的实体
选择对象:找到 1 个　　　　　　　　　　　　　//回车确定

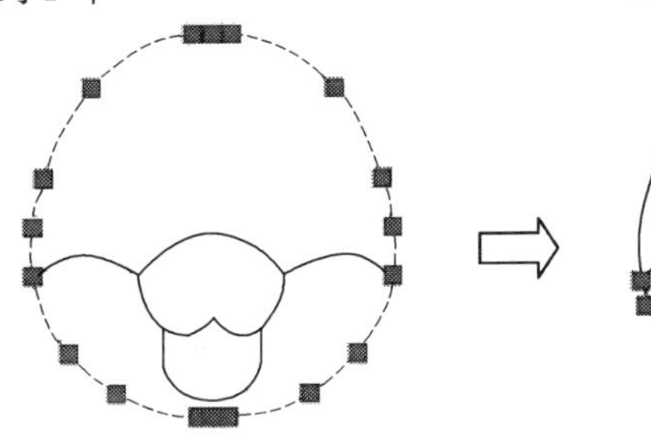

图 8-12　兔子的脸下半部分打断的效果

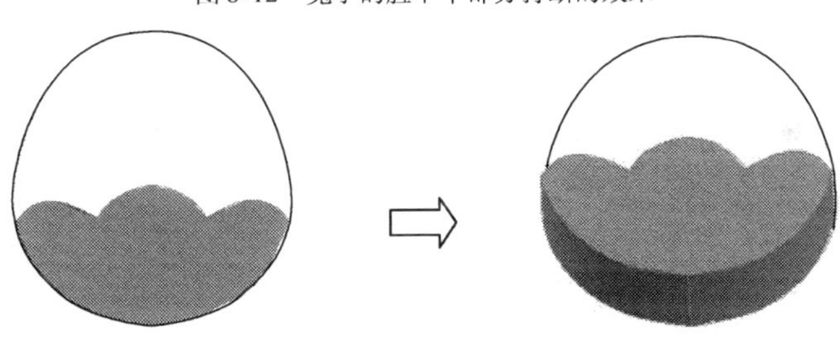

图 8-13　兔子的脸下半部分的拉伸效果
a) 脸下半部分的面域;b) 脸下半部分的拉伸

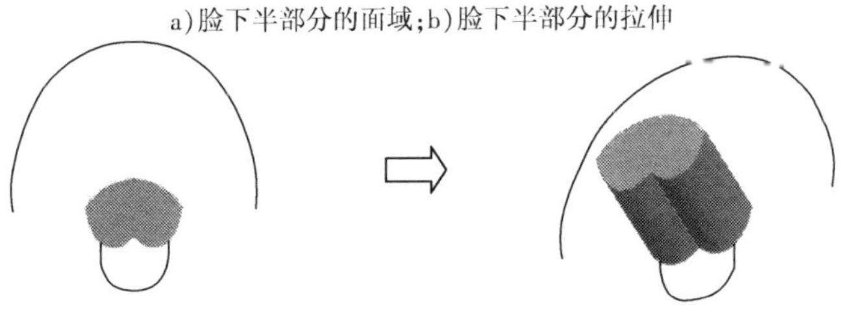

图 8-14　兔子的鼻子的拉伸效果
a) 鼻子的面域;b) 鼻子的拉伸

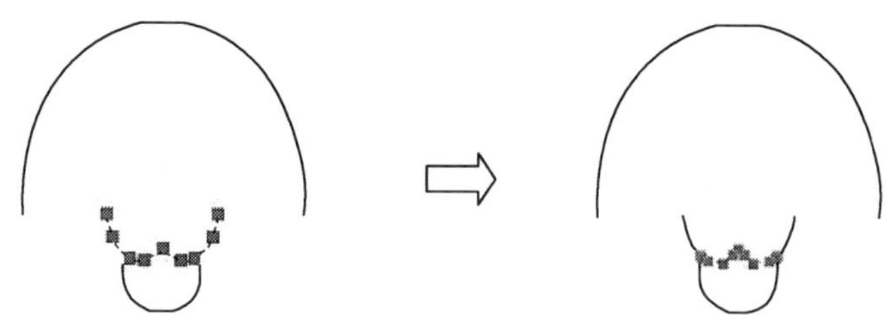
图 8-15　兔子的鼻子与嘴巴相连部分打断的效果

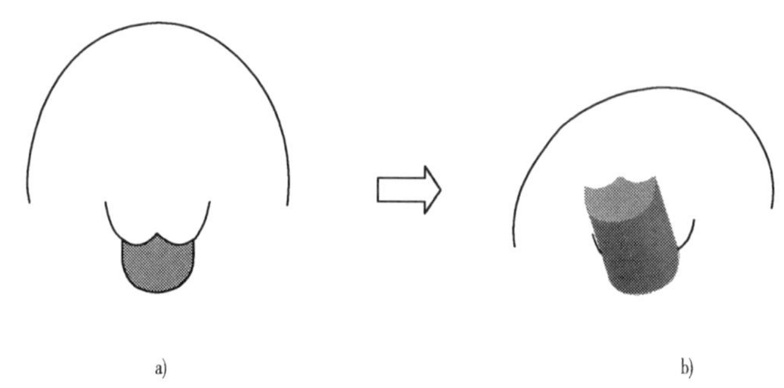
a)　　　b)

图 8-16　兔子的嘴巴的拉伸效果
a)嘴巴的面域;b)嘴巴的拉伸

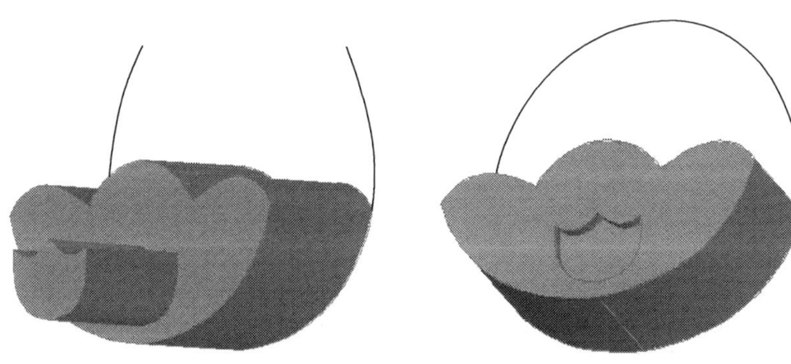
图 8-17　将嘴巴沿 Z 轴移动　　　图 8-18　“差集”嘴巴的效果

步骤十二:同上操作步骤,复制兔子脸部三个圆(两只眼睛和一个鼻孔),并利用“面域”命令创建三个面域,如图 8-19a)所示。再用“拉伸”命令将两只眼睛拉伸“19”,鼻孔拉伸“21”,效果如图 8-19b)所示。

步骤十三:利用“移动”命令将两只眼睛的圆柱沿 Z 轴正方向移动“17”,鼻孔的圆柱沿 Z 轴正方向移动“19”,如图 8-20 所示。

步骤十四:利用“差集”命令,减去脸部两只眼睛的圆柱体,效果如图 8-21 所示。

步骤十五:利用“差集”命令,用鼻子减去鼻孔的圆柱体,效果如图 8-22 所示。

步骤十六:同上操作步骤,复制下图左边图形,并利用“打断于点”命令将嘴巴与鼻子相连的轮廓线打断,效果如图 8-23 所示。

步骤十七:利用“面域”命令创建舌头面域,如图 8-24a)所示。再用“拉伸”命令将舌头拉伸高度为“20”,如图 8-24b)所示。

步骤十八:单击“实体编辑”工具栏的“并集( )”按钮,合并兔子脸部所有实体,效果如

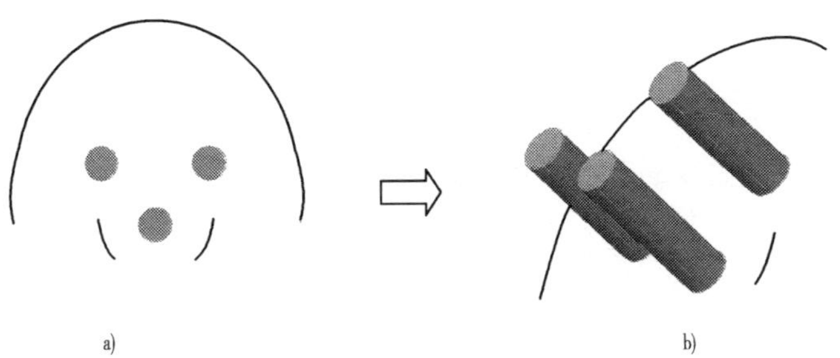

图 8-19　兔子的眼睛和鼻孔的拉伸效果

a)眼睛和鼻孔的面域;b)眼睛和鼻孔的拉伸

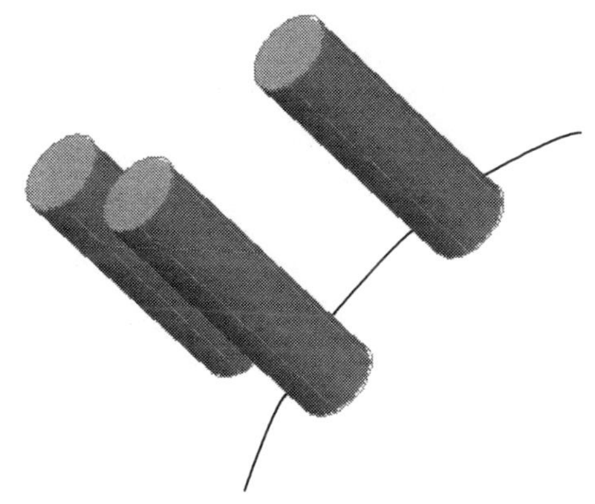

图 8-20　将眼睛和鼻孔沿 Z 轴移动

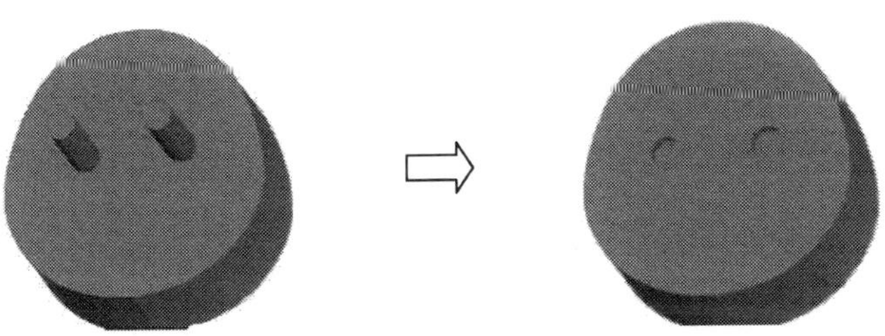

图 8-21　“差集”两只眼睛的效果

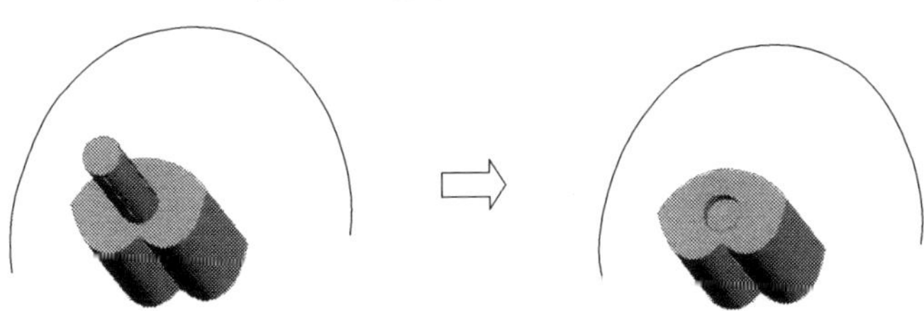

图 8-22　“差集”鼻孔的效果

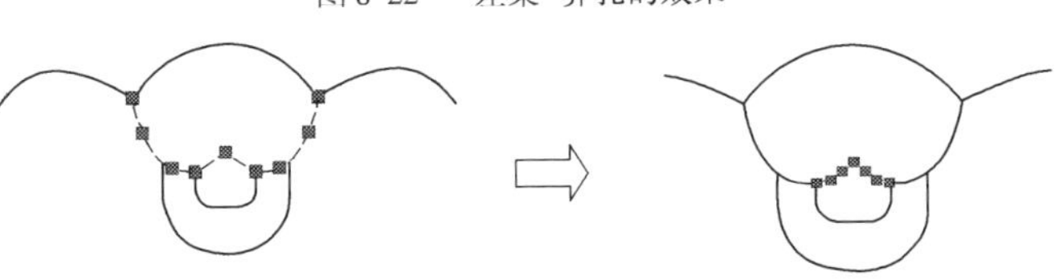

图 8-23　兔子的嘴巴与鼻子相连部分打断的效果

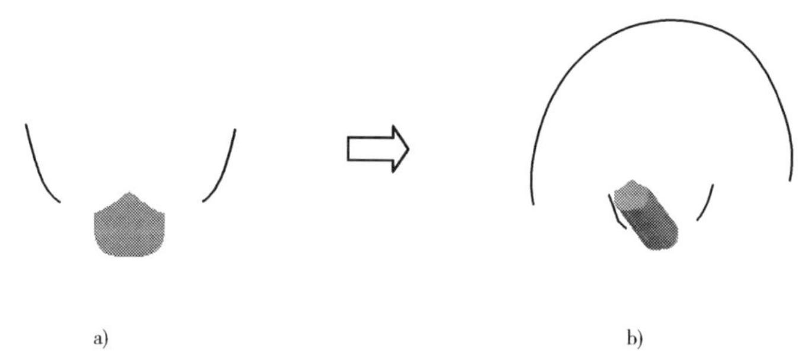

a)　　b)

图 8-24　兔子的舌头的拉伸效果

a) 舌头的面域;b) 舌头的拉伸

图 8-25 所示。

步骤十九:用“圆角( )”命令对各边进行倒角,倒角半径为“2”,效果如图 8-26 所示。

命令:_ fillet

当前设置:模式 = 修剪,半径 = 0.2000

选择第一个对象或[放弃(U)/多段线(P)/半径(R)/修剪(T)/多个(M)]:

　　//选择一条要倒角的边

输入圆角半径 <0.2000> :0.2000　　//输入倒圆角半径

选择边或[链(C)/半径(R)]:　　//选择一条要倒角的边

选择边或[链(C)/半径(R)]:　　//选择一条要倒角的边

……

已选定 8 个边用于圆角。

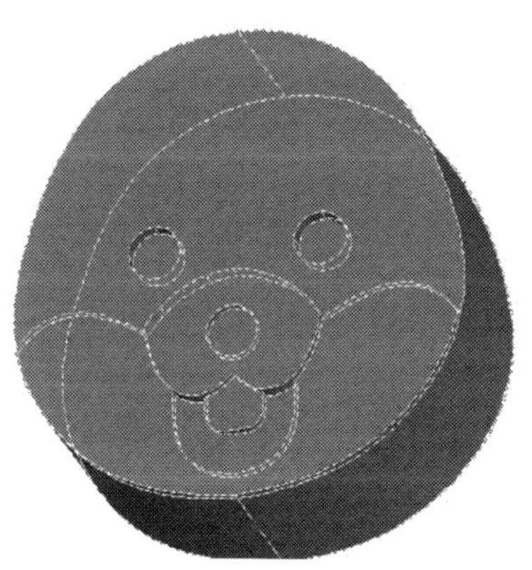

图 8-25　“并集”脸部的效果

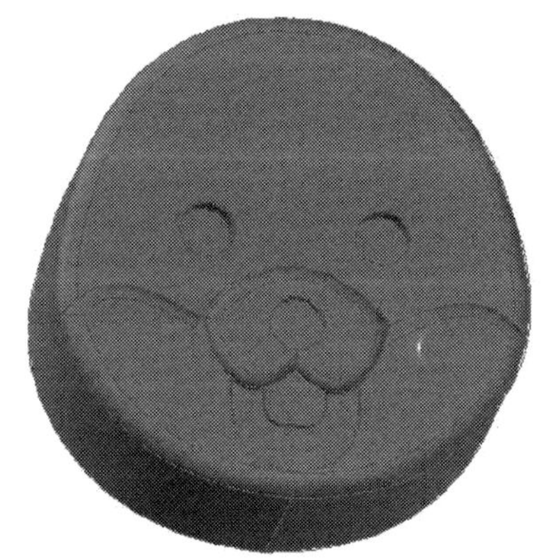

图 8-26　兔子脸部倒角的效果

二、耳朵和手 3D 建模

兔子的耳朵和手的 3D 建模效果如图 8-27 所示,具体操作步骤如下:

步骤一:从“参照”图层复制兔子耳朵和手的二维线稿到“耳朵和手”图层,沿 X 轴正方向移动“20”,并用“分解”命令炸开,如图 8-28 所示。

步骤二:把脸部轮廓放在“隐藏”图层隐藏,并利用“修剪( )”命令修剪线条,编辑图形如图 8-29 所示。

步骤三:与兔子脸部建模相同,利用“面域”命令创建两只耳朵外耳轮廓的面域,再用“拉伸”命令拉伸，拉伸高度为“10”。

步骤四：同理，用“面域”、“拉伸”命令制作“内耳”，拉伸高度为“3”，并用“移动”命令将“内耳”的两个实体向Z轴正方向移动“7”。

步骤五：利用“差集”命令，用“外耳”实体减去“内耳”实体。

步骤六：利用“圆角”命令对耳朵的边进行倒角，半径为“1”，完成效果如图8-30所示。

兔子的手的建模与耳朵完全类似，只是手的拉伸高度为“18”，完成效果如图8-31所示。

图8-27 兔子的耳朵和手的3D建模

三、上部和脚3D建模

兔子的上部和脚的3D建模效果如图8-32所示，操作步骤简述如下：

图8-28 复制兔子耳朵和手的二维线稿

图8-29 修剪兔子的耳朵轮廓线

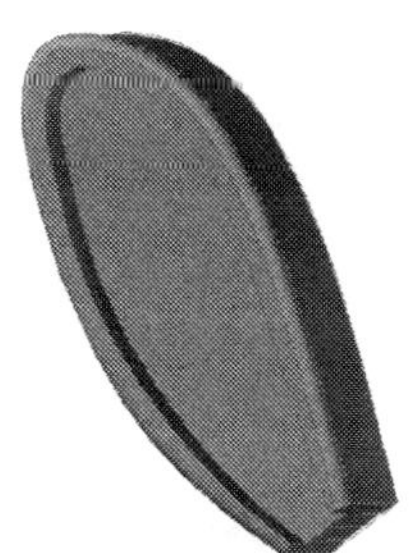

图8-30 兔子的耳朵的建模效果

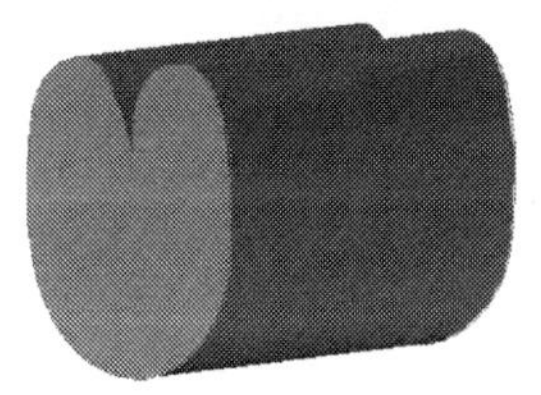
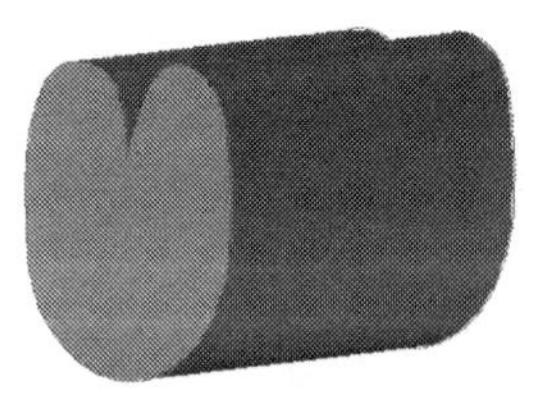

图 8-31　兔子的手的建模效果

步骤一：从“参照”图层复制一份削铅笔机上部和脚的二维线稿到“上部和脚”图层，沿 X 轴正方向移动“20”，并用“分解”命令炸开，如图 8-33 所示。

步骤二：利用“修剪”命令修剪线条上部和脚，如图 8-34 所示。

步骤三：利用“面域”、“拉伸”命令，创建上部和脚的实体，上部的拉伸高度为“－47”，脚的拉伸高度为“63”，注意调整兔子脚的位置。

步骤四：用“圆角”命令对上部和脚的边进行倒角，半径为“1”。

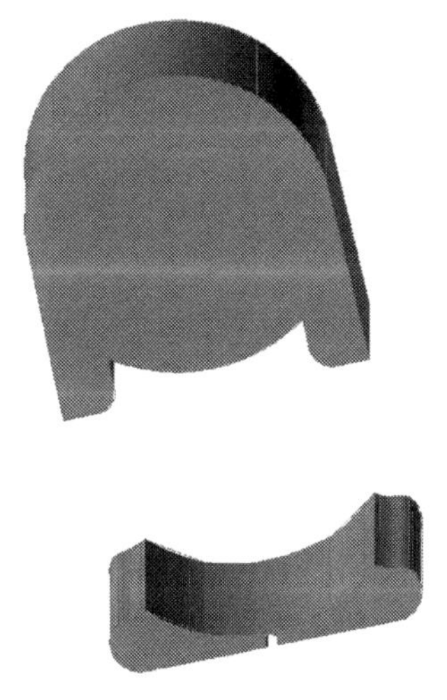

图 8-32　兔子的上部和脚的 3D 建模

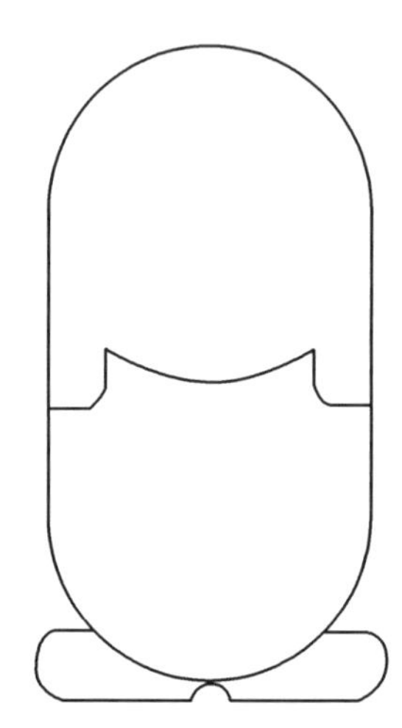

图 8-33　复制兔子上部和脚的二维线稿

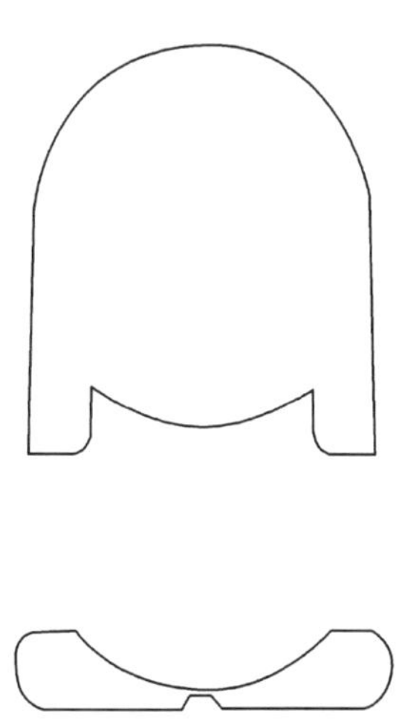

图 8-34　修剪兔子的上部和脚轮廓线

四、集屑器 3D 建模

集屑器的 3D 建模效果如图 8-35 所示，操作步骤如下：

步骤一：从“参照”图层复制一份集屑器主视图的二维线稿到“集屑器”图层，沿 X 轴正方向移动“20”，并用“分解”命令炸开，如图 8-36 所示。

步骤二：利用“修剪”命令修剪线条，得到如图 8-37 所示的轮廓线 1。

步骤三：利用“面域”、“拉伸”命令，创建集屑器轮廓线 1 的实体，拉伸高度为“18”如图 8-38所示。

步骤四：再从“参照”图层复制一份集屑器主视图的二维线稿到“集屑器”图层，沿 X 轴正方向移动“20”，并用“分解”命令炸开，如图 8-36 所示。

步骤五：利用“修剪”命令修剪线条，得到如图 8-39 所示的轮廓线 2。

步骤六：利用“面域”、“拉伸”命令，创建集屑器轮廓线 2 的实体，拉伸高度为“65”，如图 8-40所示。

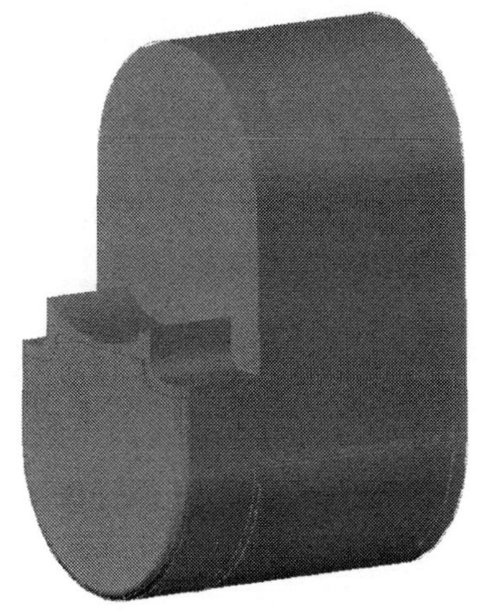

图 8-35　集屑器的 3D 建模

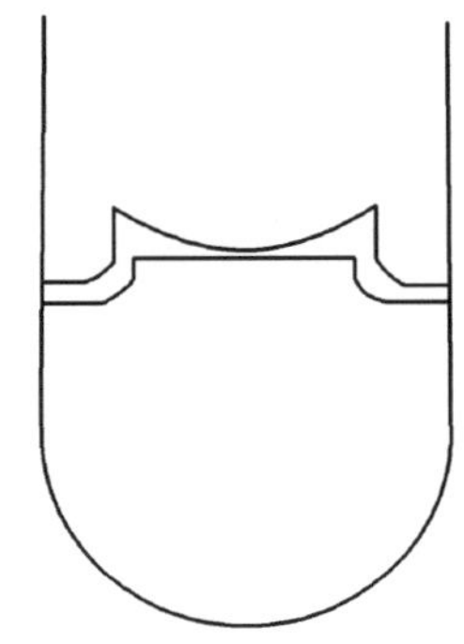

图 8-36　复制集屑器的二维线稿

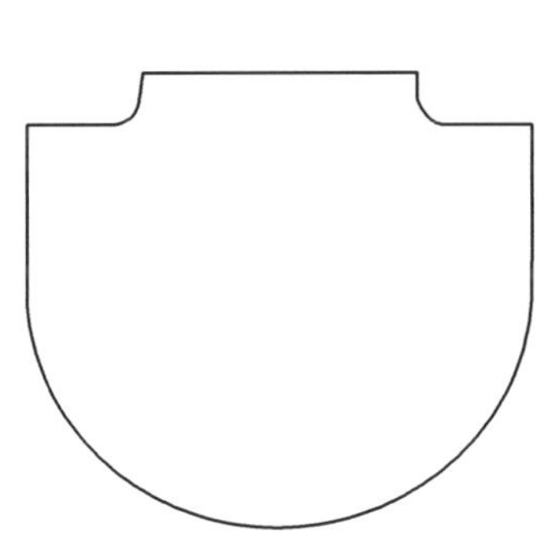

图 8-37　修剪集屑器的轮廓线 1

图 8-38　集屑器轮廓线 1 的拉伸效果

步骤七:在原地复制一份“轮廓线 1”的实体(图 8-38)。再利用“差集”命令,用“轮廓线 2”的实体(图 8-40)减去“轮廓线 1”的实体,效果如图 8-41 所示。

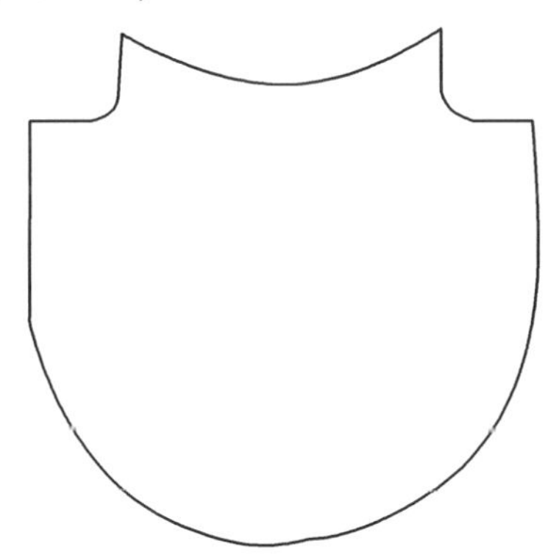

图 8-39　修剪集屑器的轮廓线 2

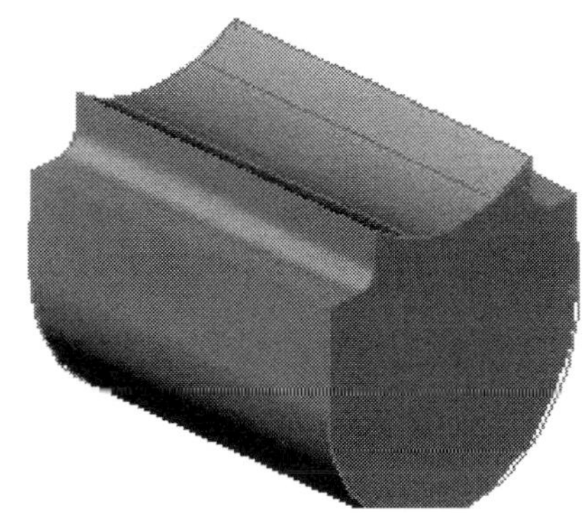

图 8-40　集屑器轮廓线 2 的拉伸效果

步骤八:在原地粘贴一份,如图 8-42 所示。

步骤九:从“参照”图层复制一份轮廓线(图 8-43)的二维线稿到“集屑器”图层,沿 X 轴正方向移动“20”并“分解”,如图 8-43 所示。

步骤十:利用“修剪”命令修剪线条,得到如图 8-44 所示的轮廓线 3。

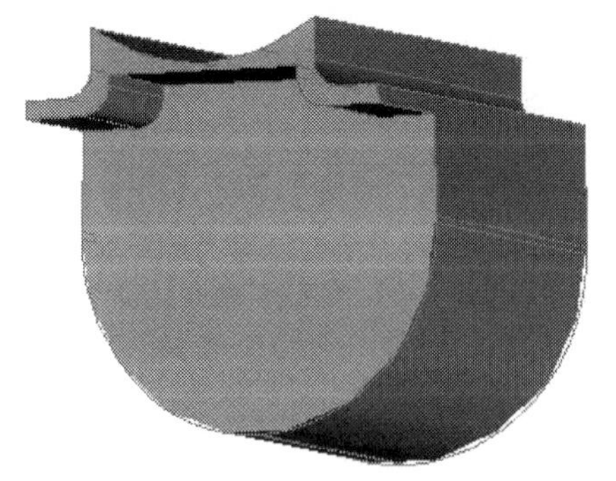
图 8-41　轮廓线 2 实体与轮廓线 1 实体的“差集”

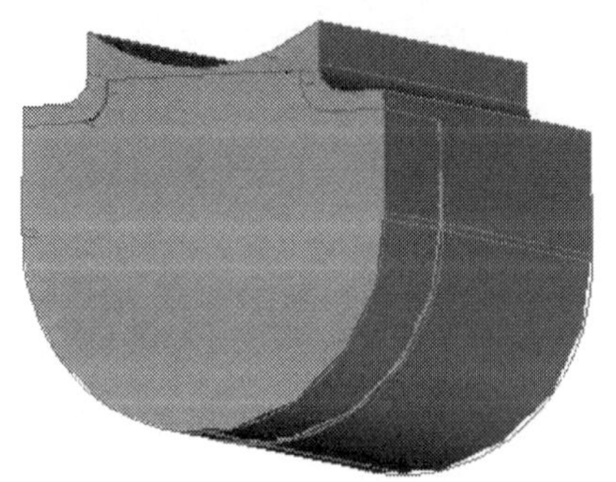
图 8-42　原地粘贴“轮廓线 1”的实体

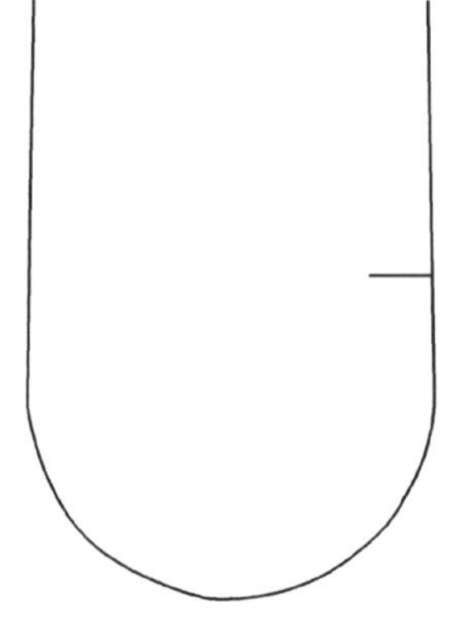
图 8-43　复制集屑器的二维线稿

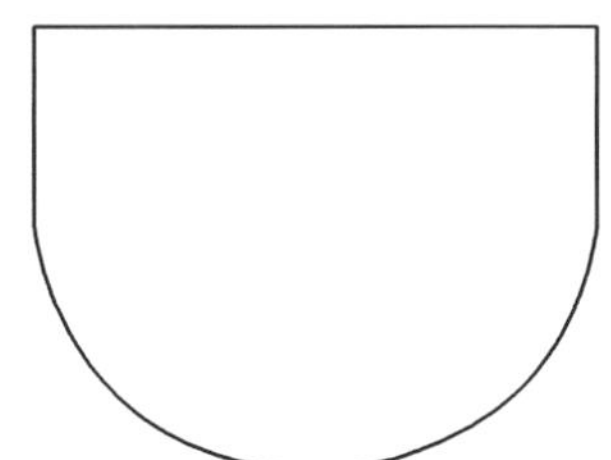
图 8-44　修剪集屑器的轮廓线 3

步骤十一：用“偏移( )”命令将轮廓线 3 向内偏移“2”得到轮廓线 4，并“修剪”去除轮廓线 3。经“面域”、“拉伸”，拉伸深度为“－45”。效果如图 8-45 所示。

步骤十二：在原地复制一份“轮廓线 4”创建的实体，并利用“差集”命令，用图 8-41 的实体减去“轮廓线 4”的实体，结果如图 8-46 所示。

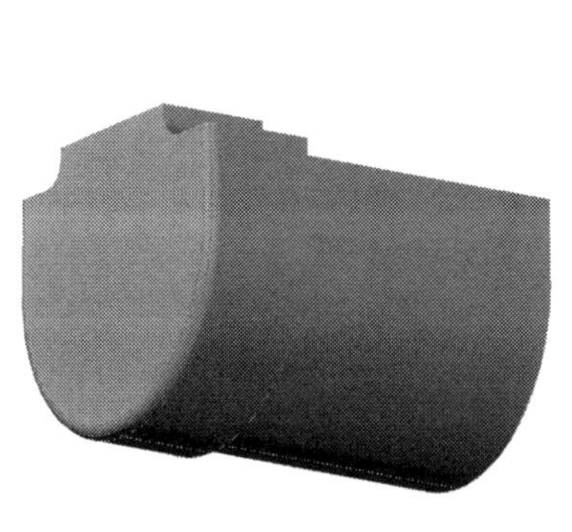
图 8-45　轮廓线 4 的拉伸效果

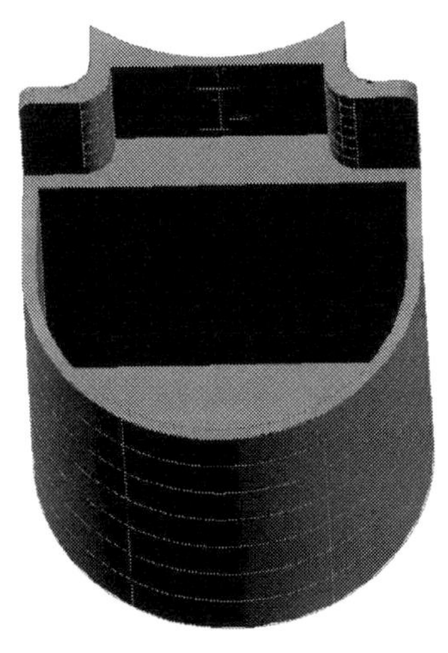
图 8-46　“差集”集屑器的中空部分

步骤十三：在原地粘贴一份“轮廓线 4”创建的实体，再利用“抽壳( )”命令对此实体进行抽壳，抽壳偏移距离为“3”，具体执行过程如下，结果如图 8-47 所示。

命令:_ solidedit
实体编辑自动检查:SOLIDCHECK = 1
输入实体编辑选项[面(F)/边(E)/体(B)/放弃(U)/退出(X)] <退出>:_ body
输入体编辑选项[压印(I)/分割实体(P)/抽壳(S)/清除(L)/检查(C)/放弃(U)/退出(X)] <退出>:_ shell
选择三维实体:删除面或[放弃(U)/添加(A)/全部(ALL)]:
正在恢复执行 SOLIDEDIT 命令。
删除面或[放弃(U)/添加(A)/全部(ALL)]:找到一个面,已删除 1 个。
删除面或[放弃(U)/添加(A)/全部(ALL)]:找到一个面,已删除 1 个。
删除面或[放弃(U)/添加(A)/全部(ALL)]:
输入抽壳偏移距离:3

步骤十四:利用"并集"命令对"轮廓线 1"的实体(图 8-38)和装屑箱后部(图 8-47)实体进行合并,结果如图 8-48 所示。

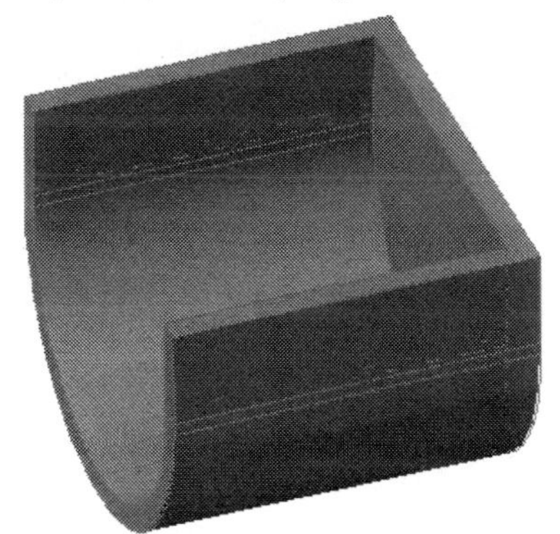

图 8-47　装屑箱后部

图 8-48　装屑箱

步骤十五:利用"并集"命令对实体进行合并,如图 8-49 所示。

步骤十六:用"圆角"命令对边进行倒角,半径为"2"。

五、摇杆部分的 3D 建模

摇杆部分的 3D 建模效果如图 8-50 所示,操作步骤如下:

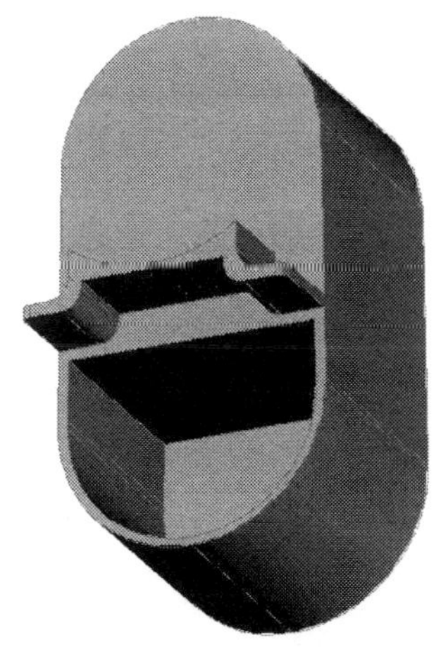

图 8-49　"并集"集屑器的效果

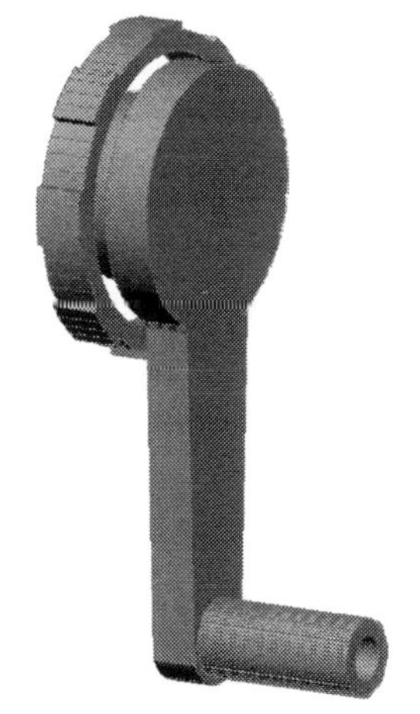

图 8-50　摇杆部分的 3D 建模

步骤一:从“参照”图层复制摇杆主视图的二维线稿到“摇杆”图层,沿 X 轴正方向移动“20”,并用“分解”命令炸开,效果如图 8-51 所示。

步骤二:利用“面域”、“拉伸”命令,创建摇杆与削铅笔机相连圆环的实体,拉伸高度为“5”。再利用“移动”命令将圆环的实体沿 Y 轴正方向移动“52”,效果如图 8-52 所示。

步骤三:利用“面域”定义上部最中间的圆,拉伸高度为“6”。再利用“移动”命令将圆柱体沿 Y 轴正方向移动“53”,效果如图 8-53 所示。

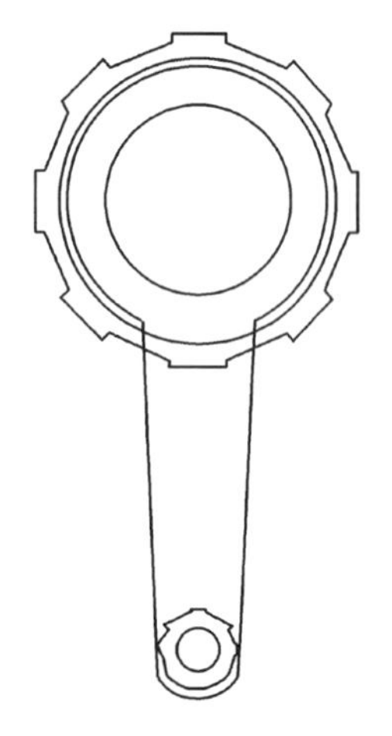

图 8-51 复制摇杆的二维线稿

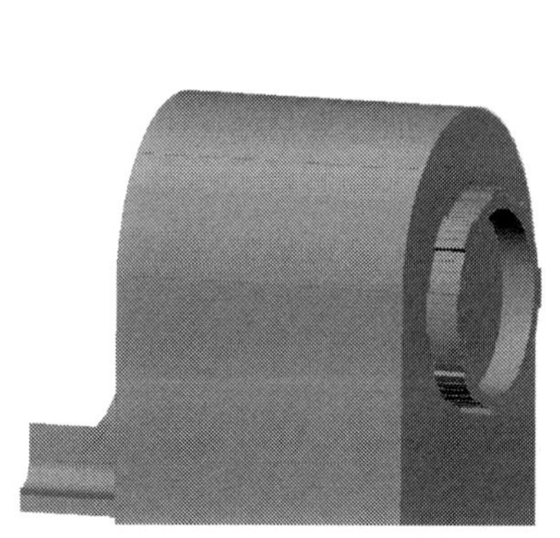

图 8-52 摇杆与削铅笔机相连圆环

图 8-53 摇杆上部的大圆柱体

步骤四:利用“面域”、“拉伸”命令,创建摇杆长柄的实体,拉伸高度为“5”。再利用“移动”命令将摇杆沿 Y 轴正方向移动“53”,如图 8-54 所示。

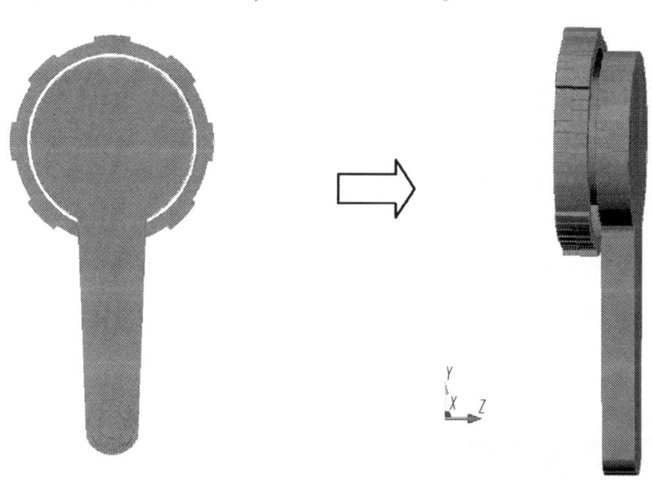

图 8-54 摇杆长柄

步骤五:利用“面域”、“拉伸”命令,创建摇杆把手的实体,大的拉伸高度“18”,小的拉伸高度为“20”。再利用“差集”命令,挖成中空,如图 8-55 所示。

步骤六:利用“移动”命令将摇杆的把手实体沿 Y 轴正方向移动“76”,如图 8-56 所示。

至此,完成了兔子削铅笔机的全部 3D 设计,总体效果如图 8-57 所示。

图 8-55　摇杆把手

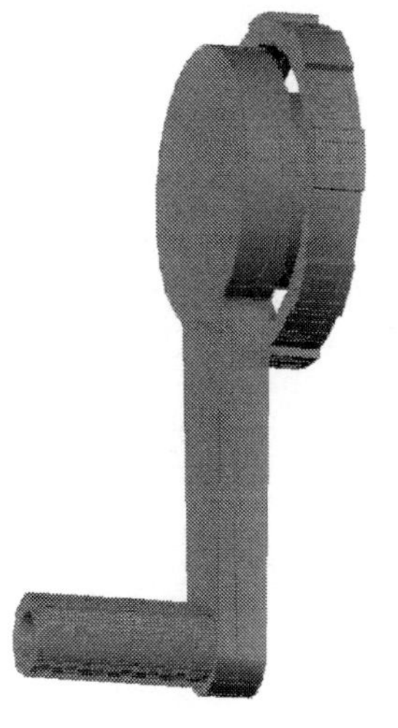

图 8-56　摇杆把手平移后的效果

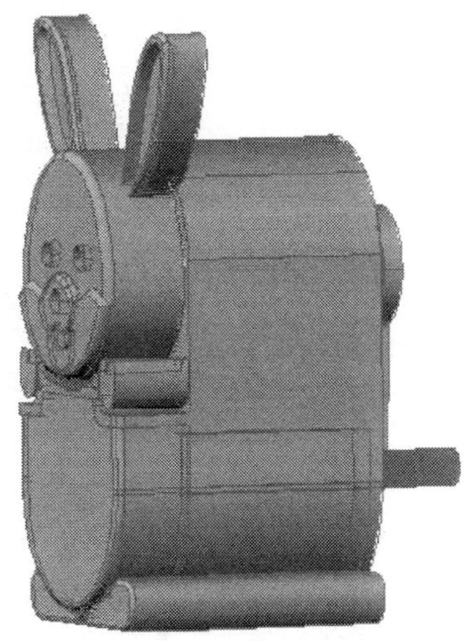

图 8-57　兔子削铅笔机的 3D 造型

练 习 题

1. 将图 2-35 的轴进行实体建模，保存文件名为“8-1-3D 轴.dwg”。

2. 将图 2-36 的叉架进行实体建模，保存文件名为“8-2-3D 叉架.dwg”(螺纹可以不考虑，按圆柱孔来建模)。

项目九　玩具火车的3D造型设计

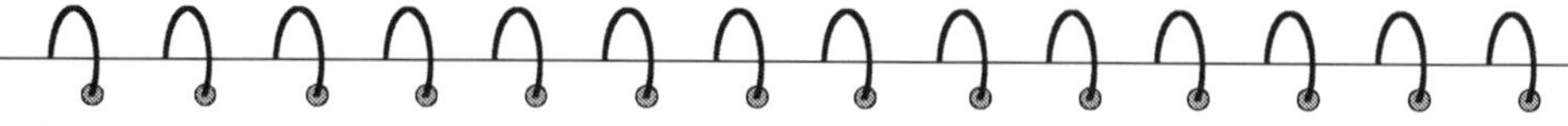

学习目标

1. 深入学习分析零件的结构或者产品的造型特征，并进行简单标记；
2. 根据零件结构和产品造型特征设置图层；
3. 能够快速识别零件或者产品的三视图，善于利用现有三视图中的轮廓进行三维造型；
4. 熟悉三维基本建模：拉伸、旋转、倒角和通过简单的并、交、差运算生成复杂的造型；
5. 学习场景的建立、材质灯光的设置和简单的渲染技巧。

项目八介绍AutoCAD三维建模，本项目将在继续巩固三维建模基础上，重点学习材质、灯光和渲染设置。在工具栏空白处单击右键，勾选"渲染"，调出渲染工具栏，如图9-1所示：

"材质( )"对话框(如图9-2)中是AutoCAD自带的材料，如织物、塑料、石材等。通过参数的调整，可以最终实现材质的灵活应用。"光源( )"工具栏(如图9-3)主要有点光源、聚光灯和光源列表。"高级渲染设置( )"可以根据不同需要设置图像精度和大小等。

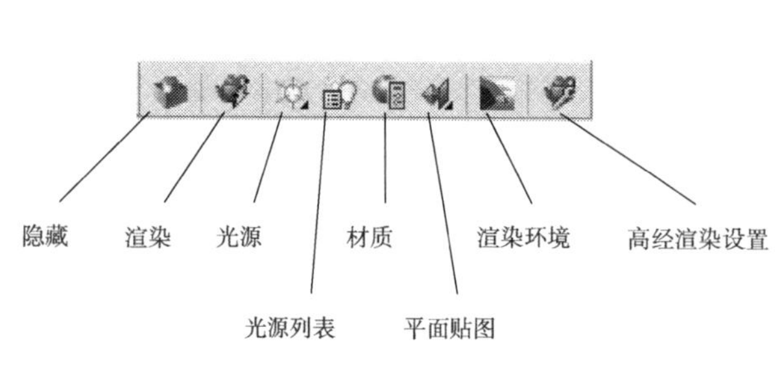

图9-1　"渲染"工具栏

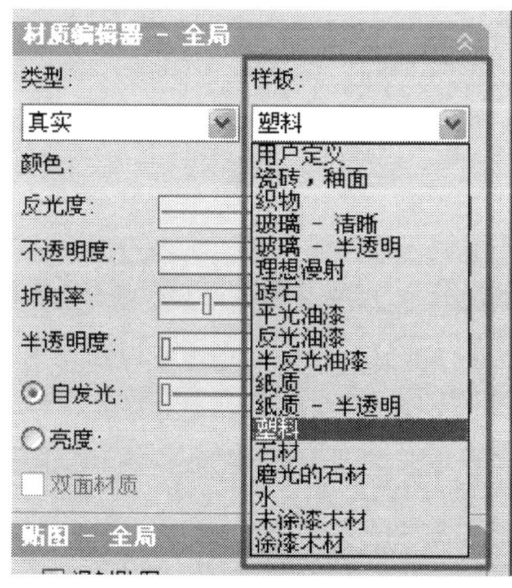

图9-2　"材质编辑器"对话框

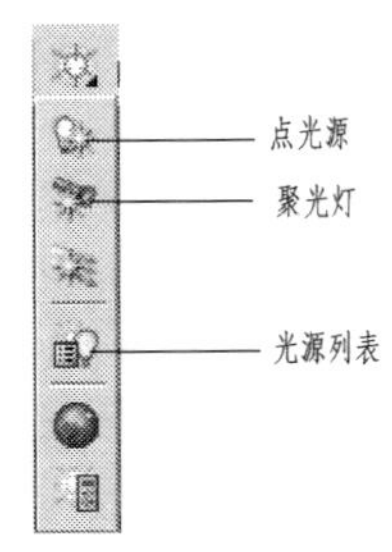

图 9-3 “光源”工具栏

模块一 分析玩具火车的造型结构

一、分析玩具火车造型特征

玩具火车是采用蒸汽机火车造型，其造型结构如图 9-4 所示。

图 9-4 玩具火车

1-底盘；2-引擎；3-驾驶舱；4-排障器；5-轮子；6-连杆；7-米奇

二、准备玩具火车的建模

在三维建模前，先绘制产品的二维图样，并标注尺寸（图 9-5）。

按照产品造型特征来规划图层，分别建立“1-底盘”、“2-引擎”、“3-驾驶舱”、“4-排障器”、“5-轮子”、“6-连杆”、“7-米奇”和“参考”等图层。有时，为了建模方便还需要定义原点。具体操作步骤如下：

步骤一：绘制玩具火车的尺寸图（步骤参照项目三或项目四），如图 9-5 所示。

步骤二：按玩具火车的结构特征对图层进行规划，建立七部分的图层和参考图层，如图9-6 所示。

步骤三：从图 9-5 中“复制”一份主视图放置于“参考”图层，删除尺寸后如图 9-7 所示。

步骤四：为了方便操作，将原点放置在如图 9-8 所示的两条边的延长线的交点上。

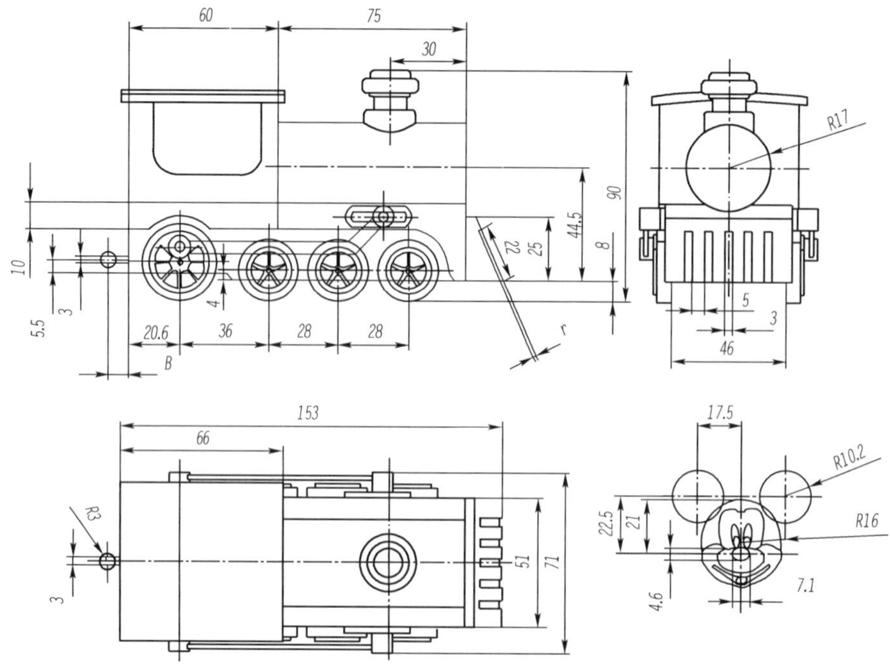

图 9-5　玩具火车的尺寸图

图层特性管理器

当前图层：0

全部
所有使用的图层

状态	名称	开	冻结	锁	颜色	线型	线宽
	0				254	Contin...	默认
	1-底盘				254	Contin...	0.25 毫米
	2-引擎				254	Contin...	0.25 毫米
	3-驾驶舱				254	Contin...	0.25 毫米
	4-排障器				254	Contin...	0.25 毫米
	5-轮子				254	Contin...	0.25 毫米
	6-连杆				254	Contin...	0.25 毫米
	7-米奇				254	Contin...	0.25 毫米
	Defpoints				254	Contin...	0.25 毫米
	参考				254	Contin...	0.25 毫米

图 9-6　玩具火车图层规划

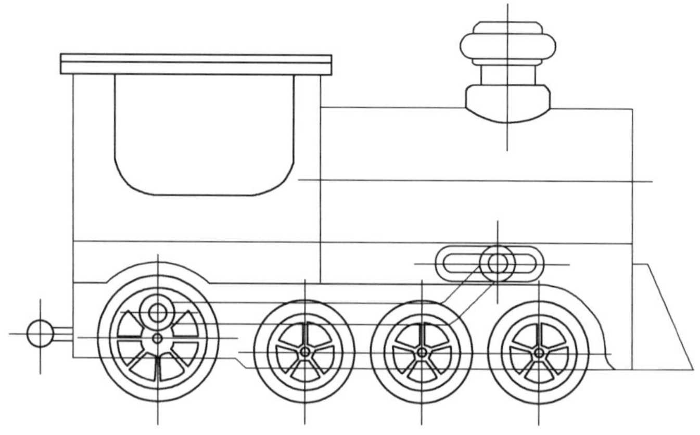

图 9-7　“复制”玩具火车的主视图

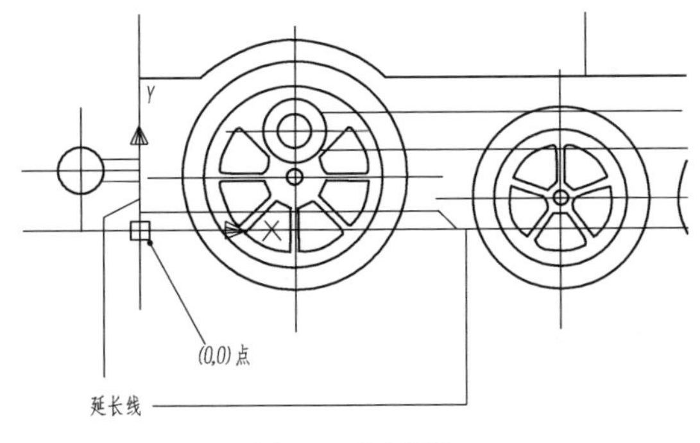

图 9-8　定义原点

模块二　玩具火车的 3D 建模

一、底盘的 3D 建模

底盘建模分两部分：底盘主要用“拉伸”完成，底盘的连结杆主要用“旋转 + 拉伸”来完成，具体操作步骤如下：

步骤一：设定“参考”图层为当前图层，单击“视图”工具栏中的“西南等轴测( )”按钮，切换到西南等轴测方向。用“复制”命令复制底盘主视图，并沿 Y 轴负方向移动“200”。如图 9-9 右下角所示图形。

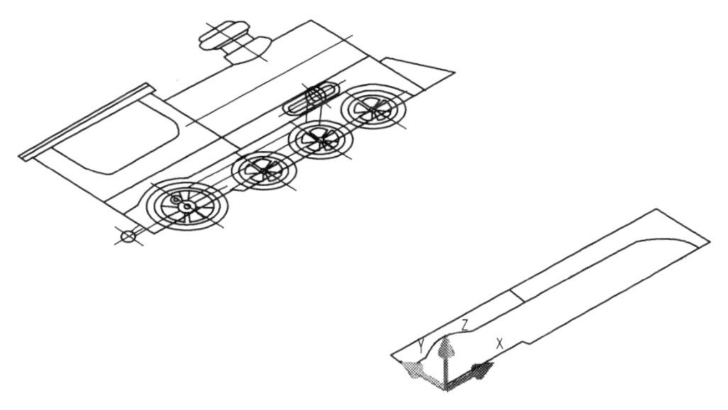

图 9-9　西南等轴测方向底盘的主视图

说明

将主视图沿 Y 轴负方向移动距离“200”是方便建模的需要，也可以为其他的距离，但各部分的 3D 建模所用的数值应相同，本项目的玩具火车的各部分建模均用“200”。

步骤二：用“面域”命令创建图 9-9 的 3 个面域，并进行“拉伸”，拉伸高度分别为“56”、“51”，“30”。再利用“移动”命令将 3 个对象分别对应沿 Z 轴反向移动“28”、“25.5”、“15”，最后用“并集”命令合并 3 个对象，如图 9-10 所示。

步骤三：用“面域”命令建立如图 9-11a) 的面域。用“旋转( )”命令将半圆绕轴线旋转一周，“旋转”命令的执行过程如下。再用“拉伸”命令拉伸矩形面，拉伸高度为“3”。再将长方体沿 Z 轴移动“1.5”，然后用“并集”命令合并两部分，效果如图 9-11b) 所示。

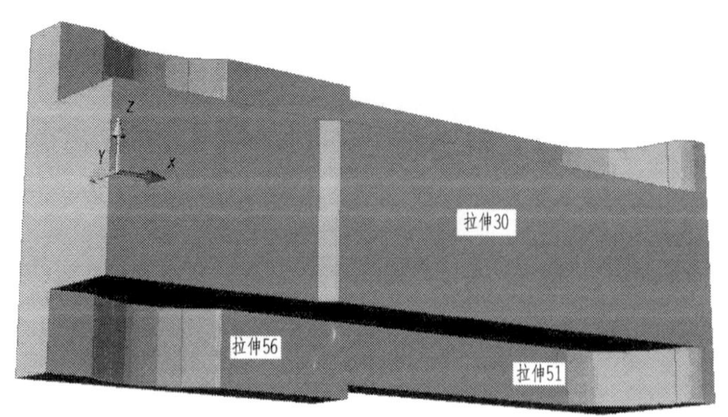

图9-10 底盘的3D建模

```
命令:_ revolve                                          //输入"旋转"命令
当前线框密度:ISOLINES =4
选择要旋转的对象:找到1个                                   //选择半圆面
选择要旋转的对象:
指定轴起点或根据以下选项之一定义轴[对象(O)/X/Y/Z] <对象>:
指定轴端点:                                              //单击图9-11a)所示的轴线
指定旋转角度或[起点角度(ST)] <360>:360
……
```

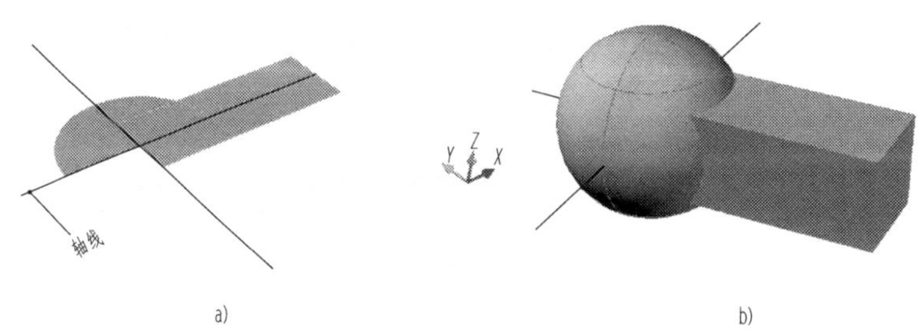

图9-11 底盘连结杆的3D建模

a)定义连结杆的面域;b)连结杆的3D模型

步骤四:用"圆角"工具为图9-12所示的边倒圆角,圆角半径为"0.5"。

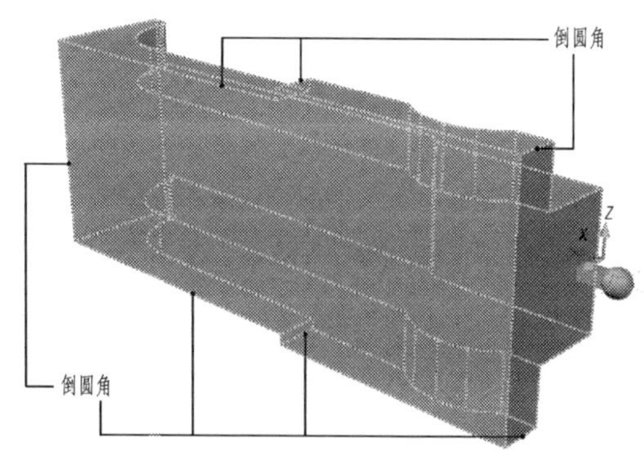

图9-12 "底盘"倒角的位置

步骤五:参照图9-5的尺寸图,在底盘下部用"拉伸"、"差集"等命令挖去四个轮轴的孔位,圆柱的直径为"2.2",小孔中心距底部的距离分别为"4"和"4.5",效果如图9-13所示。将

图 9-13 的底盘建模放入“1-底盘”图层，并将其隐藏。

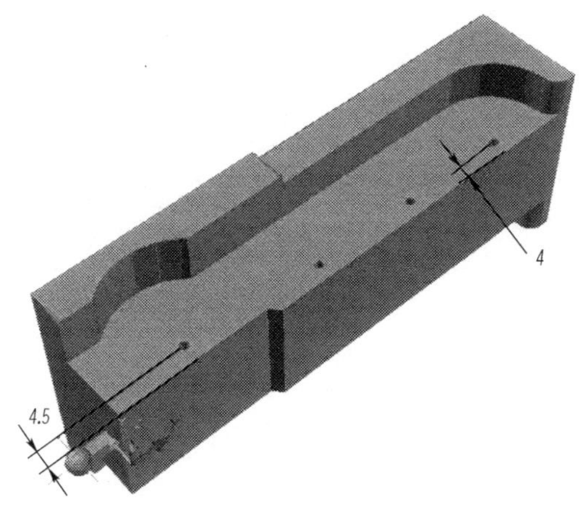

图 9-13 挖去底盘四个轮轴孔

小贴士

1. 为了避免误操作，各部分的建模先在“参考”图层完成后，再放入所属结构的图层中。

2. 为了不妨碍后面的操作，往往将已完成的建模部分隐藏起来，具体见项目一图层的有关操作。

二、引擎的 3D 建模

引擎的建模方法与底盘类似，引擎的 3D 建模效果如图 9-14 所示，操作过程如下：

图 9-14 引擎的 3D 建模

步骤一：从“参考”图层“复制”引擎的主视图，与底盘移动相同距离“200”。单击“视图”工具栏中的“俯视( )”命令，将视图切换为俯视图方向，如图 9-15 所示。

步骤二：用“面域”命令创建两个面域，切换回“西南等轴测”视图，用“旋转”命令分别绕两轴线(图 9-15)旋转面域建立实体，再用“并集”合并两个对象，然后将其放入“2-引擎”图层，效果如图 9-16 所示。

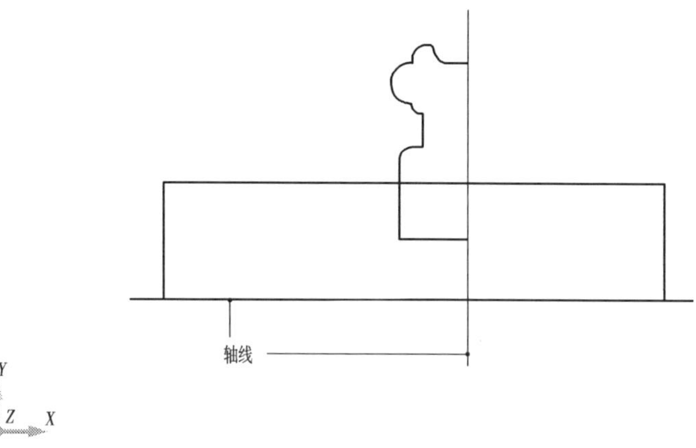

图 9-15　引擎的俯视图

步骤三：原地复制“引擎”一个，用“差集”命令将“底盘”减去其中一个“引擎”。再用“圆角”命令对图 9-17 所示两处倒圆角，圆角半径分别是“0.5”和“1”，效果如图 9-14 所示。分别放入相应图层，隐藏“1-底盘”和“2-引擎”两个图层。

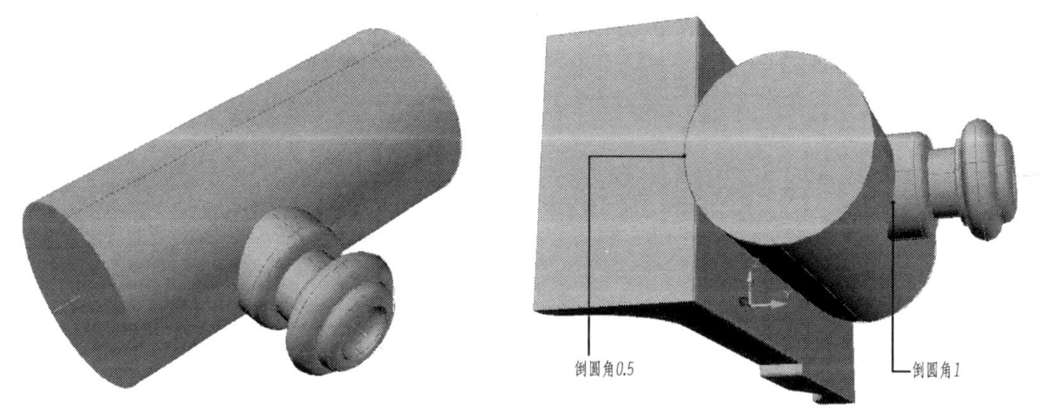

图 9-16　引擎的“旋转”效果

图 9-17　引擎倒圆角

> **说明**
>
> 由于后面的渲染中“底盘”和“引擎”用的颜色不同，因此这里原地复制“引擎”一个，再用“差集”命令将“底盘”减去其中一个“引擎”。

三、驾驶舱的 3D 建模

驾驶舱细节尺寸如图 9-18 所示，3D 建模过程如下：

步骤一：复制驾驶舱的主视图到“参考”图层，如图 9-19a)，与底盘和引擎移动相同距离“200”。再单击“俯视”按钮，将视图切换为俯视图方向，编辑图形如图 9-19b) 所示。

步骤二：使用“面域”、“拉伸”等命令生成驾驶舱的下半部分，拉伸高度为“56”，如图 9-20 所示。

步骤三：用“面域”、“拉伸”、“差集( )”等命令，按照图 9-18 的尺寸，将驾驶舱中间挖空，效果如图 9-21 所示。

图 9-18　驾驶舱的尺寸图

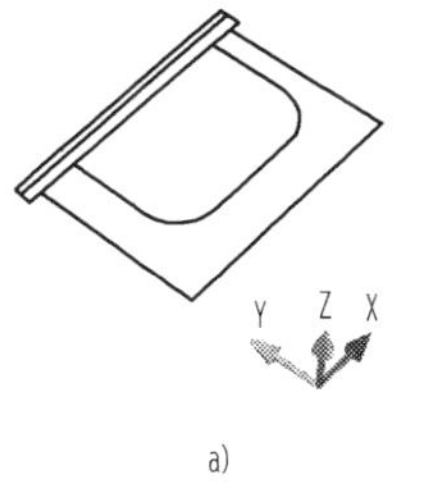

a)

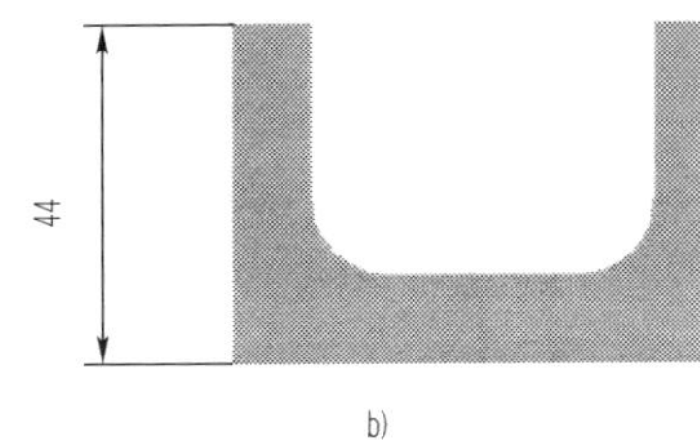

b)

图 9-19　驾驶舱视图

a)复制的主视图;b)编辑后的俯视图

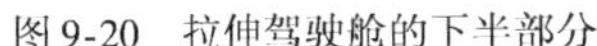

图 9-20　拉伸驾驶舱的下半部分

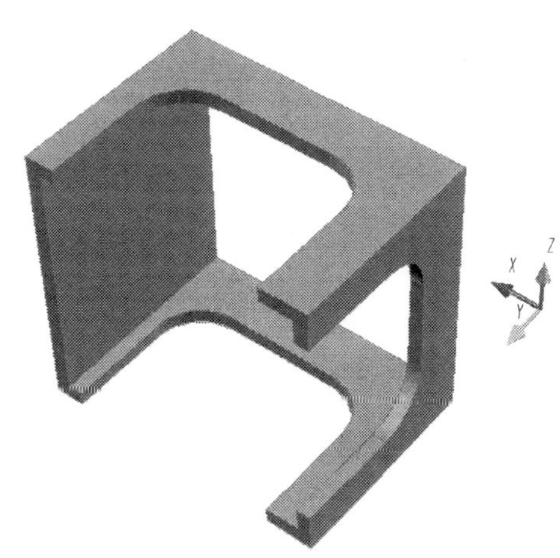

图 9-21　挖空驾驶舱的中间部分

步骤四:按照图 9-18 的尺寸,绘制驾驶舱舱顶的封闭图形。再用“面域”、“拉伸”命令创建驾驶舱的顶部,拉伸高度为“66”,效果如图 9-22 所示。

步骤五:用“移动”工具把驾驶舱舱顶沿 X 轴负方向移动“3”,使驾驶舱舱顶的中心位置刚好与下半部分的中心位置重叠。并用“并集”命令合并驾驶舱的两部分，给驾驶舱舱顶 12 条边和舱壁外围 4 条棱倒圆角，圆角半径为“0.5”，执行效果如图 9-23 所示。

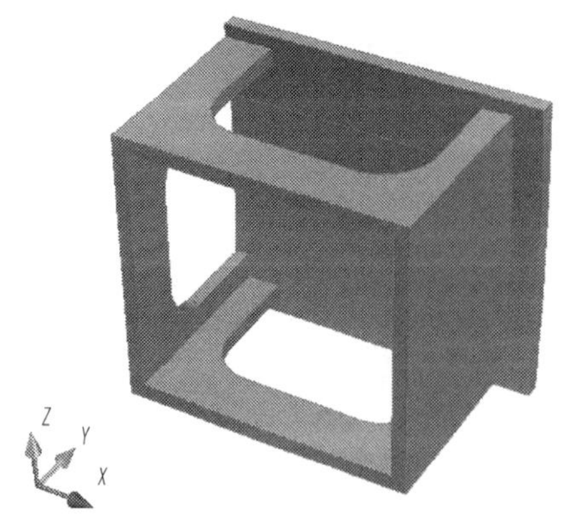

图 9-22 拉伸驾驶舱舱顶

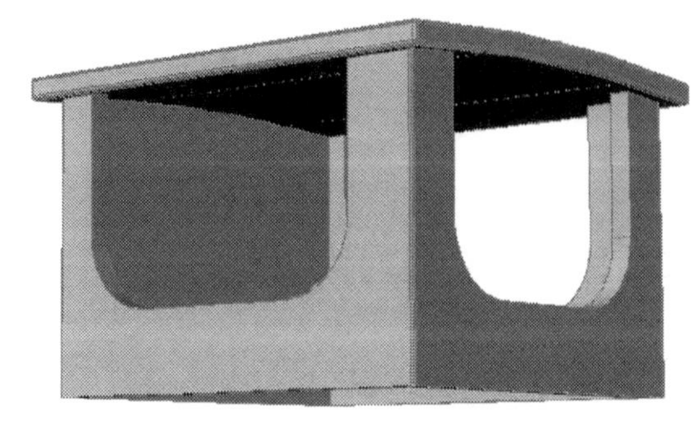

图 9-23 驾驶舱的细节处理

步骤六：用“移动”命令将整个驾驶舱沿 Z 轴负方向移动“28”，并将其放入“3-驾驶舱”图层，打开另外隐藏的两个图层，观察总体效果，最后隐藏以上三个图层。

四、排障器的 3D 建模

步骤一：复制排障器的主视图到“参考”图层，与底盘和引擎移动相同距离“200”。

步骤二：用“面域”、“拉伸”命令拉伸梯形面域，拉伸高度为“51”（如图 9-24）。输入“UCS”命令，将坐标原点移动到如图 9-24 所示的位置。

步骤三：单击下拉菜单“视图”中“三维视图”，然后选中“平面视图”栏中的“当前 UCS”命令，根据图 9-5 的尺寸，绘制如图 9-25 所示的排障器表面齿的 5 个矩形，并“拉伸”、“差集”命令减去将 5 个长方体。结果如图 9-25 所示。

图 9-24 排障器的梯形建模

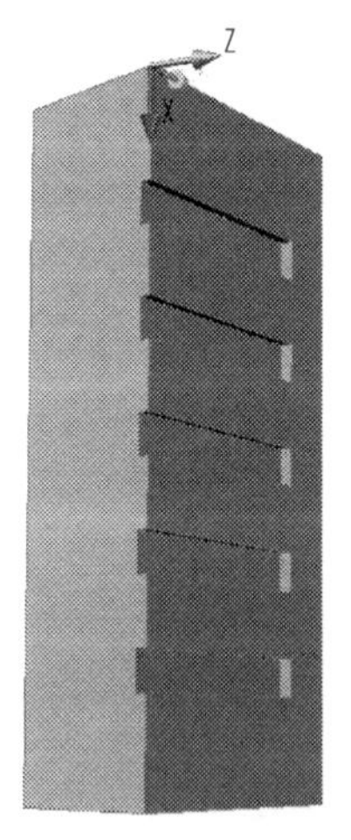

图 9-25 排障器的齿的建模

步骤四：用“圆角”命令给排障器的边倒圆角，半径为“0.5”。输入“UCS”，输入“W”回答世界坐标，用“移动”命令将排障器沿 Z 轴负方向移动“25.5”，并将其放入“4-排障器”图层，效果如图 9-26 所示。最后隐藏以上四个图层。

图 9-26　排障器的 3D 建模

五、轮子的 3D 建模

根据火车轮子的细节尺寸[图 9-27a)、b)],3D 建模过程简述如下:

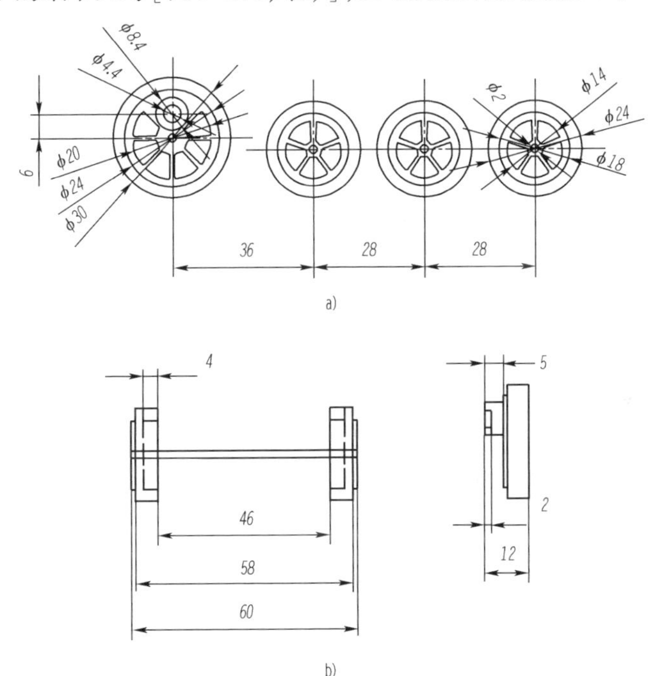

图 9-27　轮子的尺寸图

a)轮子直径方向尺寸;b)轮子轴间尺寸

步骤一:复制大轮子的主视图到“参考”图层。

步骤二:将大轮子的圆面域分别拉伸,拉伸高度分别为“12”,“7”和“6”。并用“并集”将这三个对象合并。如图 9-28 所示。

步骤三:根据图 9-27a)的尺寸,用“拉伸”、“差集”命令挖去大轮子的内部轮辐,如图 9-29 所示。

步骤四:根据图 9-27b)的尺寸,用“拉伸”、“差集”等命令挖去大轮子背面的内凹部分(深度为“4”),结果如图 9-30 所示。

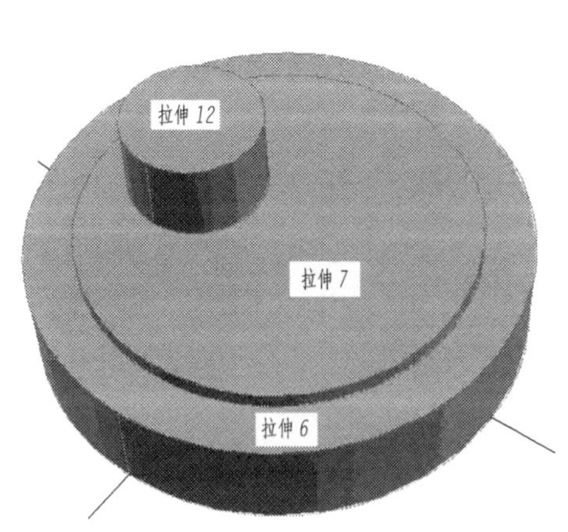

图 9-28　大轮子主体的拉伸

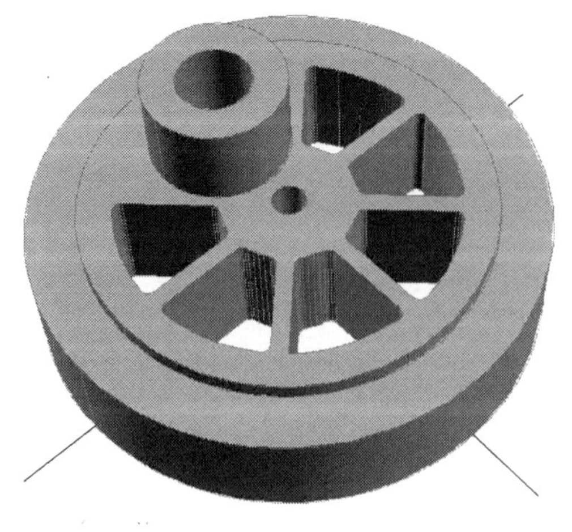

图 9-29　挖去大轮子内部轮辐

步骤五:根据图 9-27b)的尺寸,用“拉伸”命令建立大轮子内部的“轴”,轴的长度为“60”。

步骤六:同理,根据图 9-27a)、b)的尺寸,完成小轮的建模(图 9-31),这里不再赘述。

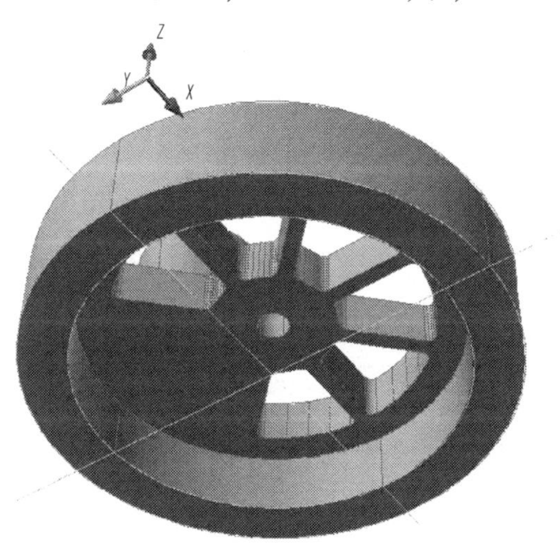

图 9-30　挖去大轮子背面的内凹部分

图 9-31　小轮子的建模

说明

五个轮子的底部在同一条水平线上,小轮子与大轮子在 Z 轴方向的中心距为“3”。

步骤七:将小轮子和轮轴根据图 9-27b)的尺寸,沿 X 轴方向移动复制两次,距离分别为“28”和“56”,如图 9-32 所示。

步骤八:用“镜像”命令,以轴线的中点连线为镜像线,镜像一个大轮子和三个小轮子,效果如图 9-33 所示。

步骤九:将轮子的 3D 建模放入“5-轮子”图层,打开其他隐藏图层,观察总体效果。最后隐藏以上五个图层。

图 9-32　复制小轮子和轮轴

图 9-33　镜像轮子

六、连杆的 3D 建模

根据图 9-34 火车连杆的尺寸图，利用"面域"、"拉伸"、"差集"、"并集"等命令建模。连杆的 3D 建模效果如图 9-35 所示，连杆装配在轮子上的俯视效果如图 9-36 所示。建模过程与前面几部分基本类似。

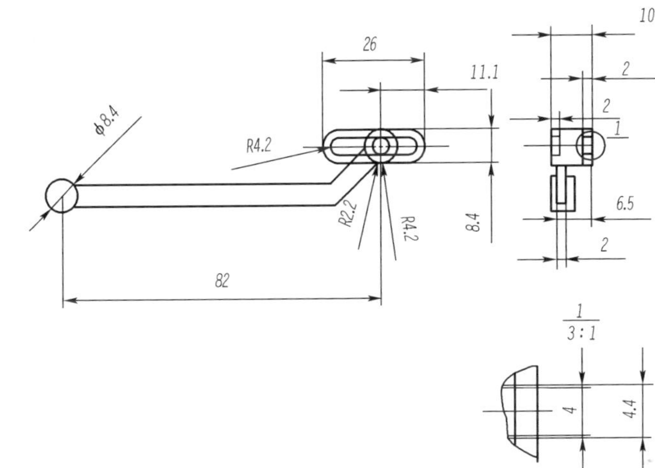

图 9-34　连杆的尺寸图

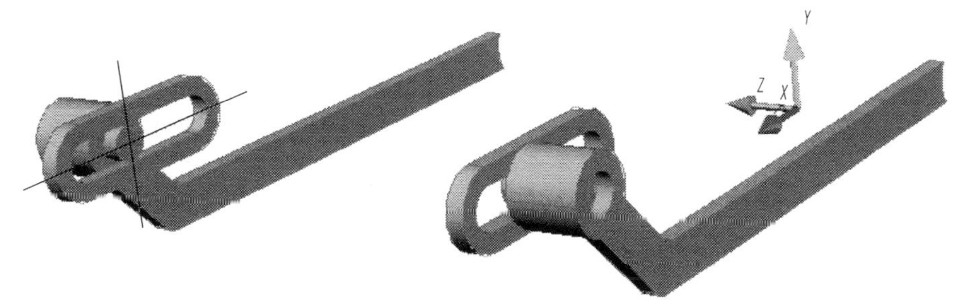

图 9-35　连杆的 3D 建模

七、米奇的 3D 建模

根据图 9-37 米奇头像的尺寸图，米奇的 3D 建模效果如图 9-38 所示，3D 建模过程与项目八兔子的脸部建模基本类似，简述如下：

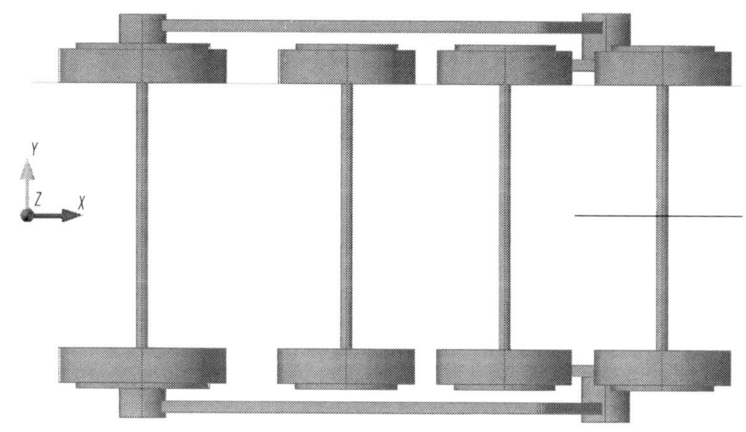

图 9-36　连杆安装在轮子上的俯视效果

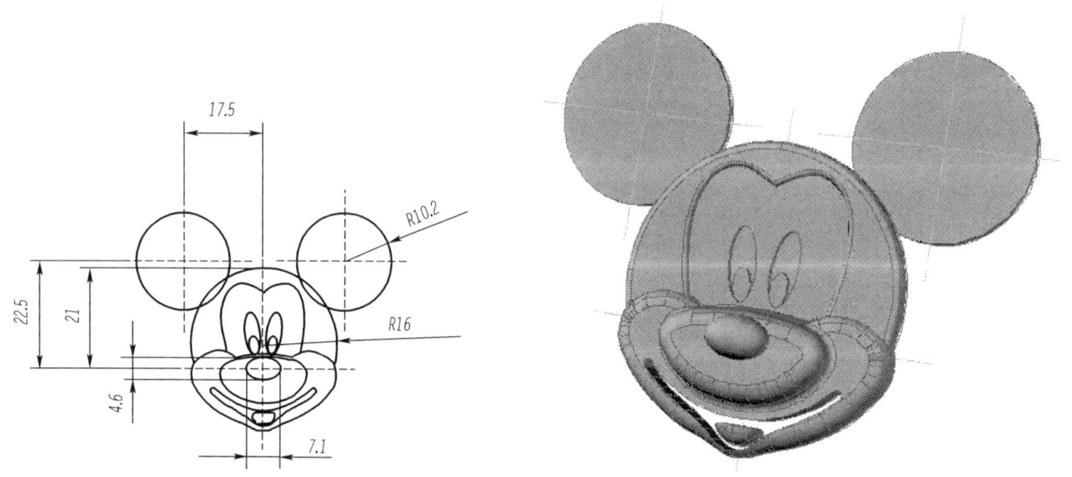

图 9-37　米奇头像的尺寸图　　图 9-38　米奇的 3D 建模

步骤一:将“参考”图层设为当前图层,用“圆”命令绘制如图 9-39 所示的圆。

图 9-39　绘制参照圆

步骤二:单击下拉菜单“修改”→“三维操作”→“三维旋转”按钮,将圆绕轴旋转 90°。根据图 9-5 的尺寸,用“移动”命令将圆沿 Y 轴负方向移动“200”,再沿 X 轴负方向移动“135”,如图 9-40 所示。

命令:_ 3drotate

UCS 当前的正角方向： ANGDIR = 逆时针 ANGBASE = 0

选择对象:找到 1 个

选择对象:

指定基点:

拾取旋转轴:

指定角的起点:90

步骤三:单击“左视”切换到左视图方向,根据图 9-37 的尺寸,以移出的圆为参照,绘制如图 9-41 所示的米奇图案。

……

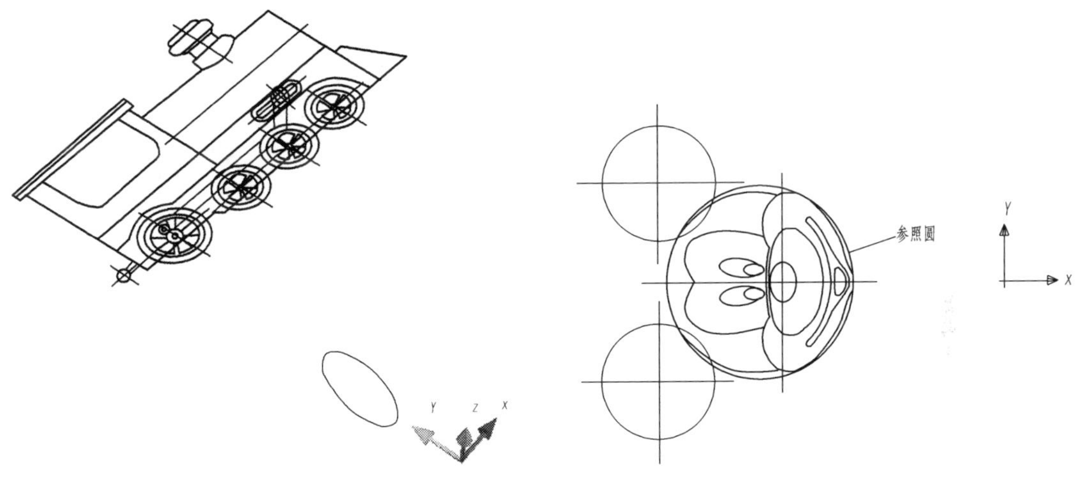

图 9-40 旋转、移动参照圆

图 9-41 绘制米奇图案

小贴士

由于所绘制的米奇主观性较大,因此图 9-36 只给出了主要尺寸,其他读者可自由发挥。

以下步骤与项目八“兔子削铅笔机”兔子脸部的建模过程基本类似,主要用到“面域”、“拉伸”、“旋转”、“差集”、“并集”、“圆角”等命令,读者可以自己尝试一下。

最后,选中七个图层的所有 3D 建模,单击下拉菜单“修改”中“三维操作”里的“三维旋转”命令,指定“0,0”点为基点,绕 X 轴旋转 90°。然后选中所有定位的辅助线,置入“参考”图层,再隐藏“参考”图层。至此,完成玩具火车的 3D 建模,效果如图 9 4 所示。

模块三 玩具火车的渲染

一、建立材质

玩具火车的渲染首先要建立材质,配色方案读者可根据喜好自由发挥。具体的过程如下：

步骤一：单击“图层特性管理器”，修改七个部分图层的颜色，“1-底盘”和“3-驾驶舱”为“蓝色”；“2-引擎”、“4-排障器”和“6-连杆”为“红色”；“5-轮子”为“黄色”；“7-米奇”为“黑色”等，效果如图 9-42 所示。

步骤二：单击“着色面( )”命令为米奇脸部面着色，在项目一图 1-3“选择颜色”对话框选择“41 号色”，效果如图 9-43。

图 9-42　改变七部分图层的颜色

图 9-43　改变米奇脸部颜色

步骤三：单击“渲染”工具栏中的“材质( )”按钮，打开“材质”编辑器，如图 9-44 所示，点击“样板”的下拉条，选择“塑料”材质，勾选“随对象”，其他项保持默认。

二、场景灯光

玩具火车在建立材质后，还要设置场景灯光，具体操作步骤如下：

步骤一：打开图层特性管理器，新建两个图层：“地面 1”和“地面 2”，并修改颜色分别为“85 号色”和“89 号色”。

步骤二：单击“主视”命令切换到主视图，然后在图层“地面 1”里，用“直线”命令绘制如下三条直线(两条较长的线段有一个端点在坐标“0,0”点上，线长无要求)，如图 9-45 所示。

步骤三：切换到任意等轴测视图，用“旋转”命令将另外两条直线绕图 9-46 所示的轴旋转 360°，删除轴线。并用“移动”命令将旋转出来的两个对象向下移动“8”，分别将侧面圆放入“地面 2”图层，底面圆放入“地面 1”图层，结果如图 9-46 所示。

步骤四：单击“材质”命令，打开材质编辑器，单击“创建新材质( )”命令创建一个材质球，勾选“随对象”，其他保持默认，如图 9-44 所示。选择“地面 1”和“地面 2”，单击“将材质应用到对象( )”按钮，将新建的材质球应用到两个“地面”对象。

步骤五：长按“渲染”工具栏中的“光源( )”按钮，在弹出的卷展栏中选择“新建聚光灯”，建立一盏聚光灯，位置如图 9-47 所示(具体可以根据实际调整)。

步骤六：同样的方法，再建立两个点光源，位置如图 9-48 所示。

小贴士

(1)在为一个场景建立灯光的时候,通常采用“三点照明”布光理论,一般有三盏灯,分别为主体光(聚光灯),辅助光(电光源)和背景光(电光源)。

(2)为了真实模拟现实生活中的光,需要特别注意两点:一是给光位置和角度有很大的关系,二是现实生活中的光是有衰减和阴影的。建议读者在学习灯光的设置时多实践、敢实践,才能真正的掌握灯光的设置技巧。

(3)聚光灯和两个点光源的具体位置可以根据实际调整。

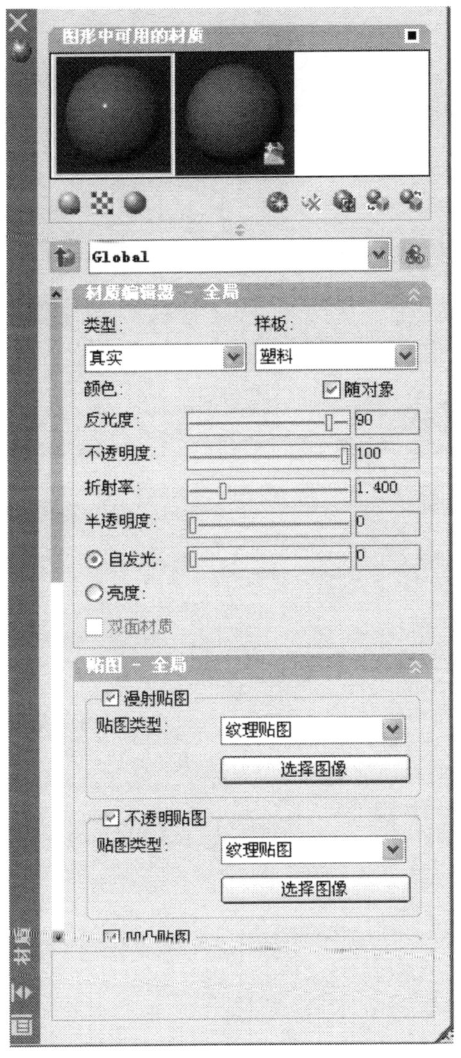

图 9-44 “材质”编辑器

步骤七:单击“渲染”工具栏中的“光源列表( )”按钮打开光源列表,双击“聚光灯 1”,打开特性管理器(图 9-49),并且修改红框内的数值,其他保持默认。

步骤八:同理,修改“点光源 2”的特性管理器,修改参数值如图 9-50 红框内。“点光源 3”与“点光源 2”参数设置相同。

图 9-45　绘制三条辅助线

图 9-46　"地面 1"和"地面 2"的 3D 建模

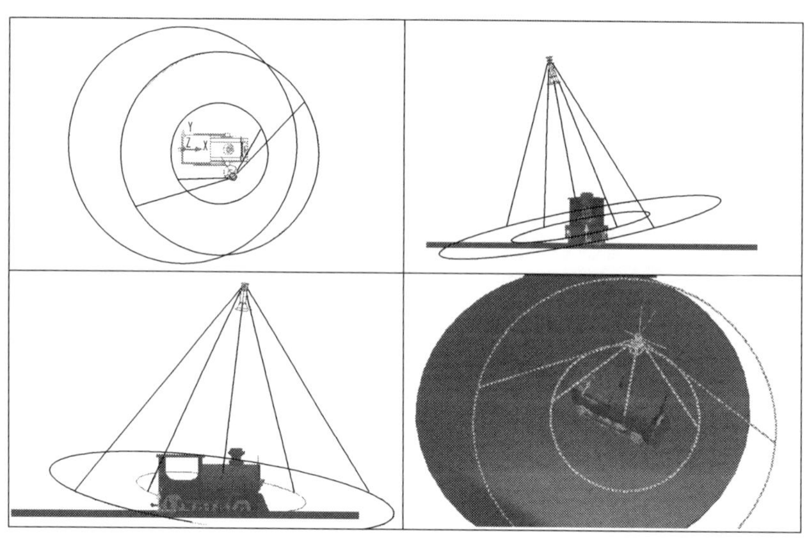

图 9-47　新建聚光灯的效果

三、输出渲染的设置

最后,输出渲染的步骤如下:

步骤一:单击"渲染"工具栏中的"高级渲染设置( )"按钮,打开"高级渲染设置"对话框,如图 9-51 所示,选择渲染预设为"演示"。设置输出尺寸为"2000 × 1500"像素的大图,如图 9-52 所示。

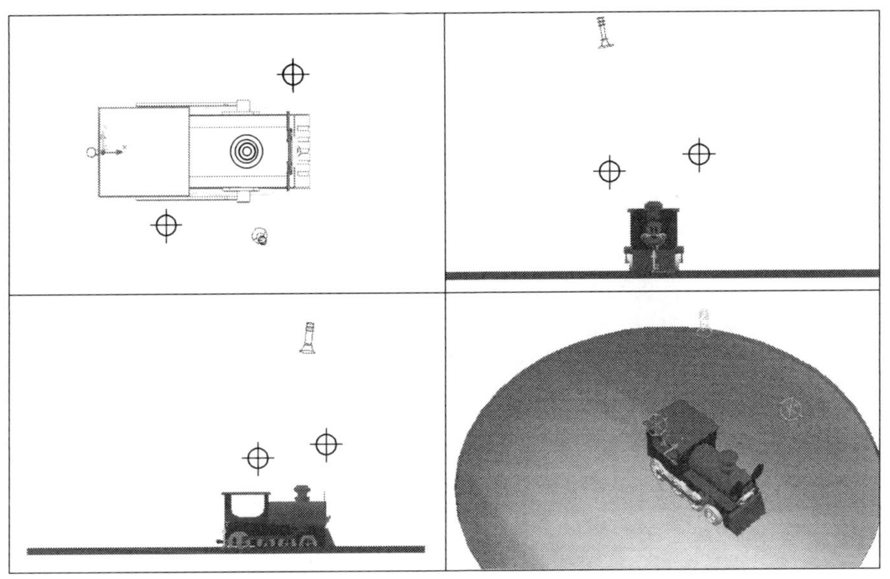

图 9-48　新建两个点光源

图 9-49　修改"聚光灯 1"特性管理器

图 9-50　修改"点光源 2"特性管理器

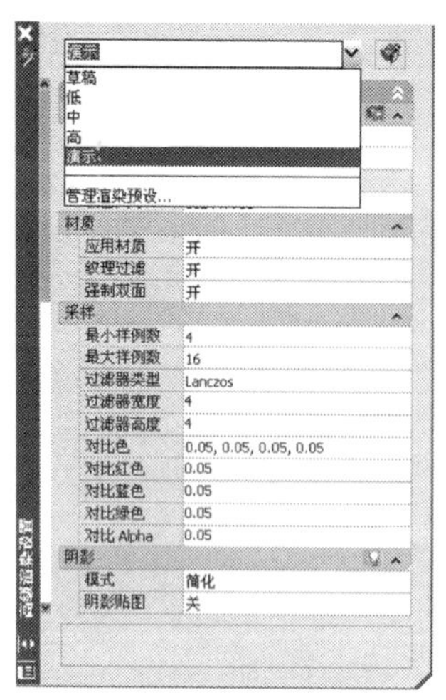

图 9-51 “高级渲染设置”对话框

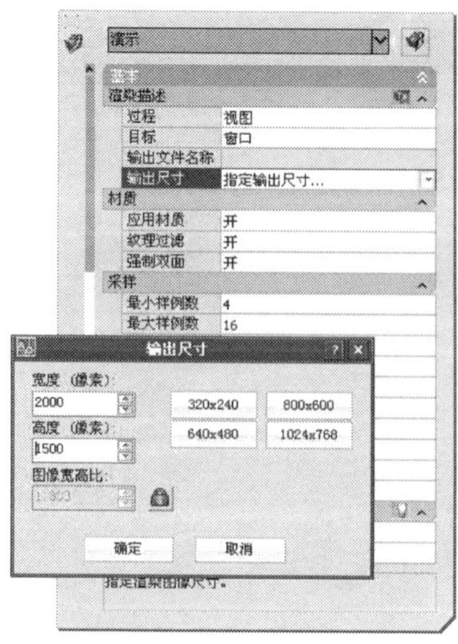

图 9-52 选择“输出尺寸”

步骤二：单击单击“渲染”工具栏中的“渲染( )”按钮渲染玩具火车，最终效果如图 9-53 所示。

图 9-53 玩具火车的最终渲染效果

练 习 题

1. 按照图 9-5 玩具火车的尺寸图完成“6-连杆”、“7-米奇”两部分的 3D 建模。

2. 根据读者的喜好，再将玩具火车用一个与书中不同的配色方案渲染一次，输出图片尺寸为“2000 × 1500”像素。

参考文献

[1] 冯涛. AutoCAD 2002 机械设计实例教程[M]. 北京:人民邮电出版社,2002.
[2] 姜勇. AutoCAD 习题精解[M]. 北京:人民邮电出版社,2002.
[3] 邓兴龙. AutoCAD 实例教程[M]. 广州:华南理工大学出版社,2004.
[4] 吴永进. AutoCAD 2007 中文版实用教程 3D 应用篇[M]. 北京:人民邮电出版社,2008.